土木工程力学

(第2版)

主　编　梁丽杰
张玉华
副主编　田华奇
参　编　牟荟瑾
李　恒
朱银萍
主　审　常伏德

哈爾濱工業大學出版社
HARBIN INSTITUTE OF TECHNOLOGY PRESS

内容简介

本书把理论力学、材料力学、结构力学内容进行了有机整合，删掉了不必要的重复，突出土木工程特色，形成了土木工程力学新体系。

上册分12章，主要内容为绪论、力学基本知识、力学计算基础、体系的几何组成分析、平面静定桁架、静定梁、平面静定刚架、三铰拱、静定梁的影响线、摩擦、空间力系、重心及截面的几何性质；每章后有习题课选题指导，并配有习题册及答案。

本书可作为建筑工程、交通土建、交通工程专业的教材，也可作为非土木专业如工程管理、环境工程、给水排水工程、城市规划、测绘、安全、建筑学等专业的参考书，同时可供工程技术人员参考。

图书在版编目(CIP)数据

土木工程力学.上/梁丽杰，张玉华主编.—2版.
—哈尔滨：哈尔滨工业大学出版社，2014.7(2019.7重印)
ISBN 978－7－5603－4811－7

Ⅰ.①土… Ⅱ.①梁… ②张… Ⅲ.①土木工程－工程力学－高等学校－教材 Ⅳ.TU311

中国版本图书馆CIP数据核字(2014)第134846号

策划编辑 赵文斌 杜 燕
责任编辑 张 瑞
出版发行 哈尔滨工业大学出版社
社 址 哈尔滨市南岗区复华四道街10号 邮编 150006
传 真 0451－86414749
网 址 http://hitpress.hit.edu.cn
印 刷 哈尔滨市工大节能印刷厂
开 本 787mm×1092mm 1/16 印张 14 字数 320千字
版 次 2011年8月第1版 2014年7月第2版
2019年7月第3次印刷
书 号 ISBN 978－7－5603－4811－7
定 价 28.00元

《应用型本科院校“十三五”规划教材》编委会

序

哈尔滨工业大学出版社策划的《应用型本科院校“十三五”规划教材》即将付梓，诚可贺也。

该系列教材卷帙浩繁，凡百余种，涉及众多学科门类，定位准确，内容新颖，体系完整，实用性强，突出实践能力培养。不仅便于教师教学和学生学习，而且满足就业市场对应用型人才的迫切需求。

应用型本科院校的人才培养目标是面对现代社会生产、建设、管理、服务等一线岗位，培养能直接从事实际工作、解决具体问题、维持工作有效运行的高等应用型人才。应用型本科与研究型本科和高职高专院校在人才培养上有着明显的区别，其培养的人才特征是：①就业导向与社会需求高度吻合；②扎实的理论基础和过硬的实践能力紧密结合；③具备良好的人文素质和科学技术素质；④富于面对职业应用的创新精神。因此，应用型本科院校只有着力培养“进入角色快、业务水平高、动手能力强、综合素质好”的人才，才能在激烈的就业市场竞争中站稳脚跟。

目前国内应用型本科院校所采用的教材往往只是对理论性较强的本科院校教材的简单删减，针对性、应用性不够突出，因材施教的目的难以达到。因此亟须既有一定的理论深度又注重实践能力培养的系列教材，以满足应用型本科院校教学目标、培养方向和办学特色的需要。

哈尔滨工业大学出版社出版的《应用型本科院校“十三五”规划教材》，在选题设计思路上认真贯彻教育部关于培养适应地方、区域经济和社会发展需要的“本科应用型高级专门人才”精神，根据黑龙江省委书记吉炳轩同志提出的关于加强应用型本科院校建设的意见，在应用型本科试点院校成功经验总结的基础上，特邀请黑龙江省9所知名的应用型本科院校的专家、学者联合编写。

本系列教材突出与办学定位、教学目标的一致性和适应性，既严格遵照学科体系的知识构成和教材编写的一般规律，又针对应用型本科人才培养目标及与之相适应的教学特点，精心设计写作体例，科学安排知识内容，围绕应用讲授理论，做到“基础知识够用、实践技能实用、专业理论管用”。同时注意适当融入新理论、新技术、新工艺、新成果，并且制作了与本书配套的PPT多媒体教学课件，形成立体化教材，供教师参考使用。

《应用型本科院校“十三五”规划教材》的编辑出版，是适应“科教兴国”战略对复合型、应用型人才的需求，是推动相对滞后的应用型本科院校教材建设的一种有益尝试，在应用型创新人才培养方面是一件具有开创意义的工作，为应用型人才的培养提供了及时、可靠、坚实的保证。

希望本系列教材在使用过程中，通过编者、作者和读者的共同努力，厚积薄发、推陈出新、细上加细、精益求精，不断丰富、不断完善、不断创新，力争成为同类教材中的精品。

第 2 版前言

本书(第 2 版)是在第 1 版教材的基础上根据 3 年来教材在使用过程中教师和学生的反馈意见以及课程改革发展需要修订而成的。修订时保持了原书取材精练、简明流畅的风格,注意扩大专业适应面。

本次修订的内容主要有以下几个方面:

(1)修改了原书的符号,其中最主要的是集中荷载(主动力)用 F 或 P 作为主符号,重力用 G 作为主符号。

(2)对全书的标注做了统一,过去的插图是机械制图标注与建筑制图标注共存,此次修订都用建筑制图标注。

(3)增加了插图中的字母,在学生解题时研究对象会更加明确。

(4)静定梁的影响线一章的插图都加上了单位集中力 $P=1$,以加深学生对影响线概念的理解。

(5)对少数习题做了不同程度的改写和替换,在原来坡度略陡的地方补充了少量习题,对遗漏的知识点做了必要的补充。

(6)对书中一些论述不太清晰的地方进行了重新改写和完善。

第 2 版修订工作由主编梁丽杰主持进行,新增参加编写修订的还有张玉华(8、9 章)、朱银萍(4、5 章)。

书稿由常伏德教授主审,他提出了很多精辟、中肯的意见,使本次修订工作和最后定稿获益匪浅,深表谢意!

限于编者水平有限,书中不足之处,深望广大师生批评指正。

编 者

2014 年 4 月

前　言

本教材是“土木工程专业力学系列课程改革”的研究成果，是依据十余年的教学改革经验编写的。

本书以应用为目的，以科学的认知、学习规律为主干，对原有的土木工程专业力学系列课程进行了重组。全书贯穿了分析研究力学问题的科学方法：增加与减少约束的方法；静力平衡的方法；杆件变形、物理与静力结合的方法。这些方法在教材中多次循序渐进的应用，能提高学习者研究问题和解决实际工程问题的能力。

本书在编写前，对与力学课程紧密联系的高等数学课程及后续的各门专业课程进行了系统的分析，在内容安排上注重了承上启下、理论与实际应用的结合，引入了计算机软件对力学问题的分析，并列举了部分工程实例中力学原理的应用。这些会增强学习者对力学学习的目的性和趣味性。

本书的编写分工具体如下：第 1、2、3、4 章由牟荟瑾编写，第 5 章由李恒编写，第 6、7、8 章由梁丽杰编写，第 9 章由张丽兰编写，第 10、11、12 章由田华奇编写。

在编写中，邹建奇教授提出了许多宝贵意见，并得到了卢存恕教授等多位同行和专家的无私帮助，为此，表示衷心的感谢！

由于编者水平有限，难免存在疏漏及不妥之处，请读者批评指正。

编　者

2011 年 4 月

目　录

第 1 章 绪论

土木工程力学(civil engineering mechanics)是将理论力学、材料力学、结构力学等课程中的主要内容,依据知识自身的内在连续性和相关性,重新组织形成的知识体系,主要分析和研究建筑结构及其构件的强度(intensity)、刚度(stiffness)、稳定性(stability)以及合理组成的科学。该知识体系能够适应土木工程及其相关专业人才培养目标的需要,满足相关专业对力学知识的基本要求,并为建筑结构和构件的设计与计算奠定理论基础。

1.1 结构与构件

土木工程力学主要研究建筑物或构筑物中的结构或构件。我们把建筑物或构筑物中能够承受并传递各种荷载而起骨架作用的部分称为结构(structure)。如图 1.1 所示,砖混房屋是由主梁、次梁、楼板组成的梁板结构,图 1.2 所示是由屋架、柱子、吊车梁、屋面构件以及基础等组成的单层工业厂房排架结构。

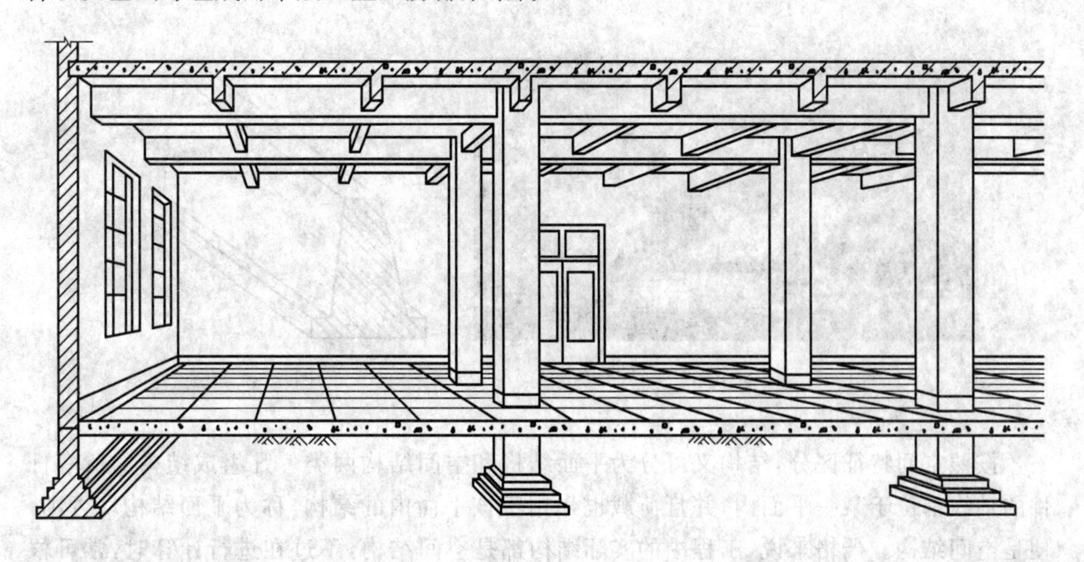

图 1.1

结构的类型是多种多样的,按照几何特征区分,有杆件结构(图 1.1、1.2)、薄壁结构(图 1.3、1.4)和实体结构(图 1.5)三类。

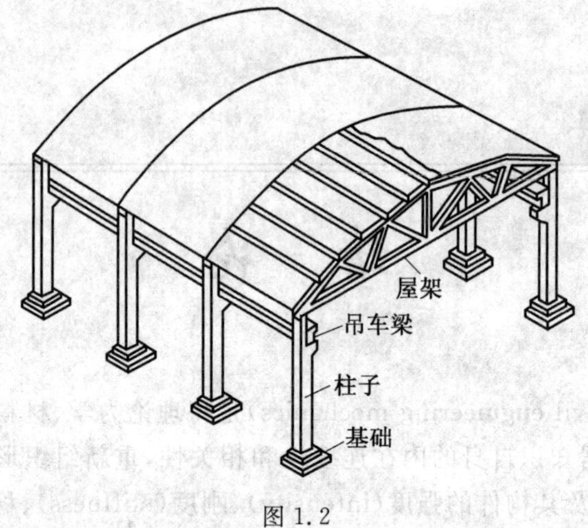

图 1.2

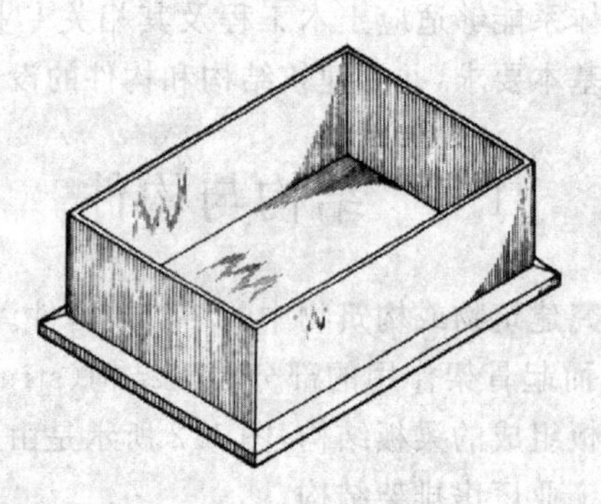

图 1.3

图 1.4

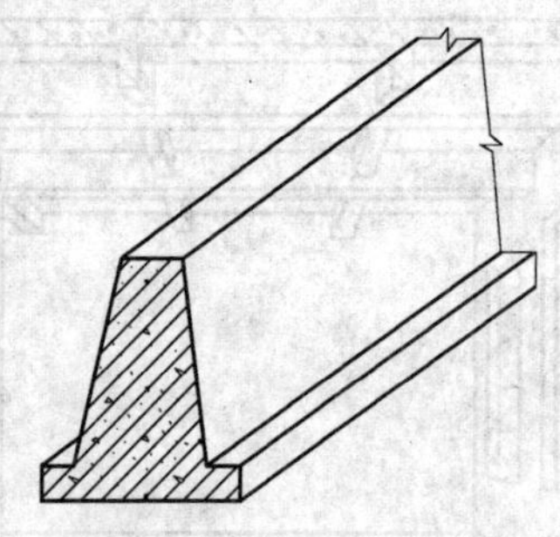

图 1.5

按照空间特征区分,结构又可分为平面结构和空间结构两类。凡组成结构的所有杆件的轴线都位于某一平面内,并且荷载也作用于该平面内的结构,称为平面结构。否则,便是空间结构。严格来说,工程中的实际结构都是空间结构,不过在进行计算时,常可根据其实际受力情况的特点,将它分解为若干平面结构来分析,以使计算简化。但需注意,并非所有情况都能这样处理,有些是必须作为空间结构来研究的。

结构都是由各种基本部件通过结点连接而成的，我们把这些基本部件称为构件(member)，如图1.1中的梁、墙、板、柱、基础等均为构件。在工程实际中，构件的形式多种多样，但它们分别具有共同的特点。为了方便研究，可以根据某些主要的共同点对构件进行抽象、概括和分类。一般情况，可以将构件归纳为杆件、板和壳、块体三类。

1. 杆件

杆件是指纵向尺寸(长度)要远大于横向尺寸(厚度、宽度)的构件，即 $l \gg h, l \gg b$(见图1.6)。工程中常见的很多构件都可以简化为杆，如梁、柱、传动轴等。杆件有轴线和横截面两个主要的几何因素，轴线是杆件各个横截面形心的连线，横截面是垂直于杆件轴线的截面。我们把平行于杆件轴线的截面，称为纵截面；既不平行也不垂直于杆件轴线的截面，称为斜截面。

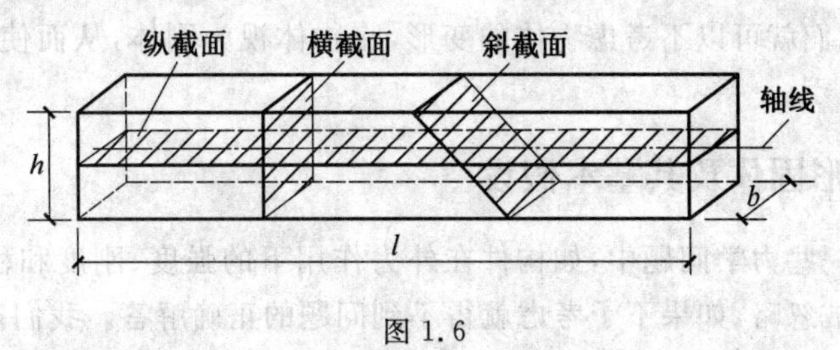

图1.6

建筑中所遇到的杆件多数为等截面直杆，有时也会遇到变截面直杆(如悬挑梁等)和轴线为曲线的杆件(如旋转楼梯梁等)，但本书以研究等截面直杆为主。

2. 板和壳

板和壳都是宽而薄的构件，即 $a \gg t, b \gg t$(见图1.7)，其形状可用它在厚度中间的一个面(中面)和垂直于该面的厚度来表示。中面是平面的称为板，中面是曲面的称为壳。这类构件多用于建筑物中水平方向的承重构件，如楼板、屋顶等。

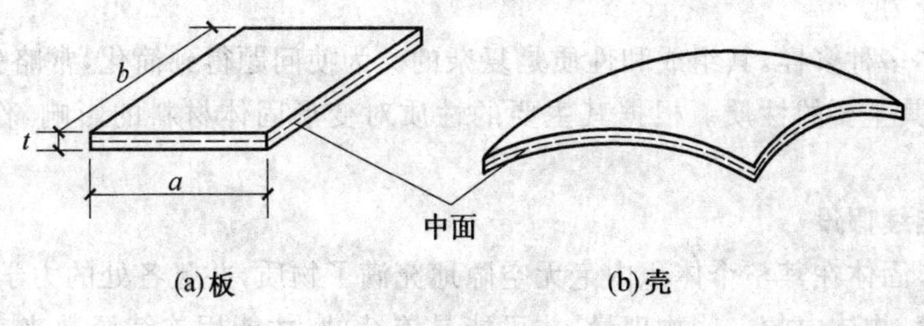

图1.7

3. 块体

块体是指长、宽、高三个尺度大体相近的构件(见图1.8)，如房屋的柱基础、大坝坝体、挡土墙等。

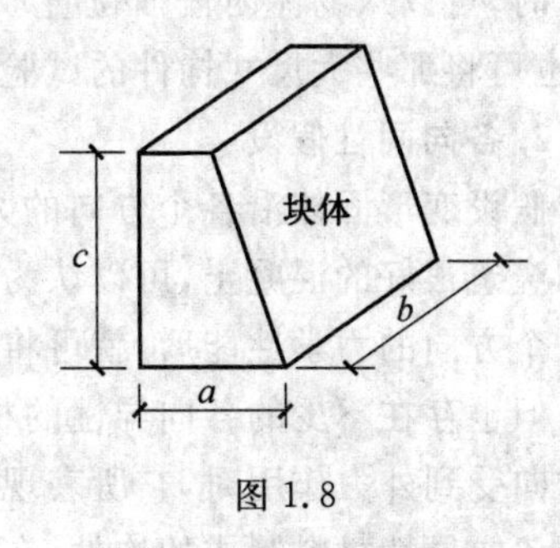

图1.8

任何建筑物或构筑物中的构件，都可以归结为杆件、板和壳、块体这三类，其中杆件结构是土木工程中应用最为广泛的一种结构，因此杆件以及由它组成的各种杆系结构是土木工程力学的主要研究对象。这里需要补充说明的是，施工中为浇筑混凝土而采用的模板(钢模、木模)体系以及吊装用的各种起重设备,一般虽不称为建筑结构,但其受力分析却类似于建筑结构,这一部分也作为土木工程力学的研究对象。

1.2 刚体、变形固体及其基本假设

1.2.1 刚体

结构和构件可统称为物体。刚体(rigid body)是指在力的作用下不变形的物体。实际上任何物体在外力作用下都会发生或大或小的变形,但在研究某些问题时,例如物体在力作用下平衡的问题,物体的微小变形对研究这种问题的影响很小,可以作为次要因素忽略不计。这时,我们就可以不考虑物体的变形,将物体视为刚体,从而使研究的问题得到简化。

1.2.2 变形固体及其基本假设

在研究其他一些力学问题中,如构件在外力作用下的强度、刚度和稳定性的问题,物体的变形将不能被忽略,如果不予考虑就得不到问题的正确解答。我们把在外力作用下,会产生变形的固体称为变形固体(deformation solid)。

变形固体在外力作用下会产生两种不同性质的变形:一种是外力消除时,变形随之消失,这种变形称为弹性变形;另一种是外力消除后,不能消失的变形称为塑性变形。一般情况下,物体受力后,既有弹性变形,又有塑性变形。但工程中常用的材料,当外力不超过一定范围时,塑性变形很小,忽略不计,认为只有弹性变形,这种只有弹性变形的变形固体称为完全弹性体。只引起弹性变形的外力范围称为弹性范围。本书仅研究弹性变形范围内的变形及受力。

变形固体多种多样,其组成和性质是复杂的。为使问题得到简化,常略去一些次要的性质,而保留其主要的性质。根据其主要的性质对变形固体材料的影响,作如下基本假设:

1. 均匀连续假设

假设变形固体在其整个体积内毫无空隙地充满了物质,并且各处的力学性能均相同。有了这个假设,物体内的一些物理量,才可能是连续的,才能用连续函数来表示。在进行分析时,可以从物体内任何位置取出一小部分来研究材料的性质,其结果可代表整个物体,也可将那些大尺寸构件的试验结果应用于物体的任何微小部分上去。

2. 各向同性假设

假设变形固体沿各个方向的力学性能均相同。工程中使用的大多数材料,如钢材、玻璃和浇筑很好的混凝土,可以认为是各向同性的材料。根据这个假设,当获得了材料在任何一个方向的力学性能后,就可将其结果用于其他方向。

但也存在不少的各向异性的材料,例如木材,当木材分别在顺纹方向、横纹方向和斜纹方向受到外力作用时,它所表现出的强度及其他的力学性质都是各不相同的。因此,对于由各向异性材料制成的构件,在设计时必须考虑材料在各个不同方向的不同力学性质。

3. 小变形假设

在实际工程中,构件在荷载作用下,其变形与构件的原尺寸相比通常很小,可以忽略不计,所以在研究构件的平衡和运动时,可按变形前的原始尺寸和形状进行计算。在研究和计算变形时,变形的高次幂项也可忽略不计。这样,使计算工作大为简化,而又不影响计算结果的精度。

总的来说,在力学计算中是把实际材料看做是连续、均匀、各向同性的弹性变形固体,且在大多数情况下局限在弹性变形范围内和小变形条件下进行研究。

1.3 杆件变形的基本形式

当外力以不同的方式作用在杆件上时,杆件将产生不同形式的变形。但无论何种形式的变形,都可归纳为下面四种基本变形形式之一,或者是基本变形形式的组合。

1. 轴向拉伸和轴向压缩

轴向拉伸和轴向压缩的受力特点是:杆件受到一对大小相等、方向相反、作用线与轴线重合的外力作用。其变形特点是:杆件表现为沿轴线方向的伸长或缩短变形,如图1.9(a)所示。例如,简单桁架中的杆件通常发生轴向拉伸或压缩的变形。

2. 剪切

剪切的受力特点是:作用在杆件上的力大小相等、方向相反、作用线平行且相距很近。其变形特点是:杆件介于两力之间的截面沿外力作用方向产生相对错动变形,如图1.9(b)所示。机械中常用的连接件,如销钉、螺栓等都产生剪切变形。

3. 扭转

扭转的受力特点是:在垂直于杆件轴线的两平面内作用一对大小相等、方向相反的力偶。其变形特点是:杆件的各横截面将绕轴线产生相对转动,如图1.9(c)所示。工程中常将发生扭转变形的杆件称为轴,如汽车的传动轴、电动机的主轴等都产生扭转变形。

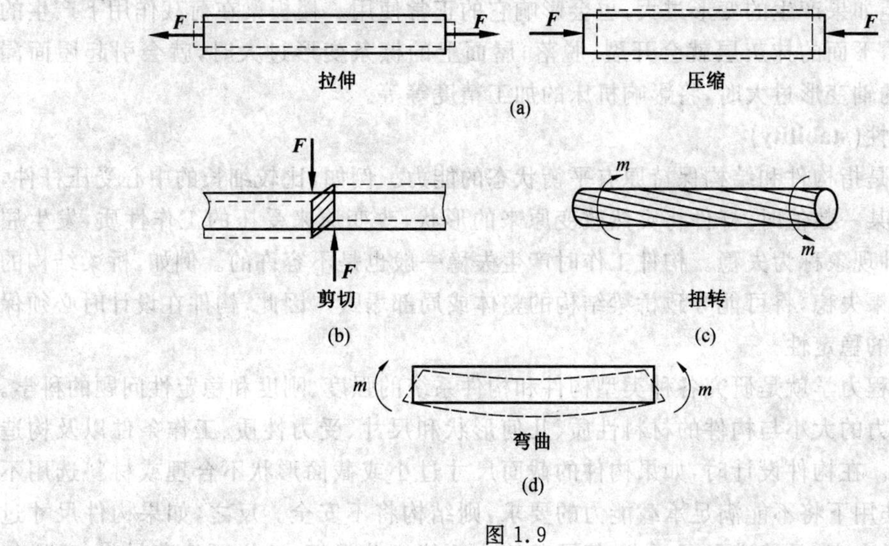

图 1.9

4. 弯曲

弯曲的受力特点是:外力偶或外力作用在垂直于杆轴的纵向平面内。其变形特点是:杆轴由直线弯成曲线,如图1.9(d)所示。如工程中的阳台挑梁、楼面梁都将发生弯曲变形。

实际工程中,杆件可能要同时承受不同形式的外力,常常同时发生两种或两种以上的基本变形,这种变形情况称为组合变形。本书将先分别讨论杆件的每一种基本变形,然后再分析比较复杂的组合变形问题。

1.4 土木工程力学的任务和内容

1.4.1 土木工程力学的任务

由于在荷载的作用下,构件和结构的形状、尺寸都会发生或多或少的改变,而实际工程中,当荷载达到一定数值时,构件和结构会因为变形过大而不能正常工作,甚至发生破坏而倒塌。为了保证结构能正常工作,要求每一个构件都具有足够的承受荷载的能力,简称承载能力。构件的承载能力通常由强度、刚度、稳定性三个方面来衡量。

1. 强度(intensity)

强度是指构件和结构抵抗破坏的能力。任何构件都不允许在正常工作情况下破坏,这就要求构件必须具有足够的强度。如果构件的强度不足,它在荷载作用下就要破坏。例如,房屋中的楼板梁,当其强度不足时,在楼板荷载作用下就可能断裂,显然,这是工程上绝不允许的。所以,如何使设计的结构及其每一根构件都有足够的强度,是土木工程力学要解决的首要任务。

2. 刚度(stiffness)

刚度是指构件和结构抵抗变形的能力。在荷载作用下,构件虽然有足够的强度不致发生破坏,但如果产生的变形过大,也会影响它的正常使用。楼板梁在荷载作用下产生的变形过大时,下面的抹灰层就会开裂、脱落;屋面上的檩条变形过大时,就会引起屋面漏水;机床上的轴变形过大时,将影响机床的加工精度等等。

3. 稳定性(stability)

稳定性是指构件和结构保持原有平衡状态的能力。例如,比较细长的中心受压杆件,当压力超过某一数值时,杆件将突然改变原来的形状,改变原来受压的工作性质,发生屈曲破坏,这种现象称为失稳。构件工作时产生失稳一般也是不容许的。例如,桥梁结构的受压杆件如果失稳,将可能导致桥梁结构的整体或局部塌毁。因此,构件在设计时必须保证具有足够的稳定性。

土木工程力学就是研究各种类型构件和构件系统的强度、刚度和稳定性问题的科学。构件承载能力的大小与构件的材料性质、几何形状和尺寸、受力性质、工作条件以及构造情况等有关。在构件设计时,如果构件的截面尺寸过小或截面形状不合理或材料选用不当,在外力作用下将不能满足承载能力的要求,则结构将不安全。反之,如果构件尺寸过大,材料质量太高,虽然满足了要求,但承载能力不能充分发挥,这样既浪费材料,又增加了成本和重量。因此，土木工程力学的任务就是在保证满足强度、刚度和稳定性要求的前提下，以最经济的成本，为构件选择适宜的材料，确定合理的形状和尺寸，并提供必要的理论基础和计算方法。

还需指出的是，强度、刚度和稳定性这三方面的问题并不是同等重要的。一般说来，强度要求是基本的，只是在某些情况下才提出刚度要求。至于稳定性问题，只是在特定受力情况下的某些构件中才会考虑。

1.4.2 土木工程力学的内容

工程中涉及的力学内容很多，通常包括理论力学、材料力学、结构力学、弹性力学、塑性力学等学科。考虑到土木工程类专业的实际情况，基于力学研究方法的内在规律，本书主要学习理论力学(静力学部分)、材料力学和结构力学三部分内容。

1.静力学

静力学主要研究物体的受力分析、力系简化与平衡的理论以及杆系结构的组成规律等。

2.材料力学

材料力学主要研究单个构件受力后发生变形时的承载能力问题。这是在了解各力之间的平衡关系后，进一步对构件在荷载作用下的变形大小以及是否破坏的问题做深入研究，为设计既安全又经济的结构、构件选择适当的材料、截面形状及尺寸，并掌握构件承载能力的计算方法。

3.结构力学

结构力学以构件系统为研究对象，研究其组成规律、合理形式以及结构在外力作用下内力和变形的计算，为结构设计提供分析方法和计算公式。

土木工程力学在土建类专业课程中起到承上启下的作用，前面它与数学、物理课程有着紧密的联系，后面它又要为各门结构设计类课程以及施工技术课服务。为了突出应用型人才培养的特色，本书除注意与数学课、物理课加强有机联系以外，还通过例题的形式与专业课特别是结构设计类课程进行紧密联系，目的是要做到更有效、更实际地为专业课程服务。

1.5 荷载的分类

结构或构件工作时所承受的主动力称为荷载(load)，如结构的自重、水压力、土压力、风压力以及人群、货物的重量等。荷载可分为几种不同的类型。

1.按荷载作用的范围可分为分布荷载和集中荷载

分布作用在体积、面积和线段上的荷载分别被称为体荷载、面荷载和线荷载，并统称为分布荷载。重力属于体荷载，风、雪的压力等属于面荷载，杆件所受的分布荷载为作用在杆件轴线上的线荷载。

若荷载的作用范围远小于构件的尺寸时，为了计算简便，可认为荷载集中作用于一点，称为集中荷载。如车轮的轮压、屋架或梁的端部传给柱子的压力、人站在建筑物上等都可以作为集中荷载来处理。

当研究对象为刚体时,作用在构件上的分布荷载可用其合力(集中荷载)代替。如分布的重力荷载可用作用在重心上的集中合力来代替。当研究对象为变形固体时,则不能任意地用集中荷载来代替。

2. 按荷载作用时间的久暂可分为恒荷载和活荷载

永久作用在结构或构件上,其大小和作用位置都不会发生变化的荷载称为恒荷载。结构的自重、固定在结构上永久性设备的自重都属于恒荷载,如屋面板、屋架、梁、楼板、墙体、柱基础等各部分结构的自重。

暂时作用在结构或构件上,其大小和作用位置都可能发生变化的荷载称为活荷载。如楼面上的人群、屋面积灰荷载、吊车荷载、风荷载、雪荷载以及施工或检修时的荷载都是活荷载。

3. 按荷载作用的性质可分为静荷载和动荷载

静荷载是指从零开始缓慢地增加到最终值,然后保持不变的荷载。这样,构件在变形过程中,各质点的加速度很小,它对变形和应力的影响可以忽略不计。构件的自重属于静荷载。

若加载时加速度较大,或者构件自身是运动着的,且加速度较大,或者是荷载本身随时间改变其大小和方向,则构件在变形过程中,各质点的加速度较大,以致对变形和应力的影响不能忽略,这就是动荷载。在工程实际中,许多构件是受动荷载作用的。例如,起重机的吊索以一定的加速度提升重物时重物对吊索的作用;厂房结构在机器运转时所受到的振动;地震力对建筑物的作用;机床在加工过程中,各零件之间的相互作用等等。

第 2 章

力学基本知识

2.1　力学的基本概念

2.1.1　力的概念

力(force)的概念是人们在长期的生产劳动和生活实践中逐步形成的，通过归纳、概括和科学的抽象而建立的。在生产和生活中随处可见，例如物体的重力、摩擦力、水的压力等。力是物体之间相互的机械作用。力对物体的作用效应包括两方面：一是力使物体的运动状态发生改变，称为运动效应或外效应；二是力使物体形状发生改变，称为变形效应或内效应。研究刚体时只考虑外效应，而变形固体还要研究内效应。

经验表明，力对物体作用的效应完全决定于力的大小、方向和作用点，通常称为力的三要素。如果改变了力的三要素中的任一要素，也就改变了力对物体的作用效应。

力是有方向的量，可以用矢量表示，一般用黑体字母 **F** 表示，它在图上可以用有向线段表示，线段的长度表示力的大小，线段所在的方位和箭头表示力的作用方向，线段的起点或终点表示力的作用点，如图 2.1 所示。在国际单位制中，力的单位是牛顿(N)或千牛顿(kN)，1 kN=10^3 N。

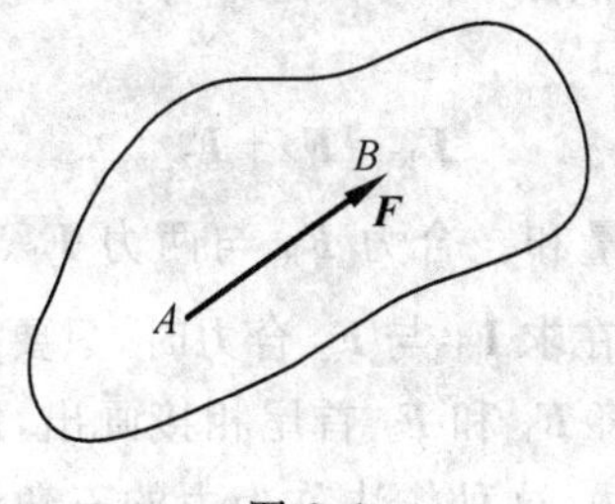

图 2.1

2.1.2　力系的概念

一般来说，作用在物体上的力不止一个，所以把作用于物体上的一群力称为力系(force system)。如果作用于物体上的某一力系可以用另一力系来代替，而不改变原有的状态,则这两个力系互称等效力系。如果一个力与一个力系等效,则称此力为该力系的合力,这个过程称为力的合成;而力系中的各个力称为此合力的分力,将合力代换成分力的过程称为力的分解。

在研究力学问题时,为方便地显示各种力系对物体作用的总体效应,用一个简单的等效力系(或一个力)代替一个复杂力系的过程称为力系的简化。力系的简化是刚体静力学的基本问题之一。

力系中所有力的作用线分布在同一平面内,称为平面力系;力系中所有力的作用线不在同一平面内分布时,称为空间力系;力系中所有力的作用线汇交于一点,称为汇交力系;力系中所有力的作用线相互平行,称为平行力系;力系中所有力的作用线任意分布,称为任意力系或一般力系。

如果力系中所有力作用在同一点时,称为共点力系;力系中所有力的作用线在同一直线上时,称为共线力系。

2.1.3 平衡的概念

当物体相对于惯性参考系(如地面)保持相对静止或做匀速直线运动时,称该物体处于平衡状态(equilibrium state)。如桥梁、机床的床身、做匀速直线飞行的飞机等,都处于平衡状态。平衡是物体运动的一种特殊形式。

使物体处于平衡状态的力系称为平衡力系,也称为零力系。

2.2 静力学基本公理

静力学公理是人们在长期的生活和生产实践中积累、总结出来,并通过实践反复验证的具有一般规律的定理和定律,它是静力学的理论基础。

公理一　力的平行四边形法则

作用在物体上同一点的两个力,可以合成为一个合力。合力的作用点也在该点,合力的大小和方向由这两个力为边构成的平行四边形的对角线确定,这种合成方法称为力的平行四边形法则。如图 2.2(a)所示,平行四边形对角线$\overrightarrow{OO'}$矢量就是合力 $\boldsymbol{F}_R$,用矢量加法表示为

$$\boldsymbol{F}_R=\boldsymbol{F}_1+\boldsymbol{F}_2$$

即合力矢等于这两个力矢的矢量和。合力 $\boldsymbol{F}_R$ 与两力 $\boldsymbol{F}_1$、$\boldsymbol{F}_2$ 的共同作用等效。由于$\overrightarrow{OC}$与$\overrightarrow{BO'}$两线段平行又相等,因此在求 $\boldsymbol{F}_1$ 与 $\boldsymbol{F}_2$ 合力时,只要作出如图 2.2(b)所示的三角形就可同样得到合力 $\boldsymbol{F}_R$,即依次将 $\boldsymbol{F}_1$ 和 $\boldsymbol{F}_2$ 首尾相接画出,最后由第一个力的起点至第二个力的终点形成三角形的封闭边,这种作法称为力的三角形法则。不过这种方法只能确定合力的大小和方向,而不能确定合力的作用线位置,显然作用线必须仍然通过原二力的交点。

力的平行四边形法则是力系简化的主要依据,因为它解决了两个已知力求合力以及一个合力分解为两个已知方向的分力问题。

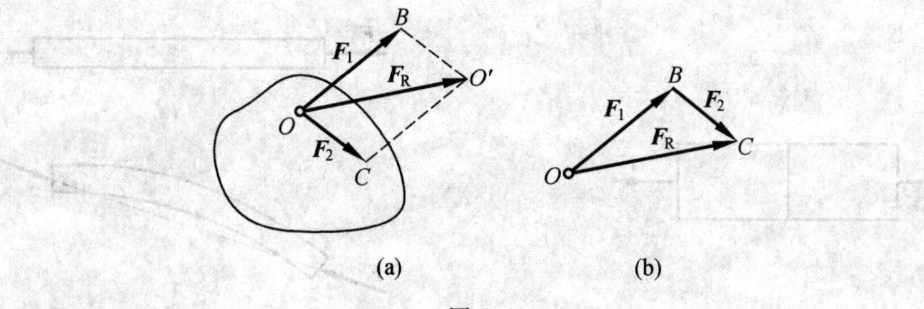

(a)　　　　(b)

图 2.2

公理二　二力平衡条件

作用在同一刚体上的两个力，使刚体处于平衡状态的充分和必要条件是：这两个力的大小相等，方向相反，且作用在同一直线上，此力系为平衡力系。

图 2.3 所示两种情况均满足二力平衡条件，图中 $\boldsymbol{F}_1=-\boldsymbol{F}_2$。其中图 2.3(a)所示的二力有使杆拉伸的趋势，称为拉力；图 2.3(b)所示二力有使杆压缩的趋势，称为压力。

图 2.4 所示两种情况均为一绳索受两个大小相等、方向相反的力作用。图 2.4(a)所示两个力显然为平衡力，而图 2.4(b)所示两个力，由于此时绳索在压力下不能再视为刚体所以不能平衡，也就是说对于变形体，二力平衡条件只是必要条件而非充分条件。

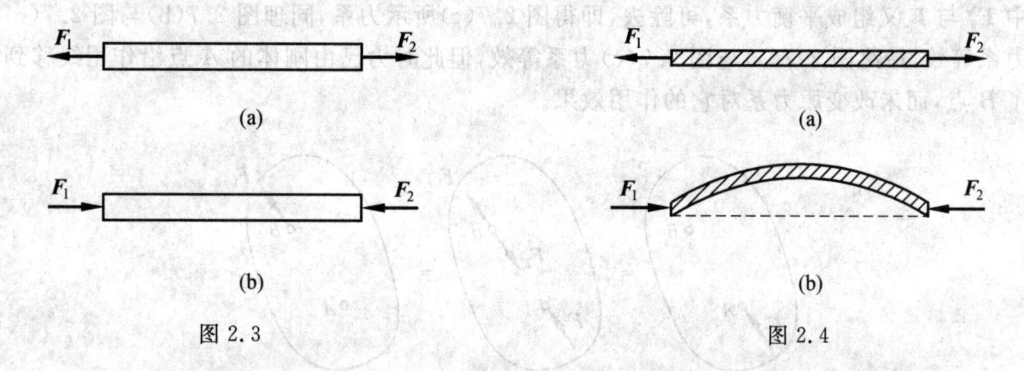

图 2.3　　　　图 2.4

图 2.5 所示状况，虽然二力等值，反向又共线，但由于不是作用于同一刚体，因此不能平衡。

二力平衡条件是最简单的力系平衡条件，是一切平衡力系的基础。建筑结构中受二力平衡的杆件很多，钢筋受拉力平衡，柱子受轴向压力平衡都属于这一类。力学中将受到两个力而平衡的杆件(直杆曲杆均可)称为二力杆，如图 2.6 所示两种情况均为二力杆。对于只在两点上受力而平衡的杆件，应用二力平衡定律可以直接确定其未知力的方位。

公理三　加减平衡力系原理

在作用于同一刚体的任意力系上，增加或除去任意平衡力系，并不改变原力系对该刚体的作用。这一公理表明，加减平衡力系后，新力系与原力系等效。这是研究力系等效替换与简化的重要依据。由此可以推导出如下两个重要推论。

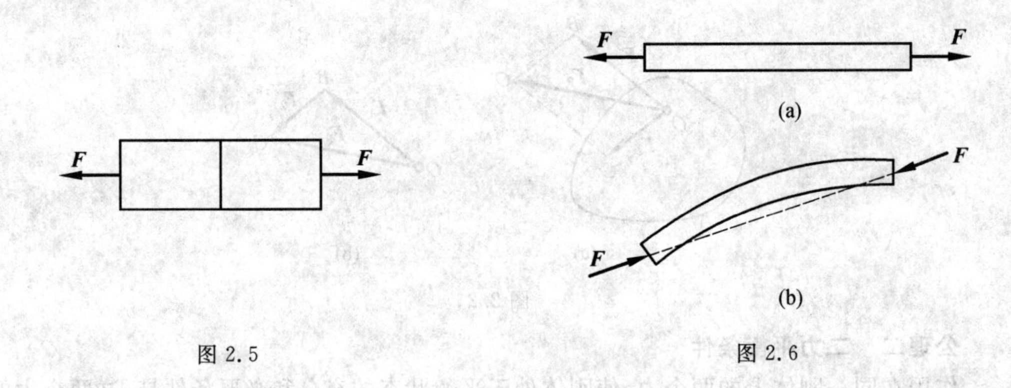

图 2.5　　图 2.6

推论 1　力的可传性

作用于刚体上某点的力,可以沿着它的作用线移动到刚体内任意一点,并不改变该力对刚体的作用。

证明:设力 $\boldsymbol{F}$ 作用于刚体上的 A 点,如图 2.7(a)所示。根据加减平衡力系原理,在该力的作用线上的任意点 B 加上一对平衡力 $\boldsymbol{F}_1$ 和 $\boldsymbol{F}_2$,且有 $F_1=F_2=F$(即三力的大小相等),如图 2.7(b)所示。显然,图 2.7(a)与图 2.7(b)二力系为等效力系。由于图 2.7(b)中 $\boldsymbol{F}_2$ 与 $\boldsymbol{F}$ 又组成平衡力系,可除去,即得图 2.7(c)所示力系,同理图 2.7(b)与图 2.7(c)力系等效,最终图 2.7(a)与图 2.7(c)力系等效,但此时力已由刚体的 A 点沿作用线移到了 B 点,而未改变原力系对它的作用效果。

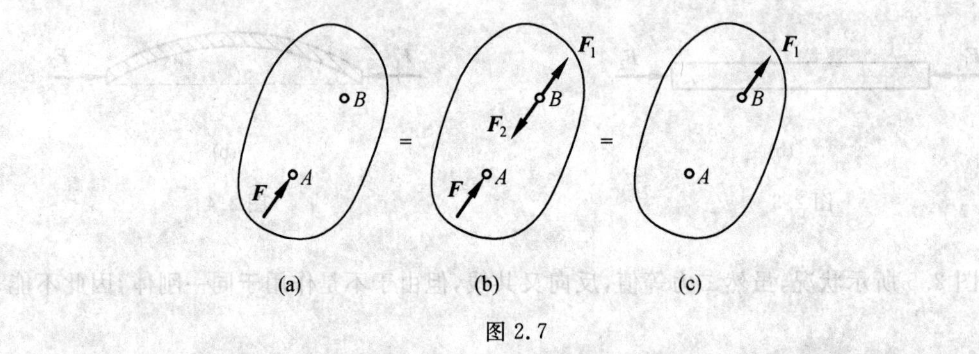

图 2.7

根据力的可传性可知,对刚体而言,力的作用点不是决定力作用效应的要素,它已被作用线所代替。因此,作用在刚体上的力的三要素是:力的大小、方向和作用线。作用于刚体上的力可以沿着其作用线滑移,这种力矢量(force vector)是滑移矢量。

力的可传性仍然是建立在刚体这个概念基础之上的,只有当所研究的对象可以视为一个刚体时,力的可传性才能是正确的。

推论 2　三力平衡汇交定理

刚体受三个力作用而处于平衡状态时,若其中两个力的作用线汇交于一点,则此三力必在同一平面内,且第三个力的作用线必汇交于同一点。

证明:设刚体上受三个力 $\boldsymbol{F}_1$、$\boldsymbol{F}_2$ 与 $\boldsymbol{F}_3$ 作用并处于平衡状态,如图 2.8 所示。根据力的平行四边形法则和力的可传性,显然 $\boldsymbol{F}_2$ 与 $\boldsymbol{F}_3$ 可合成为一个过交点 D 的力 $\boldsymbol{F}_R$,此时三

力平衡已变成为 $\boldsymbol{F}_1$ 与 $\boldsymbol{F}_R$ 的二力平衡。根据二力平衡的条件，显然 $\boldsymbol{F}_1$ 也必须通过 D 点，因此三力平衡必须交于一点。由于 $\boldsymbol{F}_R$ 与 $\boldsymbol{F}_2$、$\boldsymbol{F}_3$ 在同一平面，且 $\boldsymbol{F}_1$ 与 $\boldsymbol{F}_R$ 在同一直线上，所以 $\boldsymbol{F}_1$、$\boldsymbol{F}_2$ 和 $\boldsymbol{F}_3$ 也必在同一平面内。不过需要注意的是，汇交于一点这个条件仅是三力平衡的必要条件，而不是充分条件。或者说已经汇交于一点上的三个力并不一定都处于平衡状态。

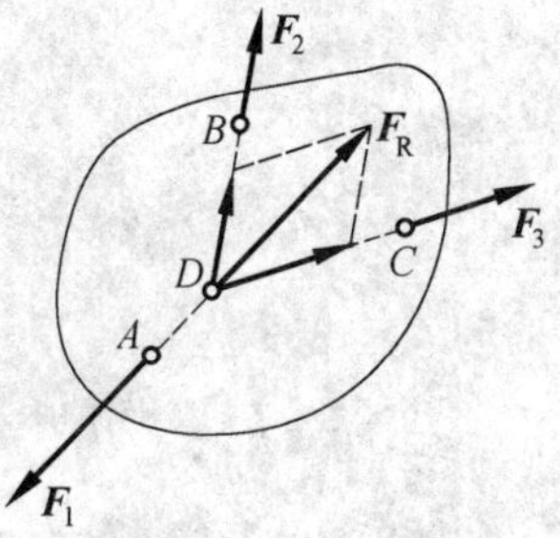

图 2.8

公理四　作用与反作用定律

两个物体间相互作用的力总是同时存在，且大小相等，方向相反，沿同一条直线，分别作用在两个物体上。若用 $\boldsymbol{F}$ 表示作用力，$\boldsymbol{F}'$ 表示反作用力，则

$$\boldsymbol{F}=-\boldsymbol{F}'$$

这一定律是研究结构受力分析特别是绘制隔离体受力图的基础。需强调的是，作用力与反作用力一定是成对出现的，且分别作用在两个物体上，因此不要错误地与二力平衡力系混淆。

例如，图 2.9(a)所示，绳子 OA 下端系一球，其重力为 $\boldsymbol{G}$，上端固定在顶板上，绳重略去不计。现分别研究球、绳子和顶板所受的力。如图 2.9(b)和(c)，球受到地球的引力，即它的重力 $\boldsymbol{G}$，此力作用在球的重心上，球被绳子系住不能下落，绳对球作用一向上的拉力 $\boldsymbol{F}_A$，其作用点为 A。绳子的 A 端受到球向下的拉力 $\boldsymbol{F}'_A$，其 O 端固定在顶板上，它受到顶板向上的拉力 $\boldsymbol{F}_O$。顶板上 O 点受到绳向下的拉力 $\boldsymbol{F}'_O$。地球的中心受到球对它的引力 $\boldsymbol{G}'$。可以看出，$\boldsymbol{F}_A$ 和 $\boldsymbol{F}'_A$ 是分别作用在球和绳子上的作用力和反作用力，$\boldsymbol{F}_O$ 和 $\boldsymbol{F}'_O$ 是分别作用在顶板和绳子上的作用力和反作用力，$\boldsymbol{G}$ 和 $\boldsymbol{G}'$ 是分别作用在球和地球上的作用力和反作用力。它们都是成对出现的，“谁”对“谁”作用，作用在“哪个”物体上，必须要分清。千万不要把 $\boldsymbol{F}_O$ 和 $\boldsymbol{F}'_A$，$\boldsymbol{F}_A$ 和 $\boldsymbol{G}$ 当成是作用力和反作用力，它们属于二力平衡中的一对力。

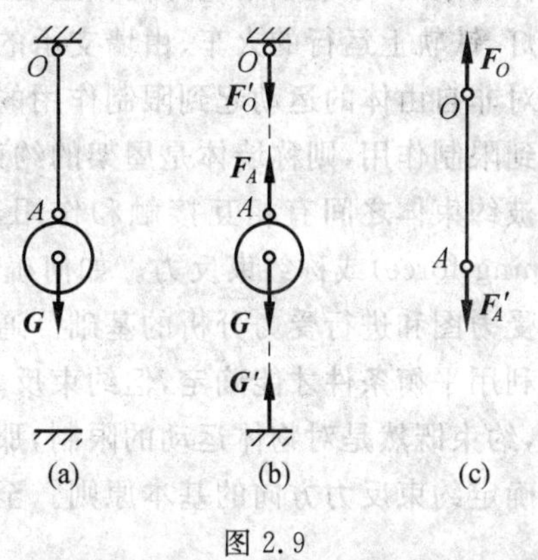

图 2.9

公理五　刚化原理

变形体在某一力系作用下处于平衡状态，则将此变形体刚化为刚体时，其平衡状态保持不变。

这一公理把变形体抽象为刚体提供了条件。如图 2.10 所示，变形体绳索在等值、反向、共线的两个拉力作用下处于平衡，如将绳索刚化成刚体，则平衡状态保持不变。而绳索在两个等值、反向、共线的压力作用下则不能平衡，这时绳索就不能刚化为刚体。

由此可见，刚体的平衡条件是变形体平衡的必要条件，而非充分条件。在刚体静力学的基础上，考虑变形体的特性，可进一步研究变形体的平衡问题。

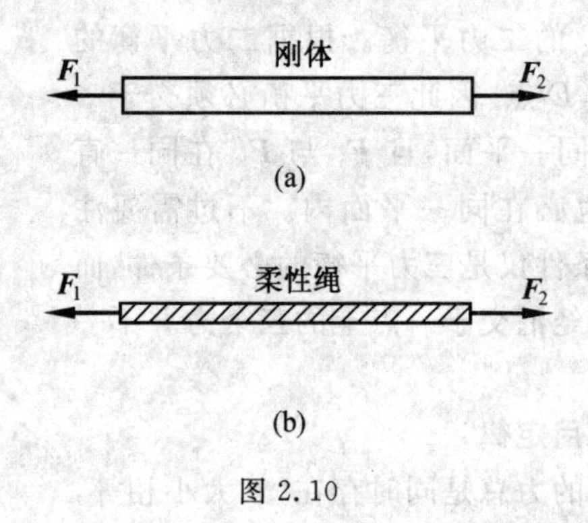

图 2.10

2.3 约束与约束反力

在空中飞行的飞机、导弹、火箭等,它们在空中可以不受限制地自由飞行(不考虑空气阻力),这种在空间运动不受任何限制的物体,称为自由体。然而,许多物体都受到周围其他物体的限制,不能在某些方向做运动,这些物体统称为非自由体,如天花板下用绳索吊着的灯、铁轨上运行的火车、由墙支承的屋架等。

对非自由体的运动起到限制作用的物体通常称为约束。例如,墙体对屋架下落的运动起到限制作用,则称墙体是屋架的约束。墙体作为约束体,屋架显然是被约束体,约束体与被约束体之间有相互接触和作用,因此也就一定存在与约束相适应的约束力(restraining force)或称约束反力。如何确定约束反力的大小、方向和作用点是绘制结构或构件受力图和进行受力分析的基础。通常约束反力的值要根据主动力(或称荷载)的作用情况利用平衡条件才能确定,但约束反力的方向和作用点通常只与约束本身有关。一般说来,约束既然是对物体运动的限制,那么约束反力的方向必定与限制运动的方向相反,这是确定约束反力方向的基本原则。至于约束反力的作用点显然应是约束与被约束的接触点。

下面介绍几种在工程中常见的约束类型。

2.3.1 柔体约束

由柔软的绳索、皮带或链条等构成的约束,在不考虑其自重、变形时可以简化为柔体约束。例如,吊装工程中使用的钢丝绳、链条和机器传动中的皮带等,这类约束的特点是只能承受拉力,不能承受压力和弯曲。由于它只能限制沿柔体自身中心线伸长方向的运动,因此柔体约束所产生的约束反力其方向必定是沿柔体的中心线背离被约束物体,其作用点为柔体与被约束体的接触点。通常用 $\boldsymbol{F}$ 或 $\boldsymbol{F}_T$ 表示这种约束反力。

图 2.11(a)所示一重为 $\boldsymbol{G}$ 的预制板被起吊,钢丝绳通过 A、B 两点与构件连接。根据柔体约束反力的特点,在解除柔体约束后,应在图 2.11(b)中的 A、B 两点画出两个约束反力,其方位分别与 AC 和 BC 线重合,指向背离预制板,作用点分别在 A、B 两点。此处需强调指出,约束反力必须画在已经解除约束的被约束物体上(代替约束的作用),而不要直接画在原图 2.11(a)中,以免混淆作用力与反作用力。同时还需说明,约束反力 $\boldsymbol{F}_{T1}$ 与

$\boldsymbol{F}_{T2}$的大小此时还不能确定，这需根据主动力 $\boldsymbol{G}$ 的大小通过平衡条件才能最后求出。一般在画受力图时只要根据约束反力特点正确画出力的作用点与方向即可。

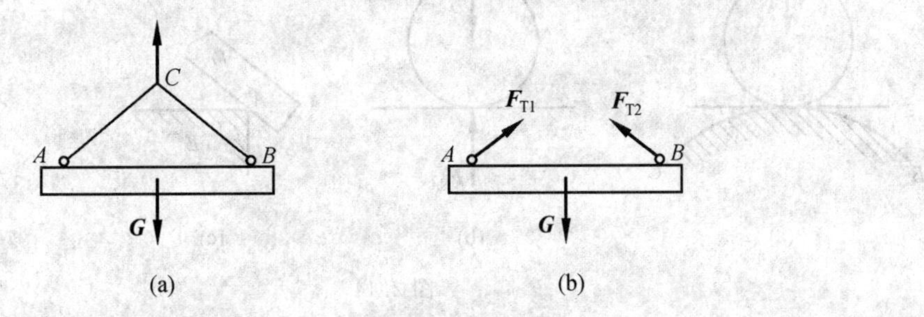

图 2.11

链条或皮带也都只能承受拉力。当它们绕在轮子上时，对轮子的约束力沿轮缘的切线方向，如图 2.12 所示。

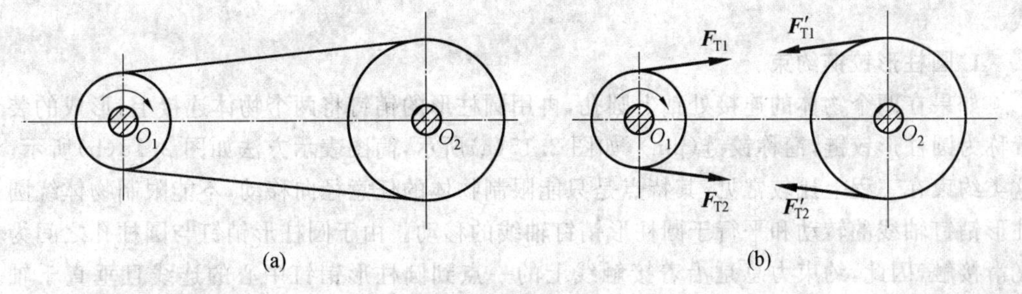

图 2.12

2.3.2　光滑面约束

如果物体接触面摩擦很小，可以忽略不计，就认为接触面是光滑的，这类约束不能限制物体沿约束表面切线的位移。因此，光滑面约束对物体的约束反力，作用在接触点处，方向沿接触表面的公法线，指向被约束物体，通常用 $\boldsymbol{F}_N$ 表示。

图 2.13 所示吊车梁的轨道对轮子的约束，如不计接触点的摩擦，可看做是光滑面约束。该图中支承于牛腿柱上的吊车梁，受到柱的约束（支承作用），其梁柱接触面当不考虑摩擦时也可视为光滑面约束。

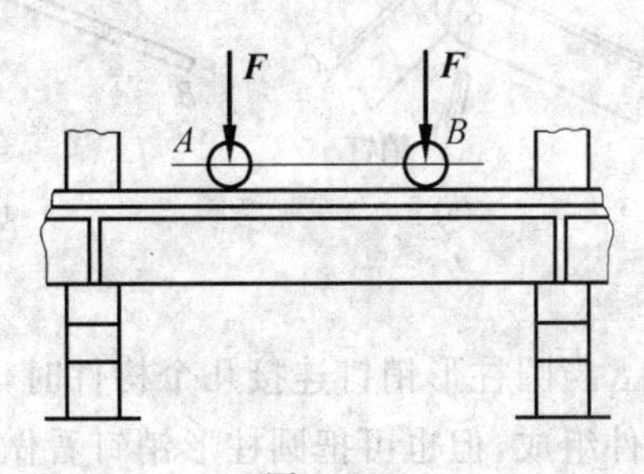

图 2.13

图 2.14(a)所示任意光滑面 BAC 对一重 $\boldsymbol{G}$ 的物体产生约束作用。由于这种约束不能限制物体沿 A 点公切线方向的运动，而只能限制物体对 A 点垂直于公切线并指向 BAC 内部的运动，因此在画物体的受力图时（见图 2.14(b)），光滑面的约束反力，其方向应与过 A 点的公切线相垂直，指向被约束体，作用点显然为 A。图 2.14(c)所示为一在 A 点具有光滑面的物体 D 与在 A 点为尖角的物体 E 相接触，解除约束 E，D 物体在 A 点应受到约束反力 $\boldsymbol{F}_{NA}$的作用，由于尖角可视为半径很小的圆弧，故 $\boldsymbol{F}_{NA}$的方向仍垂直公切线，指向物体 D（见图 2.14(d)）。

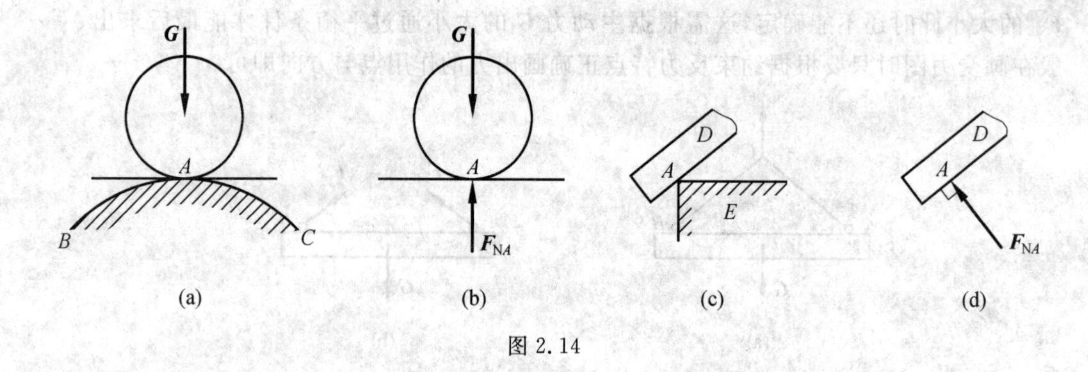

图 2.14

2.3.3 光滑铰链约束

光滑铰链约束包括圆柱形铰链约束、固定铰链支座约束、可动铰链支座约束三种形式。

1. 圆柱形铰链约束

如果在两个物体的连接处钻上圆孔，再用圆柱形的销钉将两个物体连接上，形成的装置称为圆柱形铰链，简称铰链(pin)，如图 2.15(a)所示，简图表示方法如图 2.15(b)所示。这类约束在工程上比较常见，其特点是只能限制物体的任意径向移动，不能限制物体绕圆柱形销钉轴线的转动和平行于圆柱形销钉轴线的移动。由于圆柱形销钉与圆柱孔之间为光滑接触，因此，约束力总是沿着接触线上的一点到圆柱形销钉中心的连线且垂直于轴线，如图 2.15(c)所示。因为接触的位置不能预先确定，因而约束力的方向也不能预先确定。所以，光滑圆柱形铰链约束的约束力只能是压力，在垂直于圆柱形销钉轴线的平面内，通过圆柱形销钉中心，方向不定。在分析计算时，可简化为沿坐标轴正方向且作用于圆柱孔中心的两个分力 $\boldsymbol{F}_{Ax}$、$\boldsymbol{F}_{Ay}$，见图 2.15(d)。

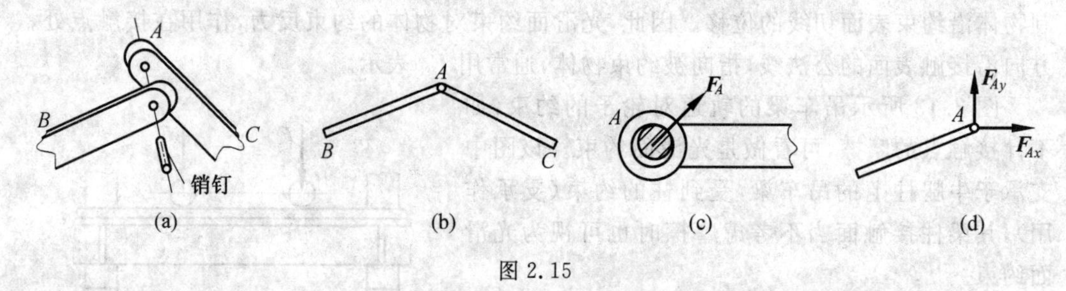

图 2.15

当圆柱形销钉连接几个构件时，连接处称为铰结点。顺便指出，圆柱形铰链虽由三个构件组成，但也可把圆柱形销钉看做固连于其中两个物体中的某一个，这样，就简化成只有两个构件的结构，这并不影响约束力的特征。

2. 固定铰链支座约束

将上面的圆柱形铰链中的一个物体固定在不动的支撑平面上，形成的装置称为固定铰链支座或称固定铰支座，如图 2.16(a)所示。其支座反力通常也用两个正交分力 $\boldsymbol{F}_{Ax}$ 与 $\boldsymbol{F}_{Ay}$ 表示，如图 2.16(b)所示，指向可假设。图 2.16(c)、(d)、(e)、(f)为固定铰支座常见的计算简图，应当熟悉。固定铰支座中“固定”二字的含义是指支座中心不能移动，但结构或构件却可以绕支座中心任意转动。

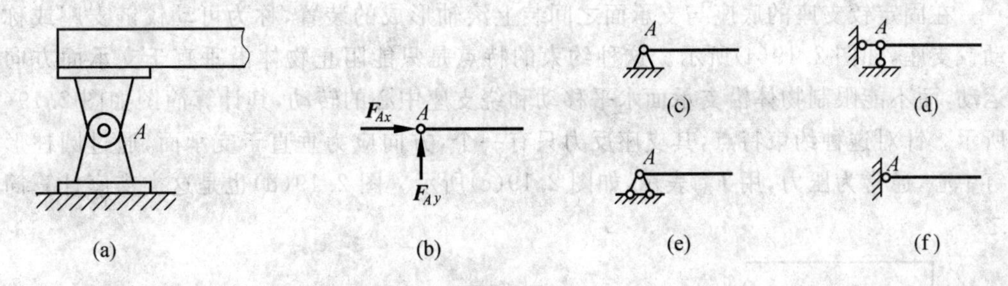

图 2.16

在工程实际中，桥梁上的某些支座比较接近理想的固定铰支座，而在房屋建筑中这种理想的支座很少，一般多数是简化成(或近似视为)这类支座，通常把限制移动，而允许产生微小转动的支座都视为固定铰支座。例如，在房屋建筑当中的屋架，它的端部支承在柱子上，并将预埋在屋架和柱子上的两块钢板焊接起来，它可以阻止屋架的移动，但因焊缝的长度有限，对屋架的转动限制作用很小，因此，可以把这种装置视为固定铰支座(图 2.17)。

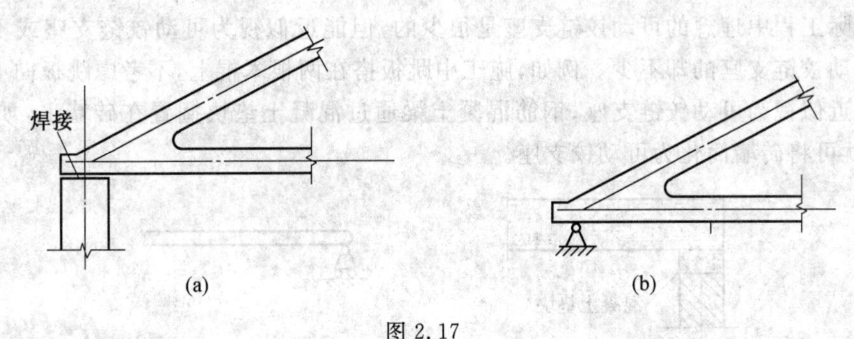

图 2.17

图 2.18 所示两种实际支承，图 2.18(a)为梁插入墙内少许，图 2.18(b)为柱插入杯形基础，空隙填入沥青麻丝。研究它们的约束特点，不难看出，梁左端在墙内将不能发生任何移动；柱与基础如不考虑向上的相对移动，则也可以认为不发生任何移动，但严格讲都有一定误差，当梁和柱相对它们的支座发生转动时，这些支座又不可能完全阻止，为了简化计算，均视为可以自由转动，这样上述两种支承都可用固定铰支座代替。

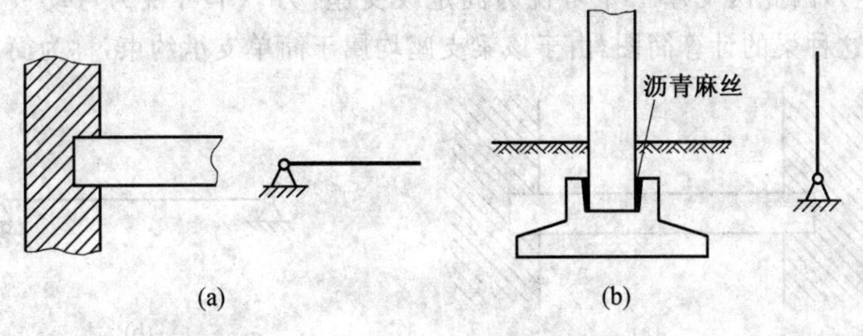

图 2.18

3. 可动铰链支座约束

在固定铰支座的底座与支承面之间装上滚轴形成的装置,称为可动铰链支座或称滚动铰支座,如图 2.19(a)所示。这种约束的特点是只能阻止物体沿垂直于支承面方向的运动,而不能限制物体沿支承面水平移动和绕支座中心的转动,其计算简图如图 2.19(b)所示。针对这种约束特点,其支座反力只有一个,方向应为垂直于支承面,通过圆柱形销钉中心,通常为压力,用 $\boldsymbol{F}_{Ay}$ 表示,如图 2.19(c)所示。图 2.19(d)也是这类支座计算简图之一。

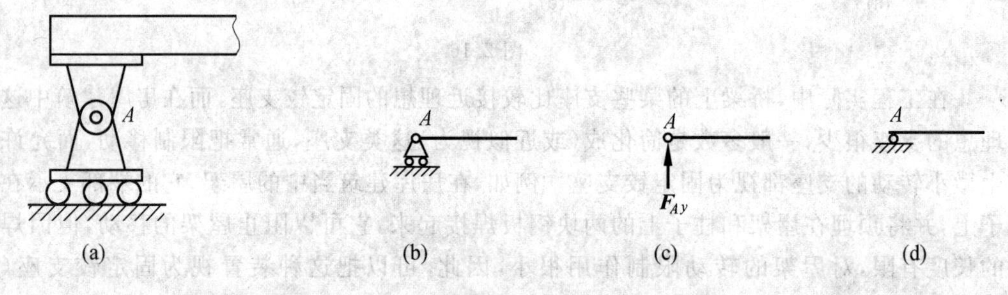

图 2.19

实际工程中理想的可动铰链支座是很少的,但能近似视为可动铰链支座或不得不近似为可动铰链支座的却不少。例如,施工中跳板搭在两根木棍上,不考虑跳板向上运动时木棍可近似视为可动铰链支座;钢筋混凝土梁通过混凝土垫块搁置在砖墙上,如图 2.20所示,就可将砖墙简化为可动铰支座。

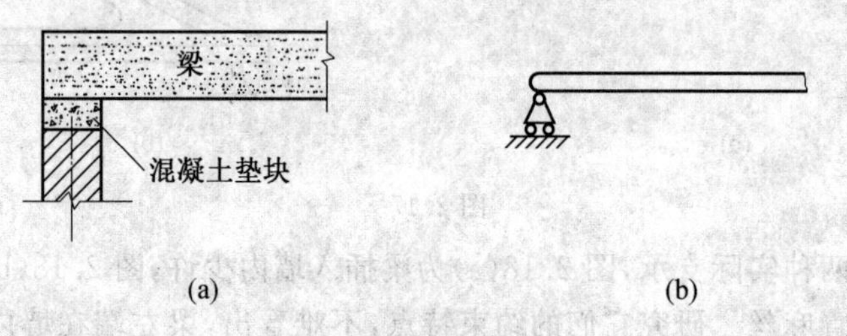

图 2.20

图 2.21(a)中所示梁的两端支座,按前面的讨论均应简化为固定铰支座,但考虑到梁与墙体间多少存在一定间隙,水平方向存在移动的可能性,同时为了使计算简化(否则将出现超静定),因此两支座一个可视为固定铰支座,另一个可视为可动铰支座。图 2.21(b)给出了这种梁的计算简图,由于该梁支座均属于简单支承约束,称为简支梁。

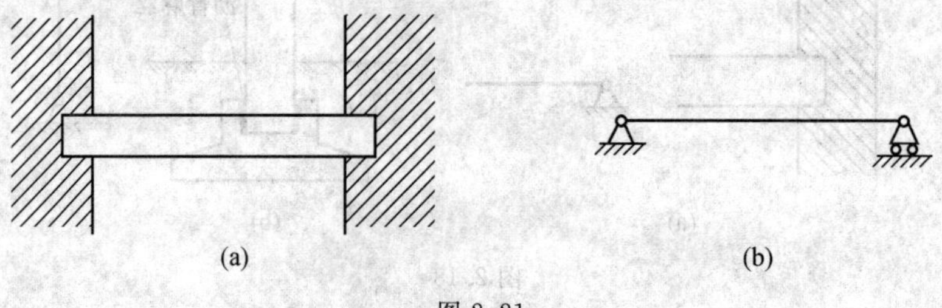

图 2.21

2.3.4 单链杆支座

构件与支座之间用如图 2.22(a)所示的两端为铰链的一根直杆(称为链杆)相连称为单链杆支座,计算简图如图 2.22(b)所示。由于它限制了构件与支座间沿杆轴线方向的相对移动,因此约束反力的作用线沿链杆轴线,指向待定,常用 $\boldsymbol{F}_A$ 表示,如图 2.22(c)所示。

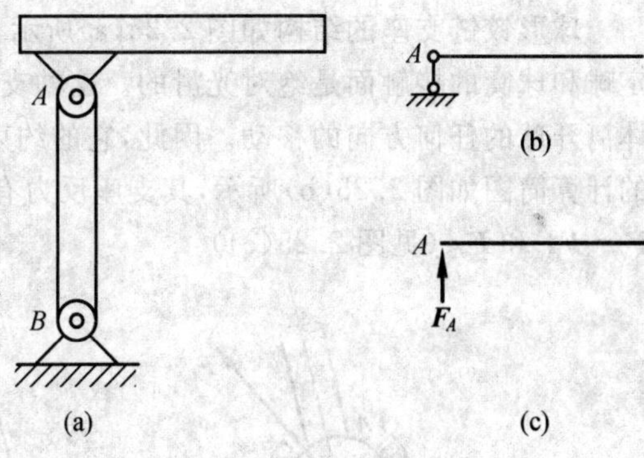

图 2.22

2.3.5 轴承约束

1. 向心轴承

如图 2.23(a)、(b)所示为向心轴承装置,其计算简图如图 2.23(c)所示。轴可在孔内任意转动,也可沿孔的中心线移动,但轴承阻碍着轴沿径向向外的位移。设轴和轴承在点 A 接触,且摩擦忽略不计,则轴承对轴的约束力 $\boldsymbol{F}_A$ 作用在接触点 A,沿公法线且指向轴心,见图 2.23(a)。

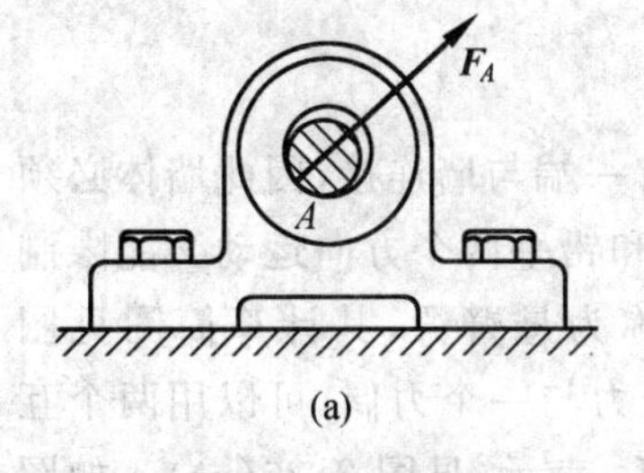

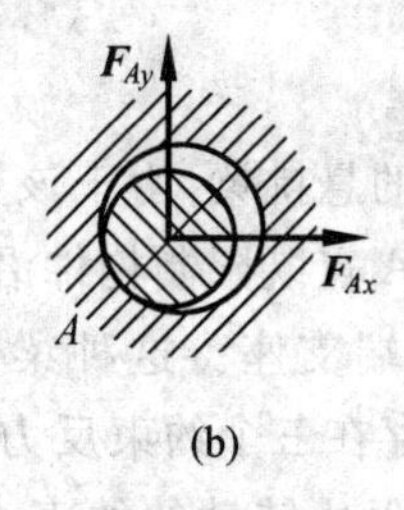

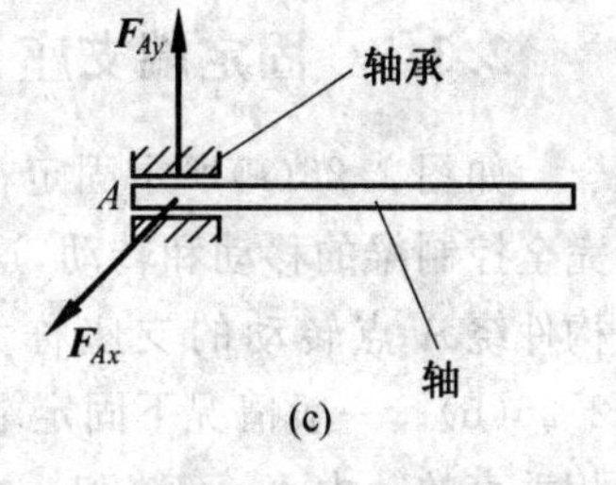

图 2.23

但是,随着轴所受的主动力不同,轴和孔的接触点的位置也随之不同。所以,当主动力尚未确定时,约束力的方向预先不能确定。然而,无论约束力朝向何方,它的作用线必垂直于轴线并通过轴心。通常把这样一个方向不能预先确定的约束力,用通过轴心的两个大小未知的正交分力 $\boldsymbol{F}_{Ax}$、$\boldsymbol{F}_{Ay}$ 来表示,如图 2.23(b)或(c)所示。

2. 止推轴承

如图 2.24 所示为止推轴承,它与向心轴承不同,除了能限制轴的沿径向位移以外,还能限制轴沿轴向的位移。因此,其约束反力可以用三个正交分量 $\boldsymbol{F}_{Ax}$、$\boldsymbol{F}_{Ay}$、$\boldsymbol{F}_{Az}$ 来表示。

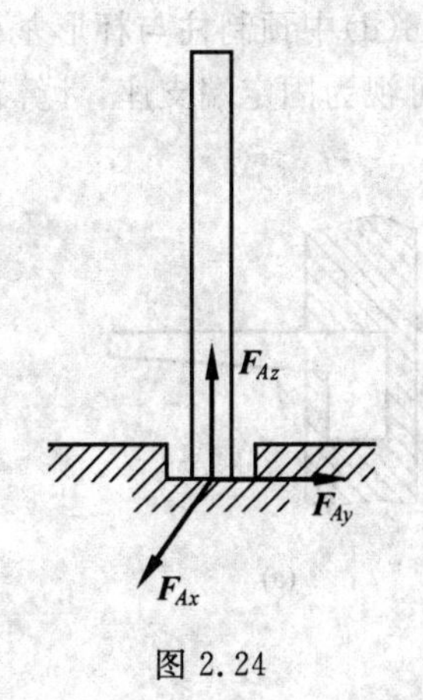

图 2.24

2.3.6 球形铰链支座

球形铰链支座的结构如图 2.25(a)所示，被约束物体上的圆球装在支座的球窝里，假定球和球窝的接触面是绝对光滑的。这种支座只允许被约束物体绕球心转动，而限制物体离开球的任何方向的移动。因此，它的约束反力通过球心，而方向是任意的。这种支座的计算简图如图 2.25(b)所示，其支座反力有三个未知量，一般沿坐标轴分解为三个分力 $\boldsymbol{F}_{Ax}$、$\boldsymbol{F}_{Ay}$ 和 $\boldsymbol{F}_{Az}$(见图 2.25(c))。

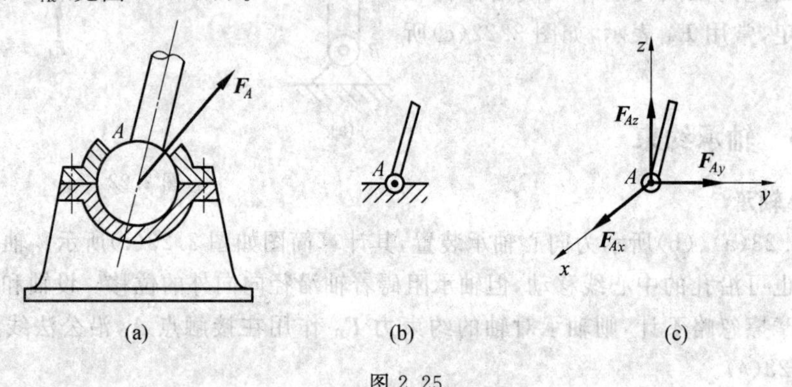

图 2.25

2.3.7 固定端支座

如图 2.26(a)所示固定在墙上的悬挑梁，由于该梁只有一端与墙连接，因此墙体必须完全控制梁的移动和转动，这种在 A 点既限制构件沿水平和铅垂两个方向运动又能限制构件绕 A 点转动的支座称为固定端支座。这种梁通常称为悬臂梁，其计算简图见图 2.26(b)。一般情况下固定端支座存在三个约束反力，两个力与一个力偶，可以用两个互相垂直的分力 $\boldsymbol{F}_{Ax}$、$\boldsymbol{F}_{Ay}$ 和一个具有阻止转动的约束力偶 M_A 表示(见图 2.26(c))。如图 2.26(d)中预制柱与杯形基础间的缝隙采用现浇混凝土，使柱与基础连为一整体，此时基础可视为固定端支座，计算简图示于图 2.26(e)。

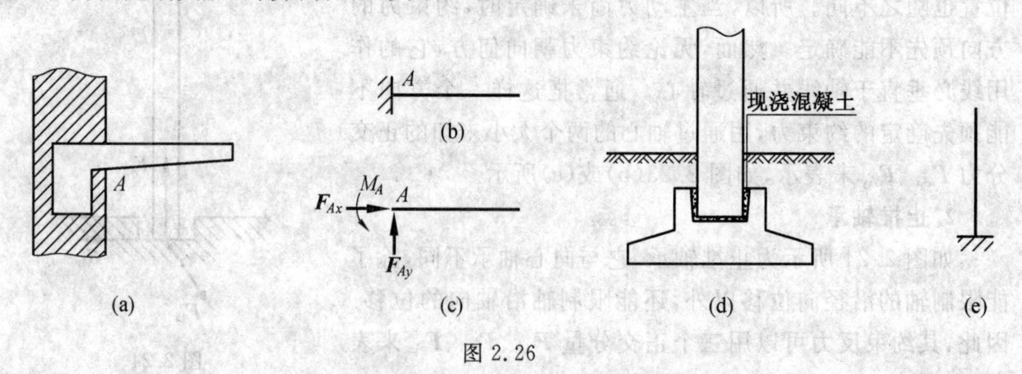

图 2.26

2.4　受 力 图

在工程实际中，无论是研究物体平衡中力的关系，还是研究物体运动中作用力与运动的关系，首先要分析物体受到哪些力的作用，每个力的作用位置如何，力的作用方向如何，这个过程称为对物体进行受力分析。为了清晰地表示物体的受力状态，我们将通过分析所得到的全部力用图形表示出来，这种表示物体受力的简明图形称为受力图。

正确地对物体进行受力分析和绘制受力图是力学计算的前提和关键，其步骤如下。

1. 确定研究对象或取分离体

根据已知条件和题意要求，将需要研究的物体假想地从周围物体中分离出来，单独画出它的简图，称为画分离体（或隔离体）图。

研究对象可以是整体结构（不含支座），也可以是结构中的一根构件，还可以是一根构件的一部分，甚至是一个微元体，这取决于研究问题的需要。

2. 正确画出受力图

把周围物体施加给研究对象（分离体）的主动力（包括各种荷载与作用）和约束反力全部画在受力体上。画受力图时，一般先画主动力（一般是已知的，不得遗漏），再画约束反力（一般是未知的，要根据静力学公理、约束类型及其特点确定反力的方向和作用位置，正确画在受力图中）。

注意：（1）不画内力，只画外力。内力是研究对象内部物体之间的相互作用力，对研究对象的整体运动效应没有影响，因此不画。

（2）画图时，要正确分析物体间的作用与反作用力，作用力的方向一经确定，反作用力的方向必须与之相反。

（3）当绘制由几个物体组成的研究对象的受力图时，物体间的相互作用力是内力，且成对出现，组成了平衡力系，因此不需要画出。

下面通过例题来学习受力分析的具体做法。

【例 2.1】　绘图 2.27(a)所示简支梁的受力图。

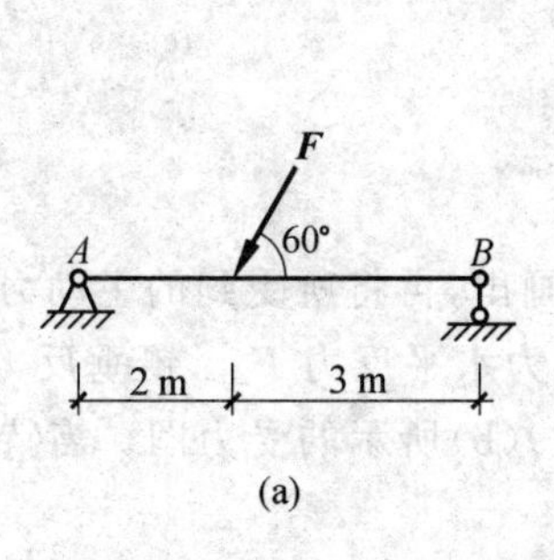

(a)

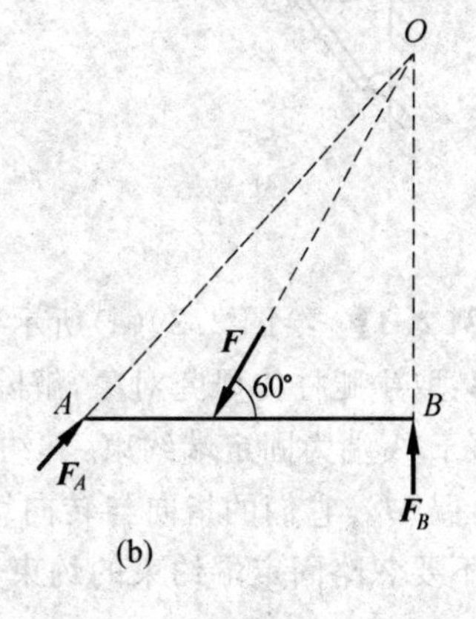

(b)

图 2.27

解:(1)取梁 AB 为研究对象,解除 A、B 支座约束,将它从周围的物体中分离出来,将梁 AB 绘于图 2.27(b)中。

(2)按主动力 $\boldsymbol{F}$ 的位置画出力 $\boldsymbol{F}$。

(3)由于 B 支座为单链杆支座,解除约束后,其反力 $\boldsymbol{F}_B$ 应沿垂直方向,指向暂设向上。A 支座为固定铰链支座,其约束反力必定经过 A 点,根据三力平衡定理,其作用线应通过 $\boldsymbol{F}_B$ 和 $\boldsymbol{F}$ 的交点 O,因此反力 $\boldsymbol{F}_A$ 的作用线可完全确定,方向假设为右上方,如图 2.27(b)所示。

【例 2.2】 绘图 2.28(a)中圆柱 O 及杆 AB 的受力图,并指出 A 点反力的方向。已知墙面 AC 与圆柱 O 为光滑接触,但圆柱 O 与杆 AB 为非光滑接触,AB 杆自重不计。

分析:由于圆柱 O 与杆 AB 为非光滑接触,因此接触点 D 的约束反力方向无法确定,这样 A 点反力方向也就无法确定,因此需要先画圆柱 O 的受力图,确定 D 点约束反力方向后,再画杆 AB 的受力图。

解:(1)取圆柱 O 为研究对象,解除约束,将分离体绘于图 2.28(b)中。

圆柱 O 除受主动力 $\boldsymbol{G}$ 作用外,由于 E 点为光滑接触,因此去掉墙后约束反力 $\boldsymbol{F}_{NE}$ 应垂直公切线指向圆柱体;D 点虽为非光滑接触,但约束反力必通过 D 点,再根据三力平衡定理,其作用线又应通过 $\boldsymbol{F}_{NE}$ 和 $\boldsymbol{G}$ 的交点 O,因此反力 $\boldsymbol{F}_{ND}$ 的方向可完全确定,如图 2.28(b)所示。

(2)再取杆 AB 为研究对象,解除约束,将杆 AB 绘于图 2.28(c)中。

根据作用与反作用定律,杆 AB 在 D 点应受到与 $\boldsymbol{F}_{ND}$ 等值相反的力 $\boldsymbol{F}'_{ND}$ 的作用;因为绳索拉力 $\boldsymbol{F}_T$ 必与绳索轴线相重合并背离被约束物体 AB,再应用三力平衡定理,$\boldsymbol{F}_A$ 的方向应通过 A 并交汇于 $\boldsymbol{F}_T$ 与 $\boldsymbol{F}'_{ND}$ 的交点 O',如图 2.28(c)所示。

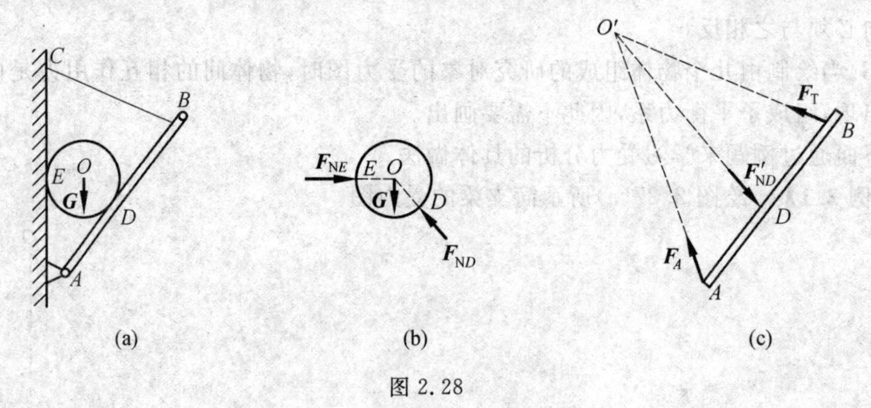

图 2.28

【例 2.3】 绘图 2.29(a)所示牛腿柱的受力图。

解:取牛腿柱为研究对象,解除 A 端约束把牛腿柱画出,再将所受到的主动力相应画出。由于 A 端为固定端约束,其约束反力为三个,分别为水平反力 $\boldsymbol{F}_{Ax}$,铅垂反力 $\boldsymbol{F}_{Ay}$ 与约束力偶 M_A,它们的指向与转向均为假设,得如图 2.29(b)所示的受力图。需特别强调的是,不要忽略固定端约束的约束力偶。

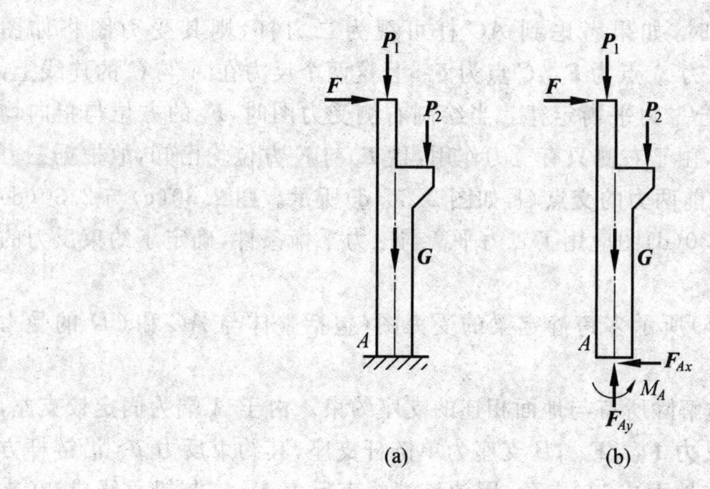

图 2.29

【例 2.4】 绘图 2.30(a)所示三铰拱整体受力图与左右两构件的受力图。

解:(1)取三铰拱整体为隔离体。先画出主动力 $\boldsymbol{F}$,根据支座条件 A 点应有两个反力 $\boldsymbol{F}_{Ax}$、$\boldsymbol{F}_{Ay}$,B 点同样应有两个反力 $\boldsymbol{F}_{Bx}$、$\boldsymbol{F}_{By}$,指向均为假设,画完后即得到受力图,如图 2.30(b)所示。

(2)取三铰拱左半跨 AC 为隔离体。解除支座 A 后存在 $\boldsymbol{F}_{Ax}$ 和 $\boldsymbol{F}_{Ay}$ 两个反力,解除铰链 C 后,根据铰链约束的特点,应存在拱右侧对左侧的约束反力 $\boldsymbol{F}_{Cx}$ 与 $\boldsymbol{F}_{Cy}$(指向仍可假设)。在绘制三铰拱右半跨 CB 的受力图时先画出主动力 $\boldsymbol{F}$,解除支座 B 后也存在两个反力 $\boldsymbol{F}_{Bx}$ 和 $\boldsymbol{F}_{By}$,而 C 处的约束反力也仍然为水平和垂直两个,即 $\boldsymbol{F}'_{Cx}$ 与 $\boldsymbol{F}'_{Cy}$,见图 2.30(c)。但需特别指出的是:①通过对整体的研究假设了支座 A、B 的约束反力后,再以部分构件为研究对象时,同一支座约束反力的指向应标注一致;②C 点处两个约束反力的指向要分别与 $\boldsymbol{F}_{Cx}$ 和 $\boldsymbol{F}_{Cy}$ 相反,因为它们彼此构成了作用与反作用力,换句话说,$\boldsymbol{F}_{Cx}$ 与 $\boldsymbol{F}_{Cy}$ 的指向假定后,$\boldsymbol{F}'_{Cx}$ 与 $\boldsymbol{F}'_{Cy}$ 的方向就不要再任意假设,如图 2.30(c)所示。

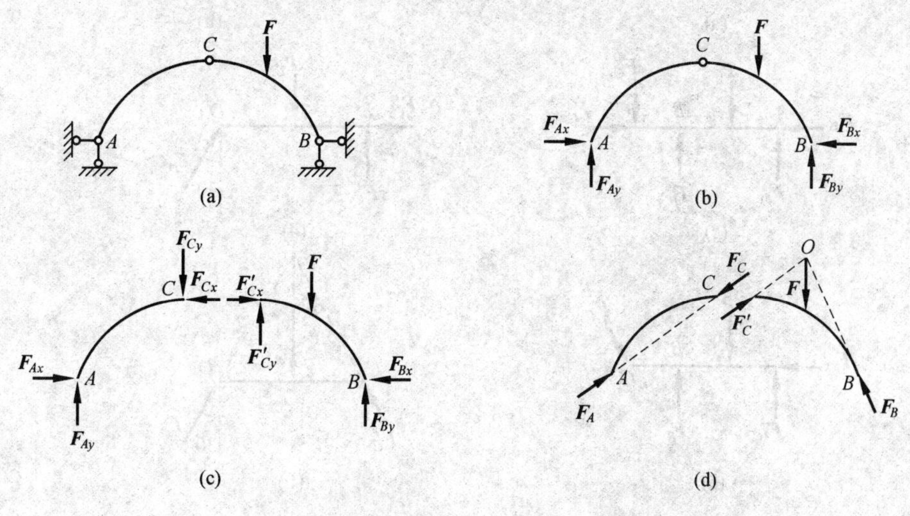

图 2.30

在绘制左半跨受力图时，如果考虑到 AC 杆可视为二力杆，则其受力图将如图 2.30(d)左所示，此时约束反力 A 点为 $\boldsymbol{F}_A$，C 点为 $\boldsymbol{F}_C$，且这两个反力在 A 与 C 的连线上，反力指向仍为假设，但应符合二力平衡定律。当绘制右侧受力图时，$\boldsymbol{F}'_C$ 的方位与指向均应与 $\boldsymbol{F}_C$ 成作用与反作用力，由于右侧只有三力作用，且 $\boldsymbol{F}'_C$ 与 $\boldsymbol{F}$ 方位均已知，故根据三力平衡定理，$\boldsymbol{F}_B$ 的方位应通过前两力的交点 O，如图 2.30(d)所示。图 2.30(c)与 2.30(d)均为受力图，其差别在于 2.30(d)图应用了二力平衡与三力平衡条件，确定了约束反力的具体指向。

【例 2.5】 绘图 2.31(a)所示多跨静定梁的受力图(包括整体与 AC 和 CD 的受力图)。

解：取整体为研究对象，解除所有与地面相连的支座约束。由于 A 端为固定铰支座，所以解除后应有两个支座反力 $\boldsymbol{F}_{Ax}$、$\boldsymbol{F}_{Ay}$；B 支座为单链杆支座，其约束反力 $\boldsymbol{F}_B$ 沿链杆方向；D 端为可动铰支座，且与地面成 30°夹角，因此该端约束反力 $\boldsymbol{F}_D$ 应与铅垂线成 30°夹角，见图 2.31(b)，图中反力方向均为假设。

AC 梁与 CD 梁的受力图绘于图 2.31(c)和图 2.31(d)，与图 2.31(b)不同之处在于铰 C 处分开，因此左右各有约束反力 $\boldsymbol{F}_{Cx}$、$\boldsymbol{F}_{Cy}$ 与 $\boldsymbol{F}'_{Cx}$、$\boldsymbol{F}'_{Cy}$ 存在，并彼此形成作用与反作用力。

我们注意到 CD 梁上的主动力只有 P_2，而 D 端反力 $\boldsymbol{F}_D$ 的方位又已确定，且 $\boldsymbol{F}'_{Cx}$ 与 $\boldsymbol{F}'_{Cy}$ 又可合为一力 $\boldsymbol{F}'_C$，根据三力汇交原理，$\boldsymbol{F}'_C$ 的方位将可按图 2.31(f)所示确定，形成另一种形式的受力图，此时 AC 梁的受力图显然应如图 2.31(e)所示，C 点将受到 $\boldsymbol{F}'_C$ 的反作用力 $\boldsymbol{F}_C$ 的作用。

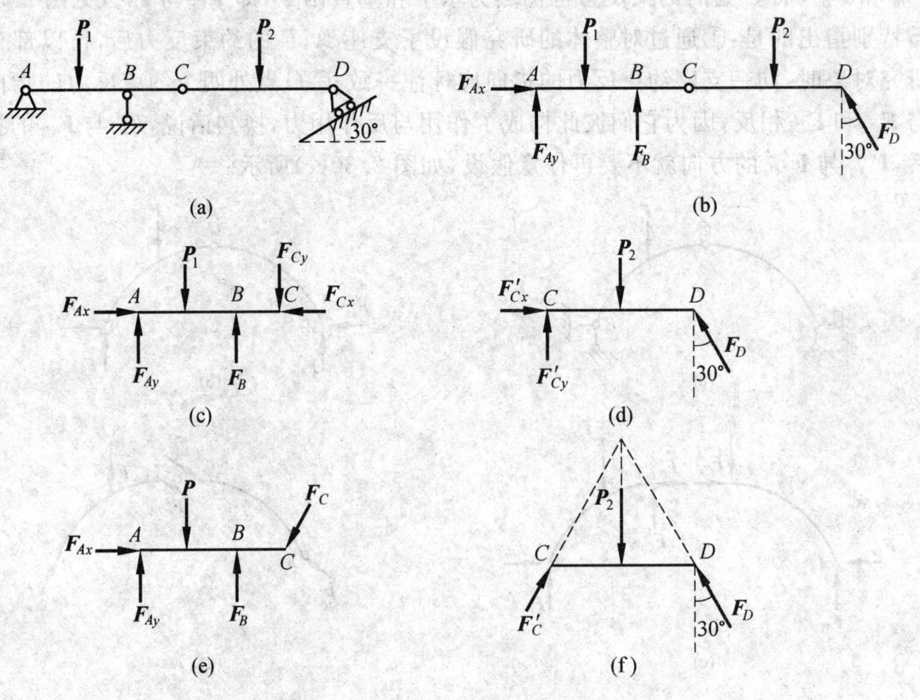

图 2.31

2.5　结构计算简图

在工程实际中的建筑物(或者构筑物),其结构、构造以及作用在其上的荷载,往往是比较复杂的。结构设计时,如果完全严格地按照结构的实际情况进行力学分析和计算,会使问题非常复杂甚至无法求解,因此是不可能的,也是不必要的。所以在对实际结构进行力学分析和计算时,必须将实际结构进行简化,略去不需要的细节,表现其基本受力特征,用一个简单明了的图形代替实际结构,这种简化了的图形称为结构的计算简图。

2.5.1　结构计算简图的简化原则

在结构设计中,计算简图的选取是力学计算的基础,我们是以计算简图作为力学计算的主要对象。因此,如果计算简图选取不合理,就会使结构的设计不合理,造成差错,严重的甚至造成工程事故。所以,合理选取结构的计算简图是一项十分重要的工作,必须引起足够的重视。一般来说,在选取结构的计算简图时,应当遵循以下两个基本原则:

(1)尽可能符合实际。尽可能正确地反映结构的实际工作状态,使计算结果精确可靠。

(2)尽可能简单。要忽略对结构的受力情况影响不大的次要因素,突出结构的主要性能,使结构分析计算得到简化。

2.5.2　结构计算简图的简化内容

一般结构实际上都是空间结构,各部分互相连接成为一个空间整体,以便抵抗多个方向可能出现的荷载。因此,在一定的条件下,根据结构的受力状态和特点,设法把空间结构简化为平面结构,这样可以简化计算。简化成平面结构后,结构中又往往会有许多构件,存在着复杂的联系,因此,仍有进一步简化的必要。根据受力状态和特点,可以把结构分解为基本部分和附属部分;把荷载传递途径分为主要途径和次要途径;把结构变形分为主要变形和次要变形。在分清主次的基础上,就可以抓住主要因素,忽略次要因素。结构计算简图的简化可以从结构体系的简化、支座的简化以及荷载的简化三个方面来进行。

1. 结构体系的简化

结构体系的简化包括平面简化、杆件的简化和结点的简化三方面。

(1)平面简化

实际的工程结构,一般都是由若干构件或杆件按照某种方式组成的空间结构。因此,首先要把这种空间形式的结构,根据实际受力情况,简化为平面状态。

(2)杆件的简化

杆件截面的大小及形状虽然千变万化,但它的尺寸总远远小于杆件的长度。后面会学到,杆件中的每一个截面,只要求出截面形心处的内力、变形,则整个截面上各点的内力、变形情况就能确定。因此,在结构的计算简图中,构件的截面以它的形心来代替,而结构的杆件可用其纵向轴线来代替。如梁、柱等构件的纵轴线为直线,就用相应的直线表示,如图 2.32 所示;而曲杆、拱等构件的纵轴线为曲线,则用相应的曲线表示。杆件的长度用结点间的距离表示,而荷载的作用点也转移到轴线上。

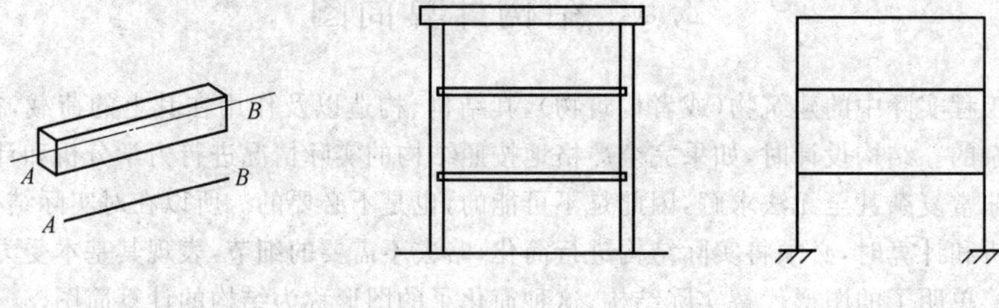

图 2.32

(3)结点的简化

在结构中,杆件与杆件相互连接处称为结点。尽管各杆之间连接的形式是多种多样的,特别是材料不同会使得连接的方式有较大的差异,但是,在计算简图中,只简化为两种理想的连接方式,即铰结点和刚结点,或者两种结点的组合形式。

① 铰结点。其特征是被连接的杆件在连接处不能相对移动,但可以相对转动。铰结点能传递力,但不能传递力矩。在工程实际中,完全用理想铰结来连接杆件的实例是非常少见的。但是,从结点的构造来分析,把它们近似地看成铰结点所造成的误差并不显著。如屋架的端部和柱顶都设置有预埋钢板,将钢板焊接在一起,如图 2.33(a)所示,显然各杆并不能完全自由地转动,但是由于杆件间的连接对于相对转动的约束不强,受力时杆件发生微小的转动。因此,把这种结点近似地作为铰结点处理,如图 2.33(b)所示。同样,木屋架的结点如图 2.33(c)所示,也可简化为铰结点(图 2.33(d))。

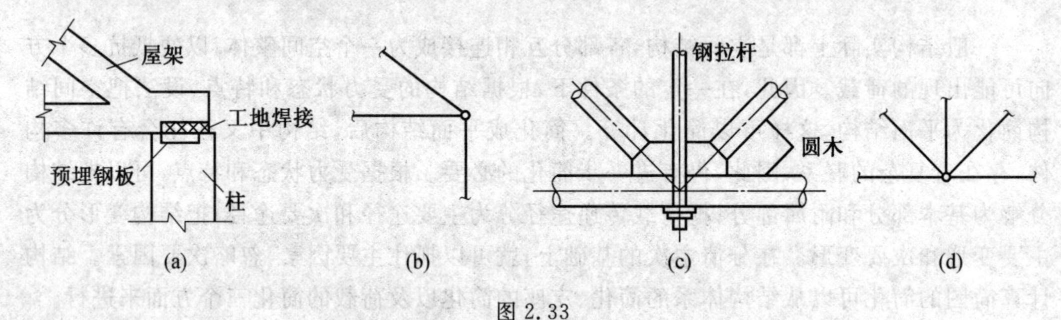

图 2.33

② 刚结点。其特征是被连接的杆件在连接处既不能相对移动,又不能相对转动。刚结点能传递力,也能传递力矩。如图 2.34 所示钢筋混凝土的梁和柱现浇在一起的连接方式就是刚结点,结构在荷载作用下发生变形时,刚结点处杆件的夹角保持不变。

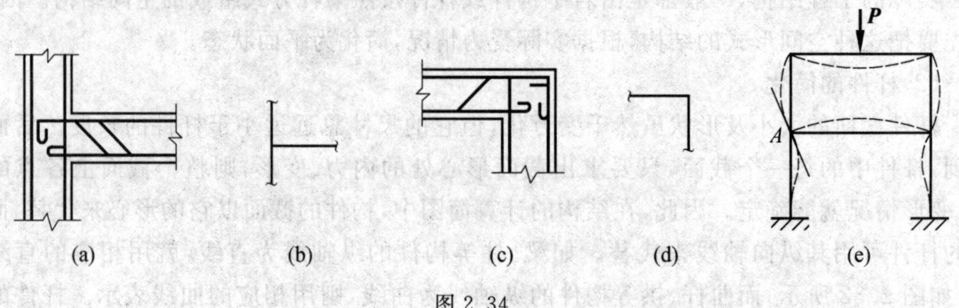

图 2.34

③ 组合结点。图 2.35(a)所示为厂房内的组合式吊车梁，上弦为钢筋混凝土 T 形截面梁，梁内的预埋钢板在 C、D 点与下面的角钢焊接形成组合结点，角钢之间为焊接，简化为铰结点，如图 2.35(b)所示的 E、F 点处。

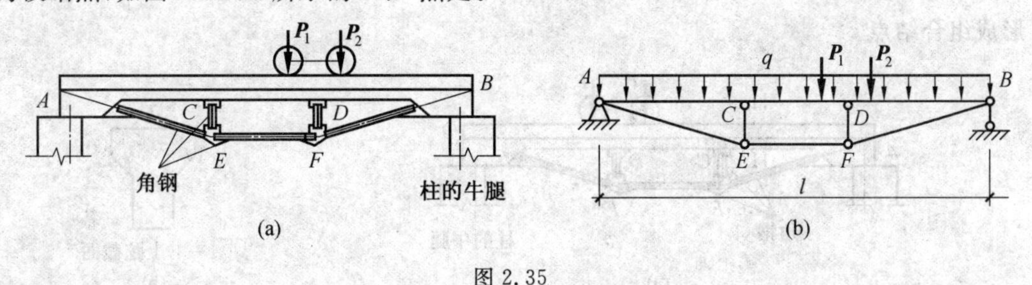

图 2.35

2. 支座的简化

支座是指结构与基础(或别的支承构件)之间的连接构造，它的作用是使基础(或别的支承构件)与结构连接起来，达到支承结构的目的。对于支座，可以根据其实际构造和约束情况进行恰当的简化。

3. 荷载的简化

荷载是作用在结构或构件上的主动力。第一章中我们已经学习了荷载的分类。

实际结构所承受的荷载一般是作用在结构内各处的体荷载及作用在某一表面积上的面荷载。因此在计算简图中，通常将这些荷载简化到作用在杆件轴线上的线分布荷载和集中荷载。

2.5.3　结构计算简图的确定

恰当地选取实际结构的计算简图，是结构设计中十分重要的问题。为此，不仅要掌握计算简图的选取原则，还要有丰富的实践经验，足够的施工知识、构造知识及设计概念。必须指出，由于结构的重要性、设计进行的阶段、计算问题的性质以及计算工具等因素的不同，即使是同一结构也可以得出不同的计算简图。对于重要的结构，应选取比较精确的计算简图；在初步设计阶段可选取比较粗略的计算简图，而在技术设计阶段应选取比较精确的计算简图；对结构进行静力计算时，应选取比较复杂的计算简图，而对结构进行动力或稳定计算时，可选取比较简单的计算简图；当计算工具比较先进时，应选取比较精确的计算简图。不过，对于工程中常用的结构，已经有了成熟的计算简图，可以直接采用。对于一些新型结构，往往需要经过反复试验和实践，才能获得比较合理的计算简图。

下面以实例的形式来说明结构计算简图的确定方法。

【例 2.6】 试确定图 2.36(a)、(b)所示工业建筑厂房内的组合式吊车梁的计算简图。上弦为钢筋混凝土 T 形截面梁，下面的杆件由角钢和钢板组成，节点处为焊接。梁上铺设钢轨，吊车在钢轨上可左右移动，最大吊车轮压 $\boldsymbol{P}_1$ 和 $\boldsymbol{P}_2$，吊车梁两端由柱子上的牛腿支撑。

解：对该结构，现从下面几个方面来考虑选取其计算简图。

(1)体系、杆件及其相互连接的简化

首先假设组成结构的各杆其轴线都是直线并且位于同一平面内，将各杆都用其轴线来表示，由于上弦为整体的钢筋混凝土梁，其截面较大，因此，将 AB 简化为一根连续梁；而其他杆与 AB 杆相比，基本上只受到沿轴线方向的力，所以都视为二力杆(即链杆)。AE、BF、EF、CE 和 DF 各杆之间的连接，都简化为铰结，其中 C、D 铰链在 AB 梁的下方，形成组合结点。

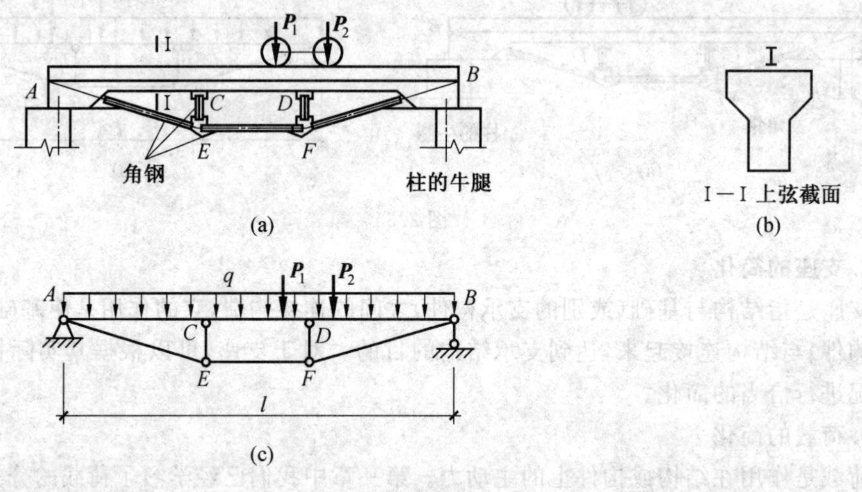

图 2.36

(2)支座的简化

整个吊车梁搁置在柱的牛腿上，梁与牛腿相互之间仅由较短的焊缝连接，吊车梁既不能上下移动，也不能水平移动，但是，梁在受到荷载作用后，其两端仍然可以做微小的转动。此外，当温度发生变化时，梁还可以发生自由伸缩。为便于计算，同时又考虑到支座的约束反力情况，将支座简化成一端为固定铰支座，另一端为可动铰支座。由于吊车梁的两端搁置在柱的牛腿上，其支撑接触面的长度较小，所以，可取梁两端与柱子牛腿接触面中心的间距，即两支座间的水平距离作为梁的计算跨度 l。

(3)荷载的简化

作用在整个吊车梁上的荷载有恒载和活荷载。恒载包括钢轨、梁的自重，可简化为作用在沿梁纵向轴线上的均布荷载 q，活荷载是吊车的轮压 $\boldsymbol{P}_1$ 和 $\boldsymbol{P}_2$，由于吊车轮子与钢轨的接触面积很小，可简化为分别作用于梁上两点的集中荷载。

综上所述，吊车梁的计算简图如图 2.36(c)所示。

【例 2.7】 图 2.37(a)所示预制钢筋混凝土站台雨篷结构计算简图的选取。

解:(1)体系的简化。该结构是由一根立柱和两根横梁组成，立柱和水平梁均为矩形等截面杆，斜梁是一根矩形变截面杆。在计算简图中，立柱和梁均用它们各自的轴线表示。由于柱与梁的连接处用混凝土整体浇筑，钢筋的配置保证二者牢固地连接在一起，变形时，相互之间不能有相对转动，故在计算简图中简化成刚结点。

(2)支座的简化。立柱下端与基础连成一体，基础限制立柱下端不能有水平方向和竖直方向的移动，也不能有转动，故在计算简图中简化成固定端支座。

(3)荷载的简化。作用在梁上的荷载有梁的自重、雨篷板的重量等，这些可简化为作用在梁轴线上沿水平跨度分布的线荷载，如图 2.37(b)所示。斜梁截面变化不剧烈，荷载一般也简化为均布荷载。如果把荷载简化成沿斜梁轴线分布，如图 2.37(c)所示，$q_2 = q_1\cos\alpha$，α 为斜梁的倾角。

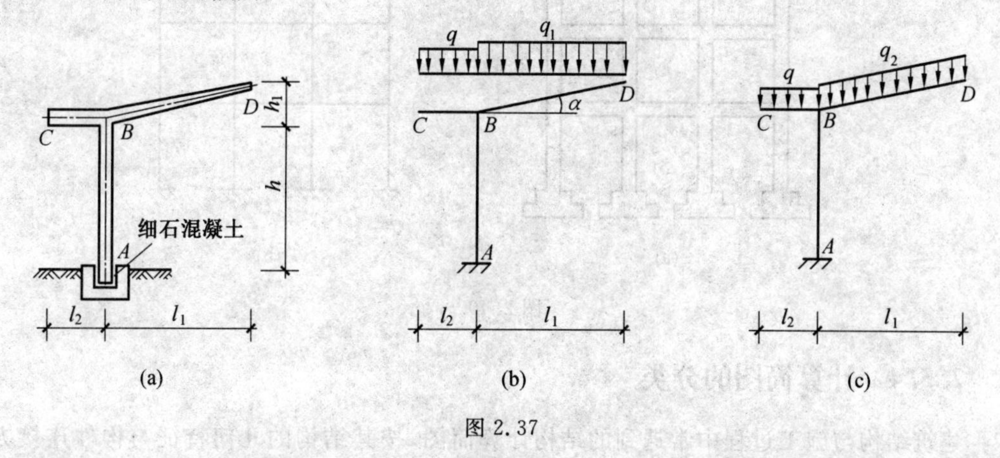

图 2.37

图 2.38(a)是一钢屋顶桁架，所有结点都用焊接连接。按理想桁架考虑时，屋架的计算简图如图 2.38(b)所示。

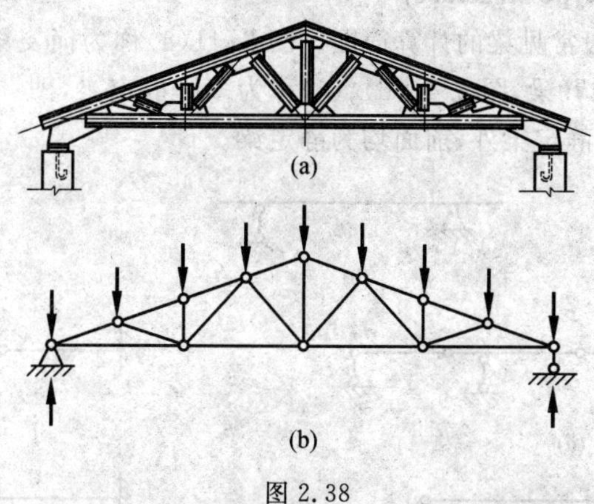

图 2.38

图 2.39(a)是一现浇钢筋混凝土刚架的构造示意图。柱底与基础的连接可看做固定铰支座，刚架的计算简图如图 2.39(b)所示，这种刚架称双铰刚架。

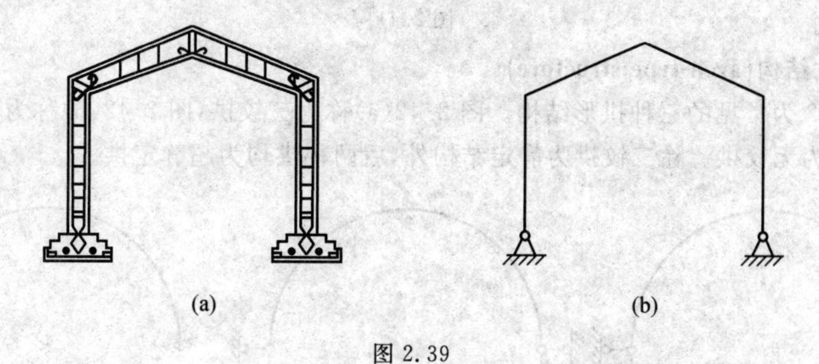

图 2.39

图 2.40(a)是现浇多层多跨刚架。其中所有结点都是刚结点，这种结构为框架，计算简图如图 2.40(b)所示。

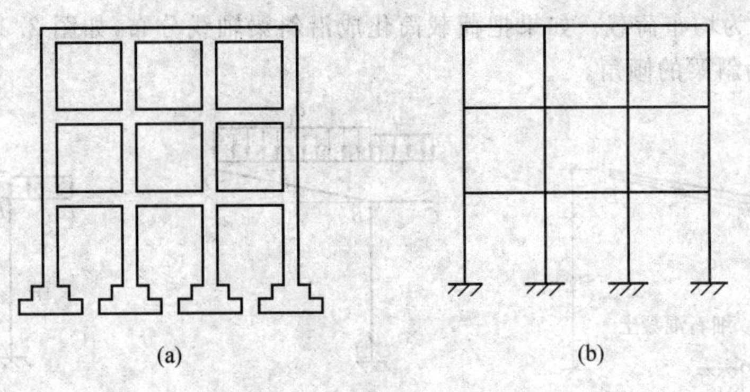

图 2.40

2.5.4 计算简图的分类

建筑结构与施工过程中常遇到的结构计算简图,按其结构的几何特征与构件连接方式的不同,可以分类如下。

1. 梁式结构(beam-type structure)

图 2.41 所示为一般常见梁的计算简图。图 2.41(a)称为简支梁,图 2.41(b)称为外伸梁,图 2.41(c)称为悬臂梁,图 2.41(d)、(e)称为多跨静定梁,图 2.41(f)、(g)称为连续梁。除最后两种梁为超静定梁外,前面均为静定梁。

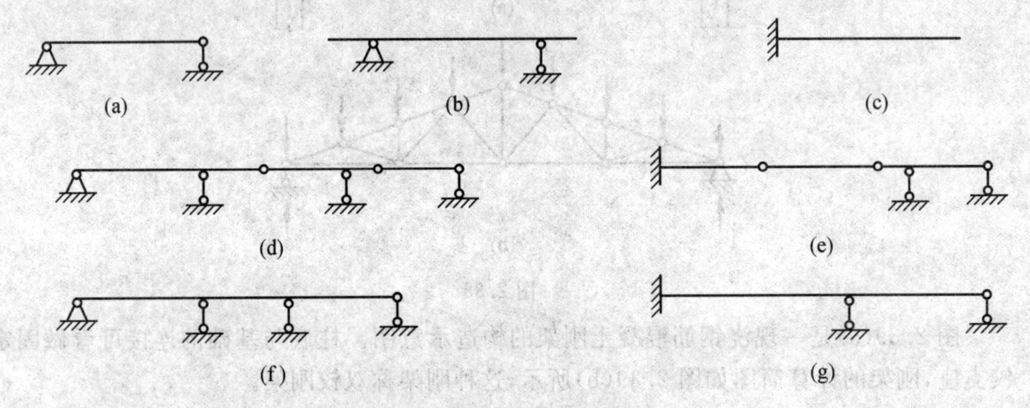

图 2.41

2. 拱式结构(arch-type structure)

图 2.42 为常见的三种拱形结构。图 2.42(a)称为三铰拱,图 2.42(b)称为两铰拱,图 2.42(c)称为无铰拱。除三铰拱为静定结构外,后两种拱均为超静定拱。

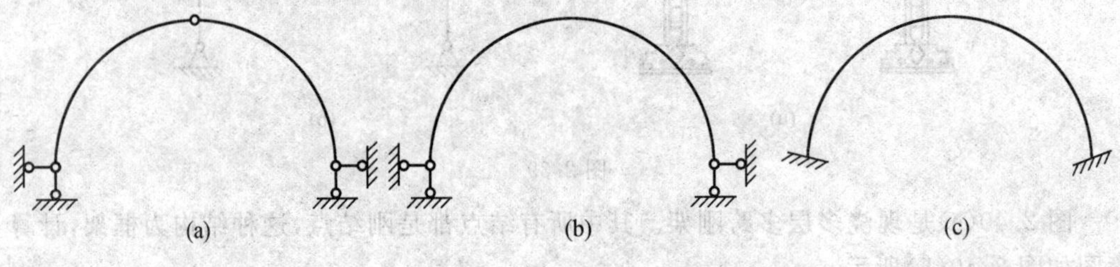

图 2.42

3. 桁架(truss)

图 2.43 给出了工业与民用房屋中最常采用的桁架类型。图 2.43(a)为平行弦桁架，图 2.43(b)为三角形桁架，图 2.43(c)为折弦形桁架，图 2.43(d)为联合桁架，图 2.43(e)为抛物线形桁架，图 2.43(f)为三铰拱式桁架。此处所给桁架均为静定桁架。

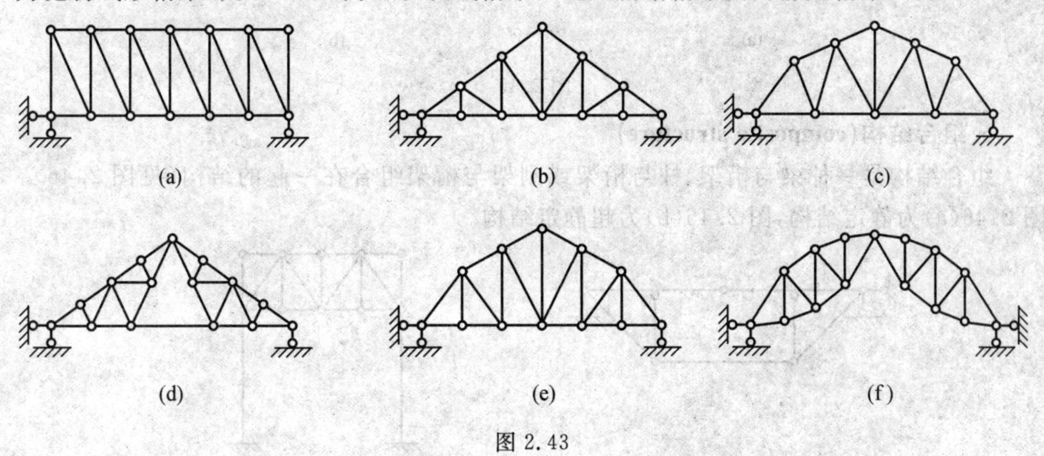

图 2.43

4. 刚架(rigid frame)

图 2.44 中所示刚架中，图 2.44(a)称悬臂式刚架，图 2.44(b)为简支刚架，图 2.44(c)为三铰刚架，图 2.44(d)称为单层多跨刚架，图 2.44(e)为多层多跨刚架。前三种刚架为静定刚架，后两种为超静定刚架。

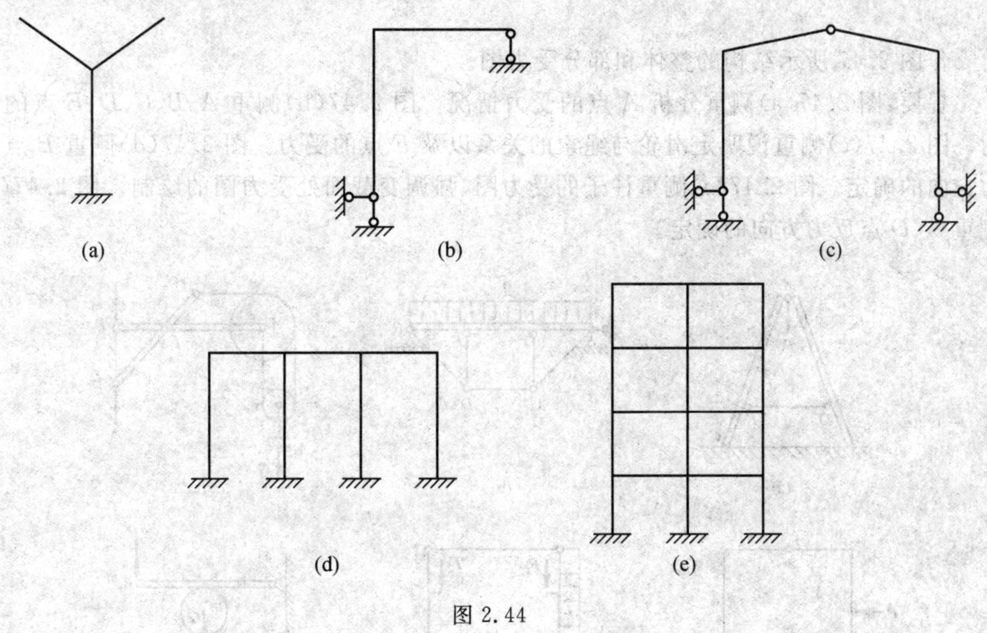

图 2.44

5. 排架(bent)

图 2.45 为单层工业厂房中最常采用的排架形式，图 2.45(a)为等高多跨排架，图 2.45(b)为不等高多跨排架。两者均为超静定结构。

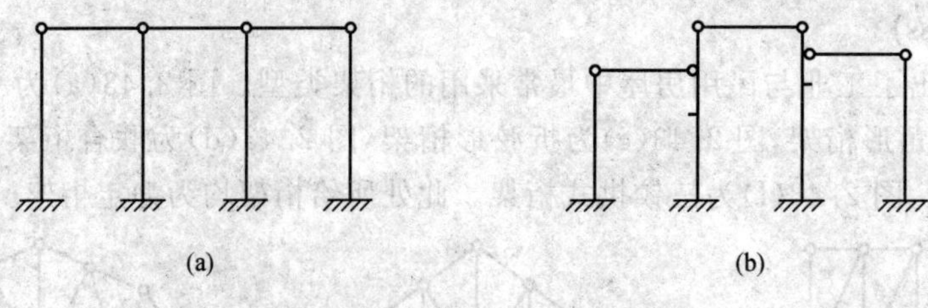

图 2.45

6. 组合结构(composite structure)

组合结构是一种梁与桁架、柱与桁架或刚架与桁架组合在一起的结构(见图 2.46)。图 2.46(a)为静定结构,图 2.46(b)为超静定结构。

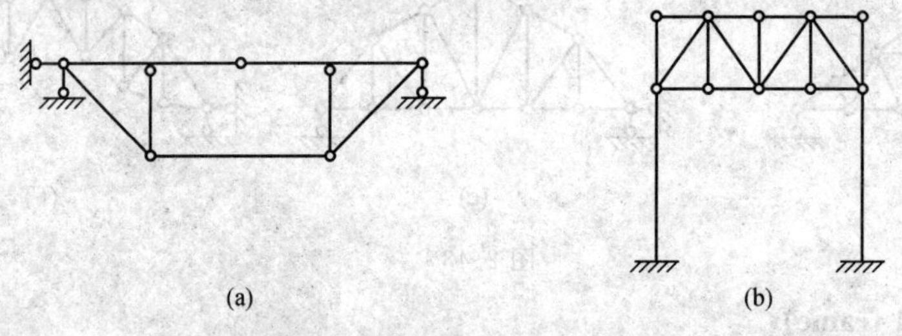

图 2.46

习题课选题指导

作图 2.47 所示结构的整体和部分受力图。

提要:图 2.47(a)侧重分析 A 点的受力情况。图 2.47(b)侧重 A、B、C、D、E 点的受力。图 2.47(c)侧重说明定滑轮与绳索的关系以及 F 点的受力。图 2.47(d)侧重 B 点反力方向的确定。图 2.47(e)侧重柱子的受力图,强调变截面处受力图的绘制。图 2.47(f)侧重 A、D 点反力方向的确定。

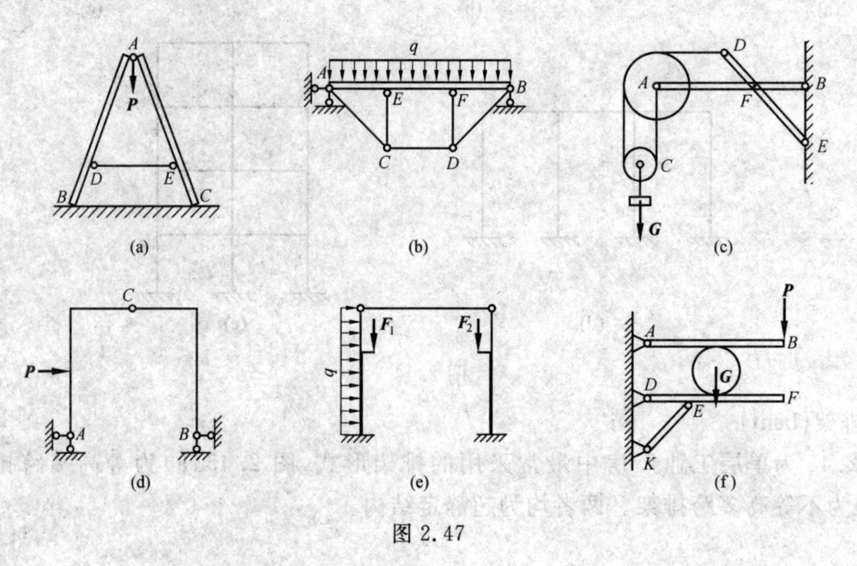

图 2.47

第 3 章 力学计算基础

3.1 力在平面直角坐标轴上的投影

设力 $\boldsymbol{F}$ 作用于 A 点，如图 3.1 所示。在力 $\boldsymbol{F}$ 作用线所在平面内建立直角坐标系 Oxy，从力矢 $\boldsymbol{F}$ 的两端 A 和 B 分别向 x 轴作垂线，垂足 a_1、b_1 分别称为点 A 和 B 在 x 轴上的投影，而线段 a_1b_1 冠以相应的正负号，称为力 $\boldsymbol{F}$ 在 x 轴上的投影，以 F_x 表示。同理，从力矢 $\boldsymbol{F}$ 的两端 A 和 B 分别向 y 轴作垂线，则线段 a_2b_2 冠以相应的正负号，称为力 $\boldsymbol{F}$ 在 y 轴上的投影，以 F_y 表示。矢量 $\boldsymbol{F}$ 在轴上的投影不再是矢量而是代数量，并规定投影的指向与轴的正向相同为正值，反之为负值。

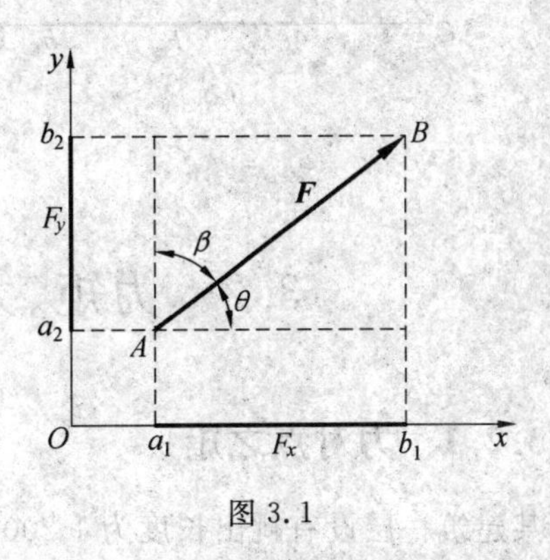

图 3.1

力的投影与力的大小及方向有关。设 θ 和 β 分别表示力 $\boldsymbol{F}$ 与 x、y 轴正向的夹角，则由图 3.1 可知

$$\begin{aligned} F_x &= F\cos\theta \\ F_y &= F\cos\beta = F\sin\theta \end{aligned} \tag{3.1}$$

即力在某轴上的投影等于力的大小乘以力与该轴的正向夹角的余弦。当夹角是锐角时，投影为正值，当夹角为钝角时，投影为负值。

反之，若已知力 $\boldsymbol{F}$ 在坐标轴上的投影 F_x 和 F_y，则该力的大小和方向余弦为

$$\left.\begin{aligned} F &= \sqrt{(F_x)^2+(F_y)^2} \\ \cos\theta &= \frac{F_x}{F}, \cos\beta = \frac{F_y}{F} \end{aligned}\right\} \tag{3.2}$$

值得注意的是，力的投影和力的分量是两个不同的概念。力的投影是代数量，由力矢 $\boldsymbol{F}$ 可确定其投影 F_x 和 F_y，但是由投影只可确定力的大小和方向，不能确定力 $\boldsymbol{F}$ 的作用位置；而力矢 $\boldsymbol{F}$ 的分量是矢量，由分量完全能确定力 $\boldsymbol{F}$ 的三要素。

由图 3.2(a)可以看出，在非直角坐标系中，力 $\boldsymbol{F}$ 沿两个相互不垂直的坐标轴的分力 $\boldsymbol{F}_x$、$\boldsymbol{F}_y$，在数值上不等于力 $\boldsymbol{F}$ 在两坐标轴上的投影 F_x、F_y。

由图 3.2(b)可以看出，在直角坐标系中，力 $\boldsymbol{F}$ 沿直角坐标轴 Ox、Oy 分解为 $\boldsymbol{F}_x$、$\boldsymbol{F}_y$ 两个分力时，这两个分力的大小分别等于力 $\boldsymbol{F}$ 在两轴上的投影 F_x、F_y 的绝对值。因此力 $\boldsymbol{F}$ 沿平面直角坐标轴分解的表达式为

$$\boldsymbol{F}=\boldsymbol{F}_x+\boldsymbol{F}_y=F_x\boldsymbol{i}+F_y\boldsymbol{j} \tag{3.3}$$

式中，$\boldsymbol{i}$、$\boldsymbol{j}$ 为沿坐标轴 x 及 y 正向的单位向量。

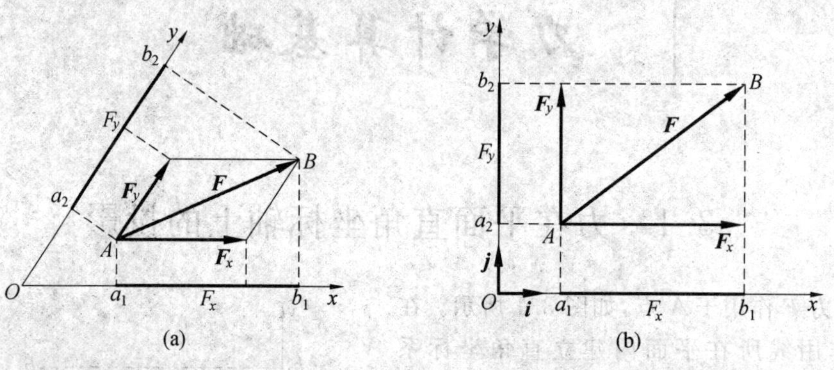

图 3.2

3.2 力矩、力偶和力的平移定理

3.2.1 力对点之矩

某建筑一层设有挑出长度为 1 200 mm 的通长雨篷，为现浇钢筋混凝土结构，根部厚度为 120 mm，当混凝土强度达到设计强度时进行拆模，但拆模时雨篷却突然从根部折断，如图 3.3 所示。使雨篷折断的力显然是雨篷的自重，但为什么由根部折断而不是在雨篷的中部呢？这里不仅需要力的知识，还需要物理学中已学过的力矩知识。正是由于雨篷自重在根部的力矩最大才使破坏发生在根部，而折断的内在原因是由于受力钢筋放错了位置，这点原因以后再讨论。

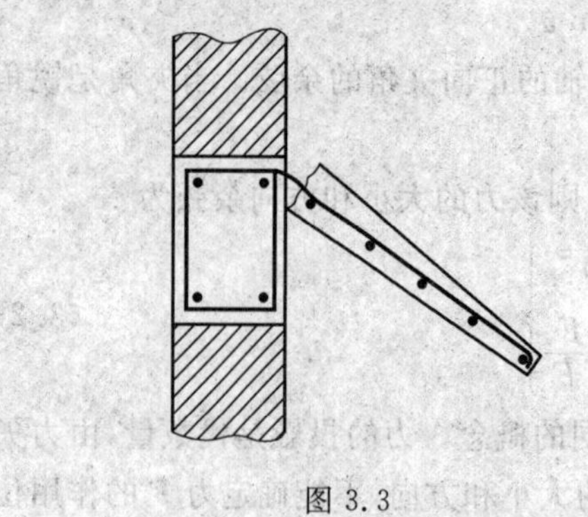

图 3.3

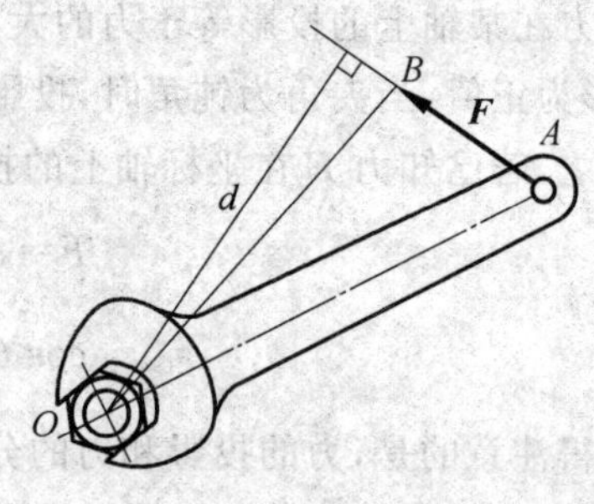

图 3.4

还有，当我们用扳手拧动螺母时，如图3.4所示。由经验可知，要使螺母转动，除与作用在扳手上的力 $\boldsymbol{F}$ 的大小有关外，还与螺母中心点 O 到力 $\boldsymbol{F}$ 的作用线的垂直距离 d 有关。

力对物体上某一点（称为转动中心）的转动效应用力对该点的力矩来度量。如图3.5所示，力 $\boldsymbol{F}$ 对 O 点之矩用 $M_O(\boldsymbol{F})$ 表示，其值为一代数量，定义为

$$M_O(\boldsymbol{F})=\pm F\times d \tag{3.4}$$

式中，F 为力 $\boldsymbol{F}$ 的大小；d 为 O 点到力 $\boldsymbol{F}$ 的垂直距离，称为力臂，点 O 称为矩心。通常规定：力使物体绕矩心逆时针方向转动时力矩为正，反之为负。

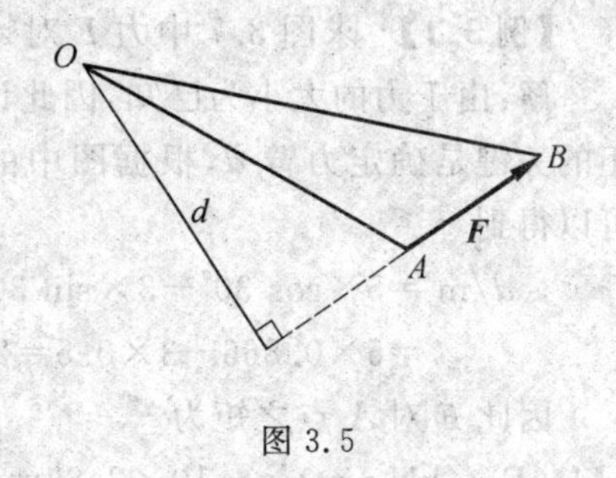

图3.5

根据几何关系，从图3.5可以看出，力 $\boldsymbol{F}$ 对 O 点之矩的大小也可用以 $\boldsymbol{F}$ 为底边，矩心 O 为顶点所构成的三角形 OAB 面积的二倍来表示，即

$$M_O(\boldsymbol{F})=\pm 2A_{\triangle OAB} \tag{3.5}$$

在国际单位制中，力矩的单位是牛顿·米（N·m）或千牛顿·米（kN·m）。

由上述分析可得力矩的性质：

（1）力对点之矩，不仅取决于力的大小，还与矩心的位置有关。力矩随矩心的位置变化而变化。

（2）力对任一点之矩，不因该力的作用点沿其作用线移动而改变。

（3）力的大小等于零或其作用线通过矩心时，力矩等于零。

由于力矩含有力和力臂两个因素，因此力矩为零的条件既可以是力的值为零，也可以是力臂为零，显然后者表明此时力通过矩心。

3.2.2　合力矩定理

合力对某点之矩等于各分力对同一点之矩的代数和，称为合力矩定理。下面我们证明该定理。

证明：设作用于 A 点的汇交力 $\boldsymbol{F}_1$、$\boldsymbol{F}_2$ 的合力为 $\boldsymbol{F}_R$，见图3.6。任选一点 O 为矩心，过 O 点作 x 轴垂直于 OA，并过点 B、C、D 分别作 x 轴的垂线，交轴于 b、c、d 三点，则 $\boldsymbol{F}_1$、$\boldsymbol{F}_2$ 和 $\boldsymbol{F}_R$ 在 x 轴上的投影分别为 Ob、Oc、Od。通过图形的几何关系可知，$Od=Ob+bd$，因 $ABCD$ 为平行四边形，则 $bd=Oc$，所以

$$Od=Ob+Oc$$

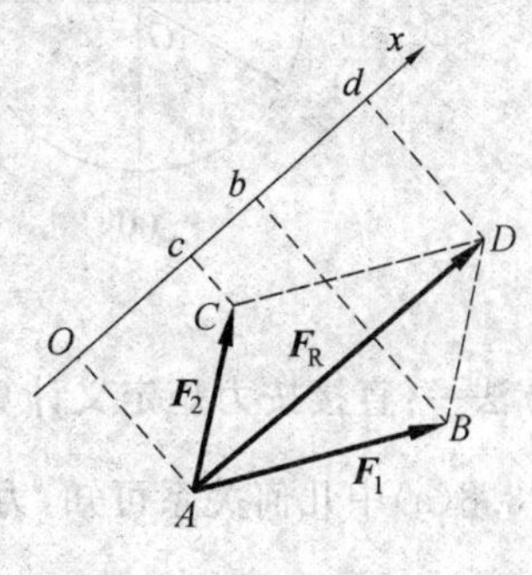

图3.6

根据力矩的三角形面积表示法可知

$$M_O(\boldsymbol{F}_1)=2A_{\triangle OAB}=OA\cdot Ob$$

$$M_O(\boldsymbol{F}_2)=2A_{\triangle OAC}=OA\cdot Oc$$

$$M_O(\boldsymbol{F}_R)=2A_{\triangle OAD}=OA\cdot Od=OA\cdot(Ob+Oc)$$

所以 $$M_O(\boldsymbol{F}_\text{R})=M_O(\boldsymbol{F}_1)+M_O(\boldsymbol{F}_2)$$

同理,此方法可以推广到平面汇交力系中有 n 个分力的情况,即

$$M_O(\boldsymbol{F}_\text{R})=M_O(\boldsymbol{F}_1)+M_O(\boldsymbol{F}_2)+\cdots+M_O(\boldsymbol{F}_n)=\sum M_O(\boldsymbol{F}) \tag{3.6}$$

这个定理也适用于有合力的其他力系。在计算力矩时,某些情况下力臂不易确定,可以先将力分解为两个力臂容易确定的分力(通常是正交分解),然后应用合力矩定理计算出力矩。

【例 3.1】 求图 3.7 中力 $\boldsymbol{F}$ 对 A 点的力矩,已知 $F=10$ kN。

解:由于力的大小为已知,因此计算此力矩的关键是确定力臂 d,根据图中的补助线可以得到

$$\begin{aligned}d/\text{m}&=5\times\cos 30^\circ-3\times\sin 30^\circ\\&=5\times0.866-3\times0.5=2.83\end{aligned}$$

因此 $\boldsymbol{F}$ 对 A 点之矩为

$$M_A(\boldsymbol{F})/(\text{kN}\cdot\text{m})=-10\times2.83=-28.3$$

如果先将力 $\boldsymbol{F}$ 沿水平和铅垂方向分解为 $\boldsymbol{F}_{Bx}$ 和 $\boldsymbol{F}_{By}$,根据合力矩定理有

图 3.7

$$\begin{aligned}M_A(\boldsymbol{F})/(\text{kN}\cdot\text{m})&=M_A(\boldsymbol{F}_{Bx})+M_A(\boldsymbol{F}_{By})\\&=-F\times\cos 30^\circ\times5+F\sin 30^\circ\times3\\&=-10\times0.866\times5+10\times0.5\times3\\&=-28.3\end{aligned}$$

【例 3.2】 作用于齿轮的啮合力 $F=1\ 000$ N,节圆直径 $D=160$ mm,压力角 $\theta=20^\circ$,如图 3.8 所示。求啮合力 $\boldsymbol{F}$ 对于轮心 O 之矩。

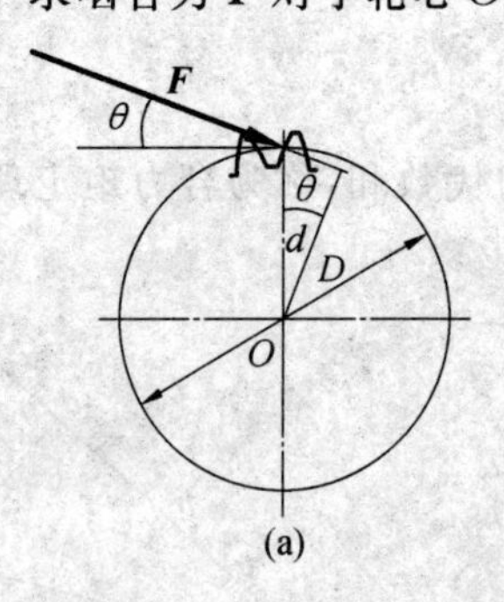

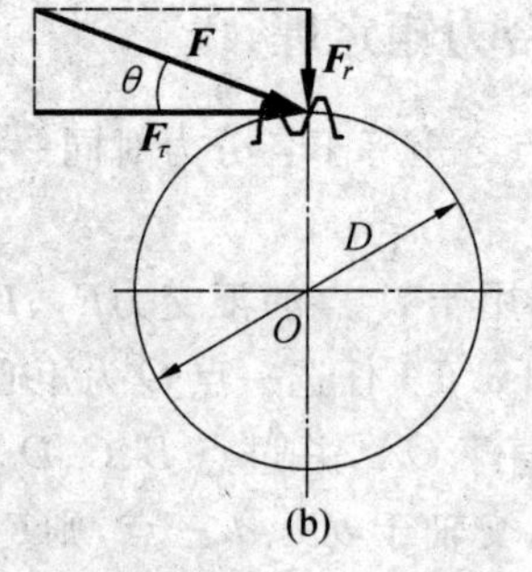

图 3.8

解:方法一:直接按力矩定义计算。

由图 3.8(a)中几何关系可知,力臂 $d=\dfrac{D}{2}\cos\theta$,于是

$$M_O(\boldsymbol{F})/(\text{N}\cdot\text{m})=-F\cdot d=-1\ 000\times\frac{0.16}{2}\cos 20^\circ=-75.2$$

方法二:应用合力矩定理计算

将啮合力 $\boldsymbol{F}$ 正交分解为圆周力 $\boldsymbol{F}_\tau$ 和径向力 $\boldsymbol{F}_r$,见图 3.8(b)所示,则

$$F_\tau = F\cos\theta,\quad F_r = F\sin\theta$$

根据合力矩定理,得

$$M_O(\boldsymbol{F})/(\mathrm{N\cdot m}) = M_O(\boldsymbol{F}_\tau) + M_O(\boldsymbol{F}_r) = -F\cos\theta \times \frac{D}{2} + 0$$

$$= -1\ 000\cos 20^\circ \times \frac{0.16}{2} = -75.2$$

由此可见,两种计算方法结果完全相同。

3.2.3　力偶

在静力学中的基本力学量中,除了前面一直在讨论的力以外,还有力偶。力偶可以理解为一个特殊的力系,该力系既无合力又不平衡,对物体作用时,只有转动效应没有平移效应。

1. 力偶的概念

在日常生活中,常常会遇到两个大小相等、方向相反、不共线的平行力作用在同一物体上的现象。例如,汽车司机用双手转动方向盘;用两个手指转动钥匙打开门锁;用手指拧动水龙头等,如图 3.9 所示。在力学中,把两个等值、反向、不共线的平行力组成的力系,称为力偶,用符号$(\boldsymbol{F},\boldsymbol{F}')$表示。

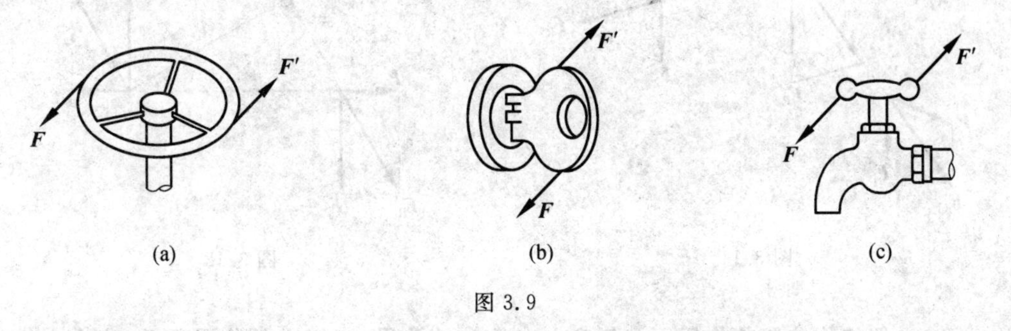

图 3.9

2. 力偶矩

力偶$(\boldsymbol{F},\boldsymbol{F}')$的两个力作用线所决定的平面称为力偶的作用面,两个力作用线之间的垂直距离 d 称为力偶臂,见图 3.10。我们已经知道,力对物体绕一点转动的效应用力矩来表示,力偶对物体绕某点转动的效应,则可用力偶的两个力对该点的矩的代数和来度量。

设有一力偶$(\boldsymbol{F},\boldsymbol{F}')$,其力偶臂为 d,如图 3.10 所示,力偶对作用面内任一点 O(O 点与力 $\boldsymbol{F}$ 的距离为 x)之矩为 $M_O(\boldsymbol{F},\boldsymbol{F}')$,则

$$M_O(\boldsymbol{F},\boldsymbol{F}') = M_O(\boldsymbol{F}) + M_O(\boldsymbol{F}')$$

$$= F(d+x) - F'x = Fd$$

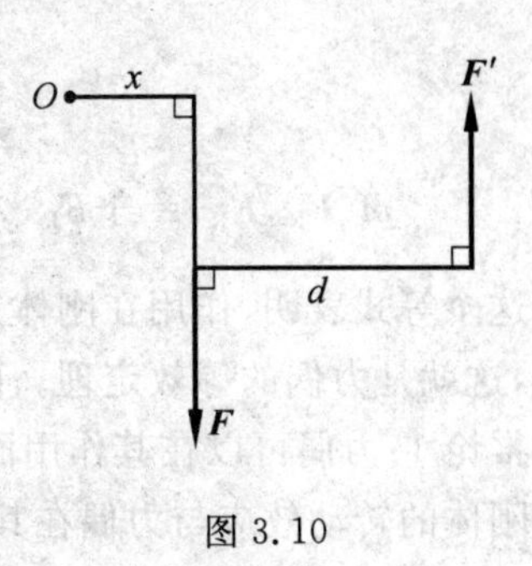

图 3.10

因为矩心 O 是平面内任取的一点,这说明力偶对物体的作用效应仅决定于力的大小与力偶臂 d 的长短,而与矩心的位置无关。力偶的任一力的大

小与力偶臂的乘积再冠以相应的正负号称为力偶矩，记作 m 或 $m(\boldsymbol{F},\boldsymbol{F}')$。在平面问题中，通常规定，力偶使物体逆时针转动时，力偶矩取正号，反之取负号，即

$$m=\pm Fd \tag{3.7}$$

可见，平面问题中力偶矩是个代数量。力偶矩的单位与力矩的单位相同。

3. 力偶的基本性质

(1)力偶没有合力，不能用一个力来等效，也不能用一个力来与之平衡。

求如图 3.11 所示两平行力 $\boldsymbol{F}_1$ 与 $\boldsymbol{F}_2$ 的合力，其中 $\boldsymbol{F}_1$ 与 $\boldsymbol{F}_2$ 为平行并同向的两个力。在 $\boldsymbol{F}_1$ 与 $\boldsymbol{F}_2$ 作用点的连线上加上一对平衡力 $\boldsymbol{P}$ 和 $\boldsymbol{P}'$，使平行的 $\boldsymbol{F}_1$ 与 $\boldsymbol{F}_2$ 二力等效为相交的 $\boldsymbol{F}_{R1}$ 与 $\boldsymbol{F}_{R2}$，再利用四边形法则可求得合力 $\boldsymbol{F}_R$。

同理，再求如图 3.12 所示一力偶$(\boldsymbol{F},\boldsymbol{F}')$的合力，其中 $\boldsymbol{F}$ 与 $\boldsymbol{F}'$ 为平行并反向的两个力。不难发现，原力系$(\boldsymbol{F},\boldsymbol{F}')$在加入一平衡力系后，新力系$(\boldsymbol{F}_R,\boldsymbol{F}'_R)$仍为平行、等值、反向且不在一直线上的两个力，或者说仍然为一力偶。这点表明力偶是没有合力的，或者说力偶不能与一个力等效，显然也就不能与一个力平衡，因此力偶是与力有着本质区别的另一种物理量。

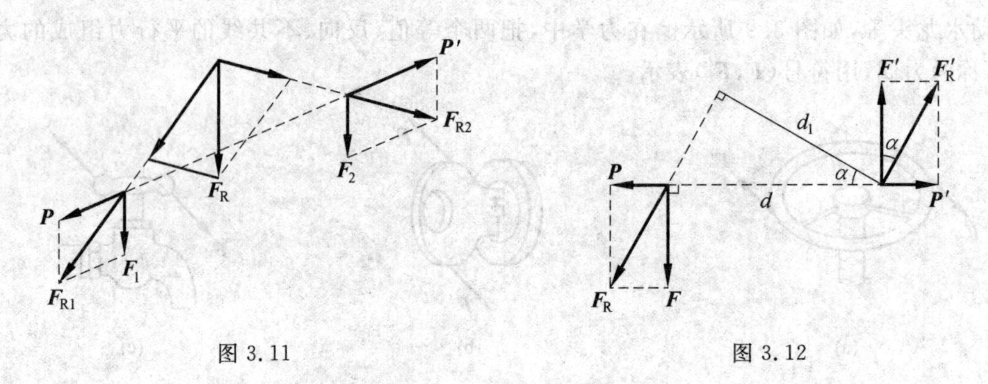

图 3.11　　　　图 3.12

(2)力偶使物体绕其作用面内任意一点的转动效果，与矩心的位置无关，完全由力偶矩来确定。

通过对力偶矩的介绍，我们知道力偶的作用效果可以完全由力偶矩来度量，即只与力的大小和力偶臂的长短有关，而与矩心的位置无关。如图 3.12 所示，力偶$(\boldsymbol{F},\boldsymbol{F}')$与力偶$(\boldsymbol{F}_R,\boldsymbol{F}'_R)$虽然等效，但力的大小与两力间的垂直距离均发生了变化，两力偶的力偶矩分别为

$$m(\boldsymbol{F},\boldsymbol{F}')=+F\times d$$

$$m(\boldsymbol{F}_R,\boldsymbol{F}'_R)=+F_R\times d_1=+\frac{F}{\cos\alpha}\times d\times\cos\alpha=+F\times d=m(\boldsymbol{F},\boldsymbol{F}')$$

这个等式表明，作用在刚体上同一平面的两个力偶，如果力偶矩相等，则两力偶彼此等效，这就是力偶的等效定理。由此定理可以得到如下推论：

推论 1:力偶可以在其作用面内任意移转，而不改变它对刚体的作用效应。因此，力偶对刚体的转动效应与力偶在其作用面内的位置无关。

推论 2:在保持力偶矩的大小和转向不变的情况下，可以任意改变力偶中力的大小和

力偶臂的长短，而不会改变它对刚体的效应。上述力偶等效变换的性质与力的可传性一样，也只适用于刚体。

图3.13(a)、(b)、(c)所示的三个力偶，其力偶矩分别为$-5\ \text{kN}\times 2\ \text{m}=-10\ \text{kN}\cdot\text{m}$，$-1.25\ \text{kN}\times 8\ \text{m}=-10\ \text{kN}\cdot\text{m}$，$-5\ \text{kN}\times\sqrt{8}\cdot\frac{\sqrt{2}}{2}\text{m}=-10\ \text{kN}\cdot\text{m}$。根据力偶的等效定理可知，三个力偶完全等效。力学中经常用图3.13(d)所示符号(弧形箭头)表示力偶及其力偶矩。

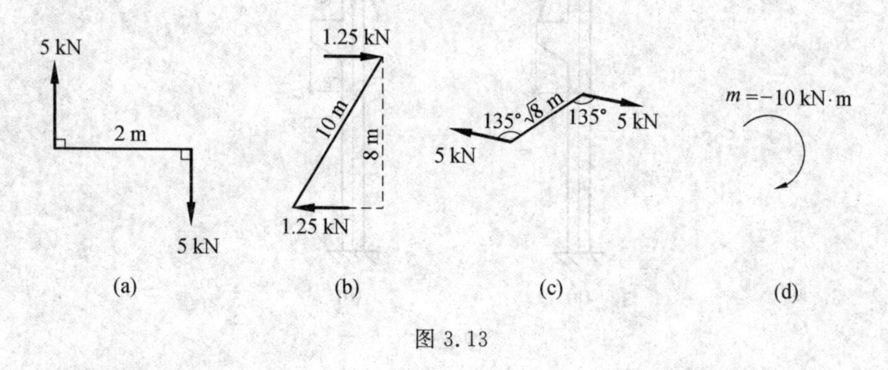

图3.13

3.2.4　力的平移定理

力、力矩与力偶虽然是性质不相同的三个物理量，但它们之间又有一定联系，这种联系通过下面将要证明的力的平移定理可以得到反映。

如图3.14(a)所示，刚体在A点作用着一个力$\boldsymbol{F}$，力$\boldsymbol{F}$到任选一点O的垂直距离为d。

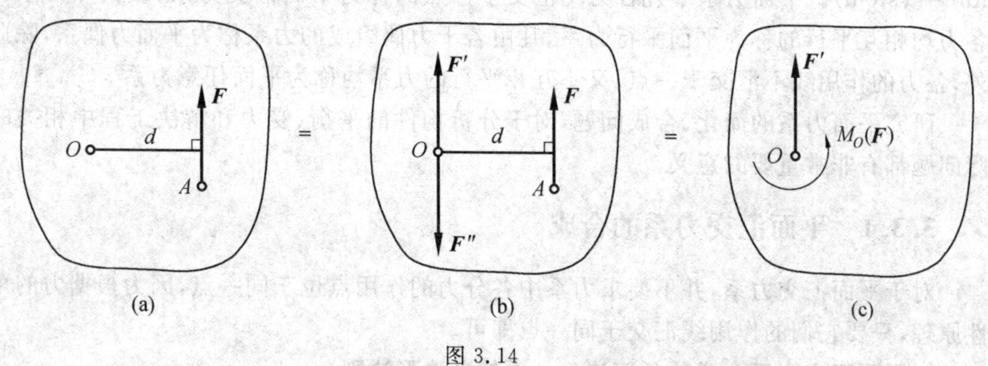

图3.14

在O点加上两个等值反向的平行力$\boldsymbol{F}'$和$\boldsymbol{F}''$，且$F'=F''=F$，如图3.14(b)所示。根据加减平衡力系原理，图3.14(b)受力状态与图3.14(a)等效，注意到此时力$\boldsymbol{F}$与$\boldsymbol{F}''$恰好组成一力偶$(\boldsymbol{F},\boldsymbol{F}'')$，其力偶矩为$m(\boldsymbol{F},\boldsymbol{F}'')=F\times d$，此值又刚好等于力$\boldsymbol{F}$对$O$点的力矩，即$M_O(\boldsymbol{F})=F\times d$，因此图3.14(b)状态又等价于图3.14(c)状态。对比图3.14(a)与图3.14(c)，可以发现，作用在刚体上的力可以从原来的作用位置平行移动到任一点O，但必须同时附加一个力偶，该力偶的力偶矩等于原力对O点之矩，这就是力的平移定理。

力的平移定理既是力系向一点简化的理论基础，同时也可直接用来分析和解决工程实际中的力学问题。如图 3.15(a)所示的工业厂房中牛腿柱的受力问题，厂房吊车通过轨道给柱子一个偏心力 $\boldsymbol{F}$，其偏心距为 e，根据力的平移定理，力 $\boldsymbol{F}$ 对牛腿下面柱子的作用可用一个大小与 F 相等但位于柱子轴线上的力 $\boldsymbol{F}'$ 和一个力偶矩等于 $-F\times e$ 的力偶代替，其中 $\boldsymbol{F}'$ 可使牛腿下部柱子受轴向压缩，而力偶 m 将使该部分受到弯曲。这样，偏心压力的作用将转化为轴向压缩与弯曲的组合，如图 3.15(b)所示。

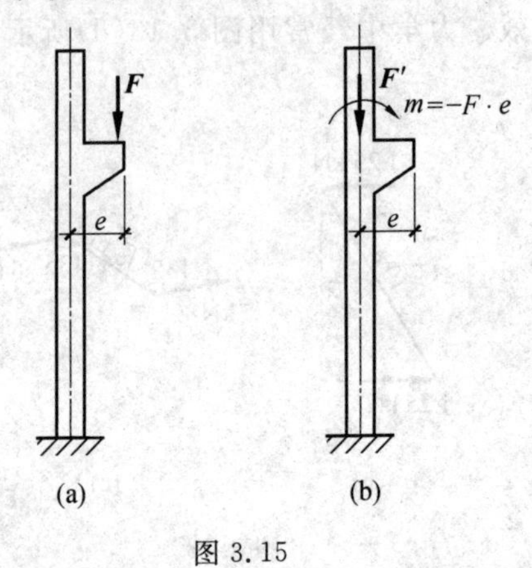

图 3.15

3.3 平面力系的合成

作用在物体上的力系多种多样，根据力系中各力作用线的位置，力系可分为平面力系和空间力系。刚体上所受各力或各力偶都在同一平面内的力系称为平面力系(coplanar force system)。平面力系中凡各力均汇交于一点的称为平面汇交力系(或共点力系)，凡各力均相互平行的称为平面平行力系，凡由若干力偶组成的力系称为平面力偶系，除此之外，各力的作用线不汇交于一点、又不互相平行的力系均称为平面任意力系。

研究平面力系的简化、合成问题，对于分析构件的平衡、受力和解决工程中相关的实际问题都有非常重要的意义。

3.3.1 平面汇交力系的合成

对于平面汇交力系，并不要求力系中各分力的作用点位于同一点，因为根据力的可传性原理，只要它们的作用线汇交于同一点即可。

1. 平面汇交力系合成的几何法——力的多边形法则

如图 3.16(a)所示，任一刚体上作用有力 $\boldsymbol{F}_1$、$\boldsymbol{F}_2$、$\boldsymbol{F}_3$ 和 $\boldsymbol{F}_4$，它们的作用线交于 O 点，组成一个平面汇交力系。利用力的可传性，将各力沿其作用线移至汇交点 O，如图 3.16(b)所示。过 $\boldsymbol{F}_1$ 的末端 a 作与 $\boldsymbol{F}_2$ 平行且相等的矢量$\overrightarrow{ab}$，根据力三角形法则，矢量$\overrightarrow{Ob}$即为 $\boldsymbol{F}_1$ 与 $\boldsymbol{F}_2$ 的合力，过 b 点作与 $\boldsymbol{F}_3$ 平行且相等的矢量$\overrightarrow{bc}$，则矢量$\overrightarrow{Oc}$即为 $\boldsymbol{F}_1$、$\boldsymbol{F}_2$ 和 $\boldsymbol{F}_3$ 的合力，过 c 点作与 $\boldsymbol{F}_4$ 平行且相等的矢量$\overrightarrow{cd}$，不难推论出矢量$\overrightarrow{Od}$将是该 4 个力的合力 $\boldsymbol{F}_{\mathrm{R}}$，其大小和方向如图 3.16(c)所示。多边形 $Oabcd$ 称为力多边形(the vector polygon)，连接多边形起点 O 与终点 d 的矢量$\overrightarrow{Od}$即为该汇交力系的合力。

通过这种几何作图求合力矢量的方法称为力多边形法。这种方法可以推广到由 n 个力 $\boldsymbol{F}_1,\boldsymbol{F}_2,\cdots,\boldsymbol{F}_n$ 组成的平面汇交力系，可得结论：平面汇交力系合成的结果是一个合力，其合力的大小和方向等于原力系中所有各力的矢量和，可由力多边形的封闭边确定，合力的作用线过力系的汇交点，可用矢量式表示为

$$\boldsymbol{F}_R=\boldsymbol{F}_1+\boldsymbol{F}_2+\cdots+\boldsymbol{F}_n=\sum \boldsymbol{F}(\text{矢量和}) \tag{3.8}$$

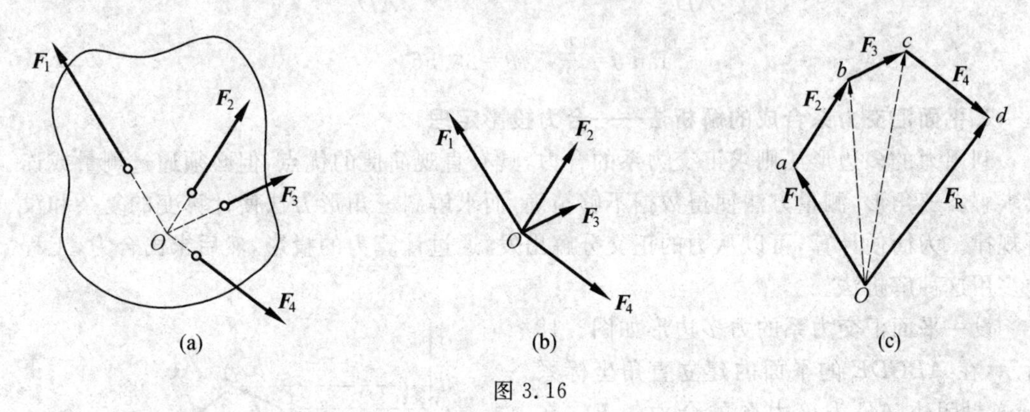

图 3.16

值得注意的是，作力多边形时，可以以汇交点为起点，也可以以平面内任一点为起点，或者改变各力的顺序，但合力的大小和方向是不会改变的。

如果力系中各力的作用线沿同一直线，则称此力系为共线力系。在这种情况下，力多边形变成一条直线，合力为

$$F_R=F_1+F_2+\cdots+F_n=\sum F(\text{代数和}) \tag{3.9}$$

【例 3.3】 门式刚架如图 3.17(a)所示，在 B 点受一水平力 $F=20$ kN，不计刚架自重，求支座 A、D 的约束力。

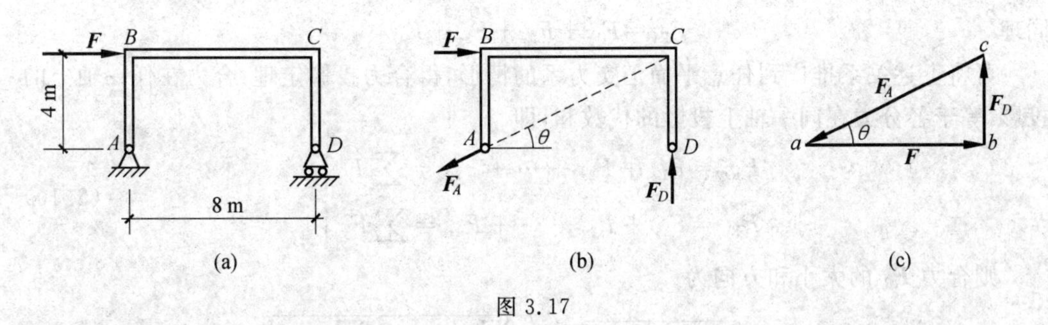

图 3.17

解：(1)以刚架为研究对象，取分离体，画受力图。

作用在刚架上的力有：主动力 $\boldsymbol{F}$，水平向右；可动铰支座 D 的约束力 $\boldsymbol{F}_D$，通过 D 点垂直于支承面指向朝上。根据三力平衡汇交定理，固定铰支座 A 的约束力 $\boldsymbol{F}_A$ 必过力 $\boldsymbol{F}$ 与 $\boldsymbol{F}_D$ 的交点 C，受力如图 3.17(b)所示。

(2)选取适当的比例尺，自 a 点先作大小、方向均已知的力矢 $\boldsymbol{F}$，再根据 $\boldsymbol{F}_D$ 和 $\boldsymbol{F}_A$ 的方位作自行封闭的力$\triangle abc$，两约束力的指向可按矢序规则确定，如图 3.17(c)所示。量得

$$F_D=bc=10\ \text{kN},\quad F_A=ca=22.5\ \text{kN}$$

$$\theta=26.5^\circ$$

或由于△abc与△ADC相似，故

$$\frac{F}{AD}=\frac{F_D}{DC}=\frac{F_A}{CA}$$

已知$AD=8$ m，$DC=4$ m，$AC=4\sqrt{5}$ m，因此可以算得

$$F_D=DC\times\frac{F}{AD}=10\text{ kN},\quad F_A=CA\times\frac{F}{AD}=22.4\text{ kN}$$

$$\tan\theta=\frac{1}{2},\quad \theta=26.56°$$

2. 平面汇交力系合成的解析法——合力投影定理

利用力的多边形法则求汇交力系的合力，具有直观简捷的优点，但必须通过测量或连续求解斜三角形，测量方法使得数据不够精确，而求解斜三角形方法使计算变的复杂和没有规律。为简便计算，可以从力的正交分解出发，通过计算力的投影，然后求出合力，工程中多用这种解析法。

设一平面汇交力系的力多边形如图3.18所示，在$ABCDE$的平面内建立直角坐标系Oxy，封闭边AE为该力系的合力矢$\boldsymbol{F}_{\rm R}$，在力多边形所在位置将所有力矢分别向x轴和y轴作投影，得

$$F_{Rx}=ae,F_{1x}=-ba,F_{2x}=bc,$$
$$F_{3x}=cd,F_{4x}=de$$

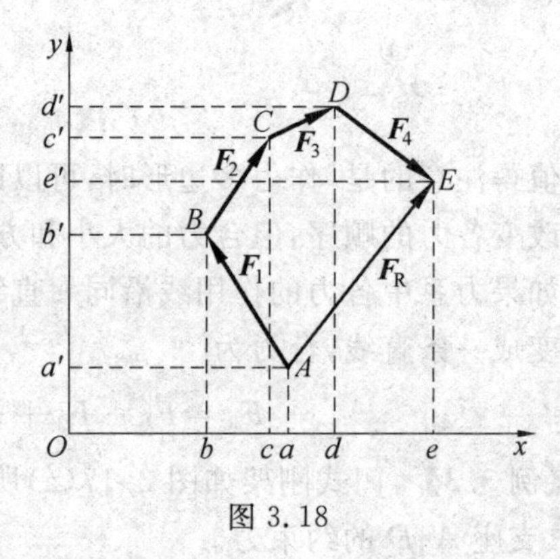

图 3.18

由图 3.18 可知

$$ae=-ba+bc+cd+de$$

即 $$F_{Rx}=F_{1x}+F_{2x}+F_{3x}+F_{4x}$$

同理 $$F_{Ry}=F_{1y}+F_{2y}+F_{3y}+F_{4y}$$

可将上述关系推广到任意平面汇交力系的情形，得合力投影定理：合力在任一轴上的投影，等于各分力在同一轴上投影的代数和，即

$$\left.\begin{aligned}F_{Rx}=F_{1x}+F_{2x}+\cdots+F_{nx}=\sum F_x\\F_{Ry}=F_{1y}+F_{2y}+\cdots+F_{ny}=\sum F_y\end{aligned}\right\}\tag{3.10}$$

则合力$\boldsymbol{F}_{\rm R}$的大小和方向为

$$\left.\begin{aligned}&F_R=\sqrt{F_{Rx}{}^2+F_{Ry}{}^2}=\sqrt{(\sum F_x)^2+(\sum F_y)^2}\\&\cos\alpha=\frac{F_{Rx}}{F_R},\cos\beta=\frac{F_{Ry}}{F_R}\end{aligned}\right\}\tag{3.11}$$

其中α与β是$\boldsymbol{F}_{\rm R}$与x轴、y轴的夹角。

【例 3.4】 在刚体的A点作用有四个力，组成平面汇交力系，如图 3.19(a)所示。其中$F_1=4$ kN，$F_2=2.5$ kN，$F_3=1$ kN，$F_4=3$ kN，方向如图所示。用解析法求该力系的合成结果。

解：取坐标系Axy，由式(3.10)，合力在坐标轴上的投影为

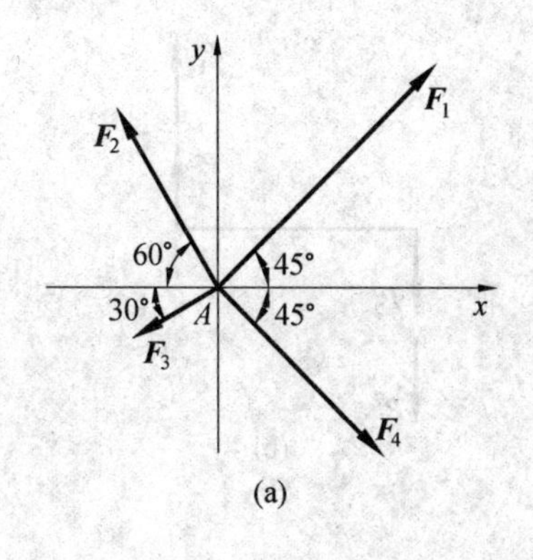

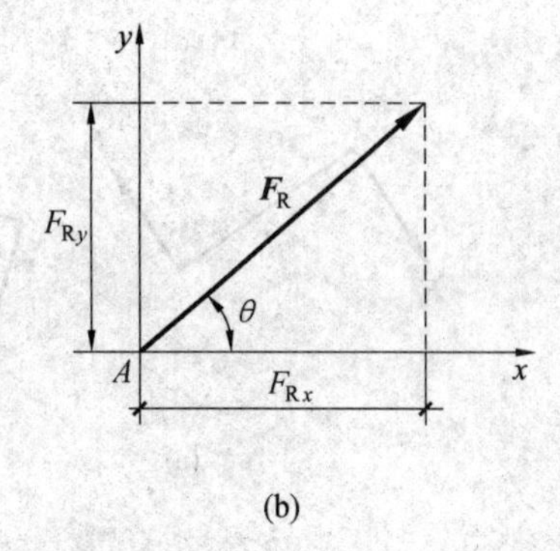

图 3.19

$$F_{Rx}/\text{kN}=\sum F_x=F_1\cos 45°-F_2\cos 60°-F_3\cos 30°+F_4\cos 45°$$
$$=4\cos 45°-2.5\cos 60°-1\times\cos 30°+3\cos 45°=2.83$$
$$F_{Ry}/\text{kN}=\sum F_y=F_1\sin 45°+F_2\sin 60°-F_3\sin 30°-F_4\sin 45°$$
$$=4\sin 45°+2.5\sin 60°-1\times\sin 30°-3\sin 45°=2.37$$

合力的大小为

$$F_R/\text{kN}=\sqrt{F_{Rx}^2+F_{Ry}^2}=\sqrt{(2.83)^2+(2.37)^2}=3.69$$

合力与 x 轴正向间的夹角为

$$\theta=\arctan\frac{F_{Ry}}{F_{Rx}}=\arctan\frac{2.37}{2.83}=39°56'$$

合力 $\boldsymbol{F}_R$ 的作用线过汇交点 A，如图 3.19(b)所示。

3.3.2　平面力偶系的合成

之前，我们学习了力偶的基本性质及其表示方法，下面进一步研究力偶的合成。

设在刚体的同一平面内作用有任意两个力偶($\boldsymbol{F}_1,\boldsymbol{F}_1'$)与($\boldsymbol{F}_2,\boldsymbol{F}_2'$)，如图 3.20(a)所示，其中力偶矩 $m(\boldsymbol{F}_1,\boldsymbol{F}_1')=m_1=F_1\times d_1$；$m(\boldsymbol{F}_2,\boldsymbol{F}_2')=m_2=F_2\times d_2$。为了将两个力偶合成，可根据力偶的性质将($\boldsymbol{F}_1,\boldsymbol{F}_1'$)力偶等效变为图 3.20(b)中所示的($\boldsymbol{P}_1,\boldsymbol{P}_1'$)力偶，为了保证力偶矩不变，此时 $P_1=\frac{m_1}{d}$；力偶($\boldsymbol{F}_2,\boldsymbol{F}_2'$)等效变为($\boldsymbol{P}_2,\boldsymbol{P'}_2$)力偶，而 $P_2=\frac{m_2}{d}$。由图 3.20(b)可看出，两力偶合成后仍为一力偶，且合成后的力偶其力偶矩若以 M 表示，则

$$M=(P_1+P_2)\times d=P_1d+P_2d=m_1+m_2$$

此式表明，任意两个力偶之和还是力偶，且合力偶的力偶矩等于两个分力偶力偶矩的代数和。将此结论推广到平面内 n 个任意力偶的情形，可得如下结论：平面力偶系可以合成为一个合力偶，合力偶的力偶矩等于力偶系中各分力偶矩的代数和，即

$$M=m_1+m_2+\cdots+m_n=\sum m \tag{3.12}$$

式中，$m_1,m_2,\cdots,m_n$ 为各分力偶的力偶矩；M 为合力偶的力偶矩。

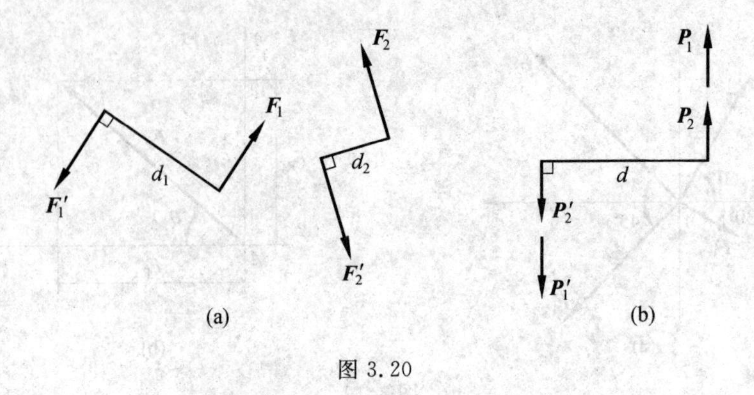

图 3.20

3.3.3 平面任意力系的合成

1. 平面任意力系向一点简化

设某刚体上作用一平面任意力系 $\boldsymbol{F}_1,\boldsymbol{F}_2,\cdots,\boldsymbol{F}_i,\cdots,\boldsymbol{F}_n$ 分别位于 $A_1,A_2,\cdots,A_i,\cdots,A_n$ 各点,如图 3.21(a)所示。任选一点 O 称为简化中心,根据力的平移定理,将各力均平移至 O 点,形成一个过简化中心的汇交力系 $\boldsymbol{F}_1',\boldsymbol{F}_2',\cdots,\boldsymbol{F}_i',\cdots,\boldsymbol{F}_n'$,同时还将形成一个附加力偶系 $m_1,m_2,\cdots,m_i,\cdots,m_n$,其中 $m_i=M_O(\boldsymbol{F}_i)$,第 i 个力偶矩等于第 i 个力 $\boldsymbol{F}_i$ 对 O 点的力矩。这样,平面任意力系的简化问题转化为平面汇交力系和平面力偶系的简化问题。

对于 $\boldsymbol{F}_1',\boldsymbol{F}_2',\cdots,\boldsymbol{F}_i',\cdots,\boldsymbol{F}_n'$所组成的平面汇交力系,可简化为作用于简化中心 O 的一个合力 $\boldsymbol{F}_R'$,该力的矢量等于 $\boldsymbol{F}_1',\boldsymbol{F}_2',\cdots,\boldsymbol{F}_i',\cdots,\boldsymbol{F}_n'$各力的矢量和,此力仅为汇交力系的合力,并非是原力系的合力,称为原力系的主矢(见图 3.21(b))。

根据力偶的性质,n 个力偶矩之和仍为一个力偶矩,则附加力偶系可以简化为一个力偶,称为该力系的主矩,以 M_O 表示(见图 3.21(b)),有

$$M_O=m_1+m_2+\cdots+m_n=\sum_{i=1}^{n}m_i=\sum_{i=1}^{n}M_O(\boldsymbol{F}_i) \tag{3.13}$$

该公式表明,力系的主矩等于所有各力对简化中心 O 点力矩的代数和。

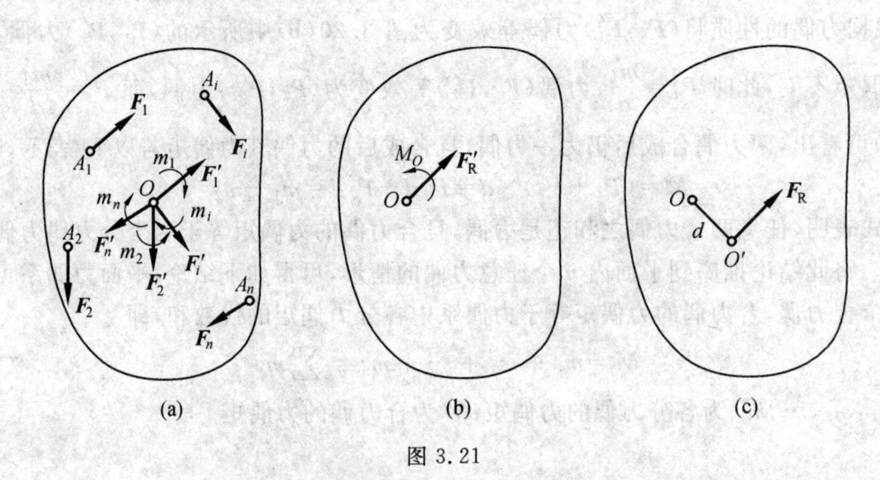

图 3.21

结论:平面任意力系向力系所在平面任意一点简化,得到一个力和一个力偶,该力称

为原力系的主矢 $\boldsymbol{F}'_{\mathrm{R}}$，主矢的大小和方向既可用几何法求得，又可利用公式(3.10)与(3.11)算出；主矩 M_O 的大小可由公式(3.13)求得。

当简化中心 O 点改变位置时，不难发现，主矢量的大小和方向并不发生变化，但一般来说主矩将随 O 点位置的不同而发生变化。

【例 3.5】 在边长为 $a=1$ m 的正方形的四个顶点上，作用有 $\boldsymbol{F}_1$、$\boldsymbol{F}_2$、$\boldsymbol{F}_3$、$\boldsymbol{F}_4$ 等四个力(如图 3.22 所示)。已知 $F_1=40$ N，$F_2=60$ N，$F_3=60$ N，$F_4=80$ N。试求该力系向点 A 的简化结果。

解：选坐标系如图 3.22 所示。

先求出力系的主矢 $\boldsymbol{F}'_{\mathrm{R}}$

$$F_1=40\ \mathrm{N}, F_2=60\ \mathrm{N}, F_3=60\ \mathrm{N}, F_4=80\ \mathrm{N}$$

$$\begin{aligned} F_{\mathrm{R}x}/\mathrm{N} &= F_{1x}+F_{2x}+F_{3x}+F_{4x} \\ &= F_1\cos 45°+F_2\cos 30°+F_3\sin 45°-F_4\cos 45°=66.10 \end{aligned}$$

$$\begin{aligned} F_{\mathrm{R}y}/\mathrm{N} &= F_{1y}+F_{2y}+F_{3y}+F_{4y} \\ &= F_1\sin 45°+F_2\sin 30°-F_3\cos 45°+F_4\sin 45°=72.42 \end{aligned}$$

$$F'_{\mathrm{R}}/\mathrm{N}=\sqrt{F_{\mathrm{R}x}^2+F_{\mathrm{R}y}^2}=98.05$$

$$\cos\alpha=\frac{F_{\mathrm{R}x}}{F'_{\mathrm{R}}}=0.67$$

$$\cos\beta=\frac{F_{\mathrm{R}y}}{F'_{\mathrm{R}}}=0.74$$

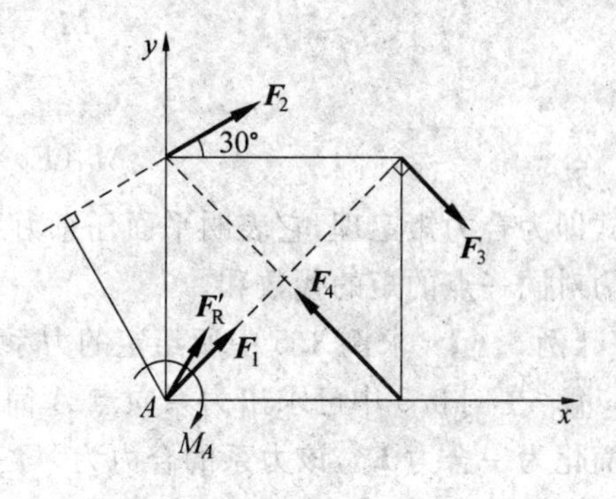

图 3.22

解得主矢与 x 和 y 轴正向夹角为

$$\alpha=47.93°,\quad \beta=42.27°$$

力系相对于简化中心 A 的主矩的大小为

$$\begin{aligned} M_A/(\mathrm{N}\cdot\mathrm{m}) &= \sum M_A(\boldsymbol{F}) \\ &= -F_2 a\cos 30°-F_3 a/\cos 45°+F_4 a\sin 45° \\ &= -80.24 \end{aligned}$$

负号表明力偶为顺时针转向。

2. 平面任意力系简化结果的讨论

平面任意力系向作用面内一点简化的结果，一般得一个力和一个力偶。可能出现四种情况，下面我们对这几种情况进一步的分析讨论：

(1)主矢不为零，主矩为零

$$\boldsymbol{F}'_{\mathrm{R}}\neq 0,\quad M_O=0$$

在这种情况下，由于附加力偶系的合力偶矩为零，原力系只与一个力等效，显然该主矢 $\boldsymbol{F}'_{\mathrm{R}}$ 即为原力系的合力，且合力的作用线通过选定的简化中心 O。

(2)主矢为零，主矩不为零

$$\boldsymbol{F}'_{\mathrm{R}}=0,\quad M_O\neq 0$$

在这种情况下，平面任意力系中各力向简化中心等效平移后，所得到的汇交力系是平衡力系，原力系与附加力偶系等效，即原力系简化为一合力偶，该合力偶矩就是原力系相

对于简化中心 O 的主矩 M_O。由于力偶对于平面内任意一点的矩都相同,因此当力系简化为一力偶时,主矩的值与简化中心的位置无关,向不同点简化,所得主矩相同。

(3)主矢、主矩均不为零

$$\boldsymbol{F}'_{\mathrm{R}}\neq 0,\quad M_O\neq 0$$

在这种情况下,力系等效于一作用于简化中心 O 的力 $\boldsymbol{F}'_{\mathrm{R}}$ 和一力偶矩为 M_O 的力偶。根据力的平移定理,一个力可以等效地变换成一个力和一个力偶,那么,反过来,也可将一个力和一个力偶等效地变换成为一个力。将图 3.21(b)中的 $\boldsymbol{F}'_{\mathrm{R}}$ 与 M_O 合成为一过 O' 点与 $\boldsymbol{F}'_{\mathrm{R}}$ 平行且相等的力 $\boldsymbol{F}_{\mathrm{R}}$(见图 3.21(c)),由于整个力系与 $\boldsymbol{F}_{\mathrm{R}}$ 等效,故 $\boldsymbol{F}_{\mathrm{R}}$ 为原力系的合力,该合力距简化中心 O 的距离显然应有

$$d=\frac{|M_O|}{F'_{\mathrm{R}}}$$

考虑到合力 $\boldsymbol{F}_{\mathrm{R}}$ 对任一点 O 点力矩应有

$$M_O(\boldsymbol{F}_{\mathrm{R}})=F_{\mathrm{R}}\times d=F'_{\mathrm{R}}\times d=M_O$$

且由公式(3.13)有

$$M_O=\sum M_O(\boldsymbol{F})$$

故有

$$M_O(\boldsymbol{F}_{\mathrm{R}})=\sum M_O(\boldsymbol{F}) \tag{3.14}$$

此式即为合力矩定理,它表明平面任意力系的合力对作用面内任意一点的矩等于力系中各力对同一点的矩的代数和。

【例 3.6】 求例 3.5 中所给定的力系的合力作用线。

解:在例 3.5 中已求出力系向点 A 简化的结果,且主矢和主矩都不为零,这说明力系可简化为一合力 $\boldsymbol{F}_{\mathrm{R}}$,该力系的合力为

$$F_{\mathrm{R}}=F'_{\mathrm{R}}$$

主要求出合力 $\boldsymbol{F}_{\mathrm{R}}$ 的作用线与 x 轴的交点 K 的坐标 x_K,则合力作用线位置就完全确定。设想将合力 $\boldsymbol{F}_{\mathrm{R}}$ 沿 x 轴移至 K 点,并分解为两个分力 $\boldsymbol{F}_{\mathrm{R}x}$ 和 $F_{\mathrm{R}y}$,如图 3.23 所示。根据合力矩定理

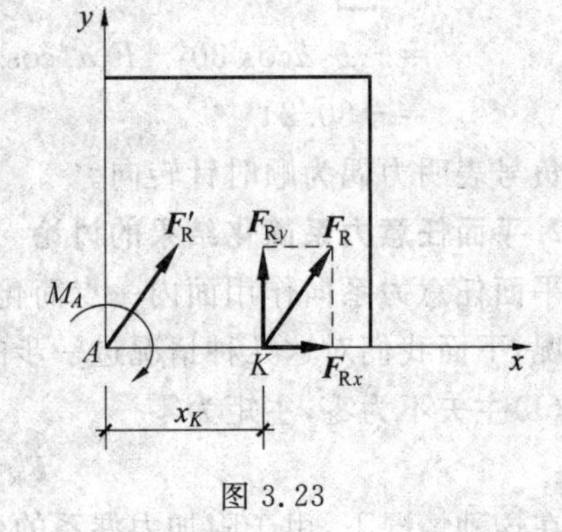

图 3.23

$$\begin{aligned}M_A&=\sum M_A(\boldsymbol{F})\\&=M_A(\boldsymbol{F}_{\mathrm{R}})\\&=M_A(\boldsymbol{F}_{\mathrm{R}x})+M_A(\boldsymbol{F}_{\mathrm{R}y})\end{aligned}$$

M_A 是力系向点 A 简化的主矩,而 $M_A(\boldsymbol{F}_{\mathrm{R}x})=0$,所以有

$$M_A=M_A(\boldsymbol{F}_{\mathrm{R}y})=F_{\mathrm{R}y}x_K$$

解得

$$x_K/\mathrm{m}=\frac{M_A}{F_{\mathrm{R}y}}=\frac{-80.24}{72.42}=-1.11$$

式中负号表明 K 点在坐标原点 A 的左侧。

(4) 主矢、主矩均为零

$$\boldsymbol{F}'_{\mathrm{R}}=0,\quad M_O=0$$

在这种情况下，平面任意力系是一个平衡力系。后面将对此详细讨论。

总之，对不同的平面任意力系进行简化，综合起来其最后结果只有三种可能性：

(1) 合力；

(2) 合力偶；

(3) 平衡。

3.4　平面力系的平衡

在平面汇交力系、平面平行力系的合成和平面任意力系简化结果分析的基础上，我们对应可以得到平面力系的平衡条件及其相应的平衡方程。

3.4.1　平面汇交力系的平衡方程

由前面的学习，我们可知平面汇交力系合成后为一个合力，则平面汇交力系平衡的充分和必要条件(the condition for equilibrium)是：该力系的合力等于零，即力系中各力的矢量和为零。由公式(3.8)可知

$$\boldsymbol{F}_{\mathrm{R}}=\sum\boldsymbol{F}=0 \tag{3.15}$$

合力矢量 $\boldsymbol{F}_{\mathrm{R}}=0$ 在力多边形上表现为，各力首尾相连构成的力多边形是自行封闭的。从而得到平面汇交力系平衡的几何条件：该力系的力多边形是自行封闭的力多边形。

当用解析法求力系合力时，根据公式(3.11)，平衡条件 $F_{\mathrm{R}}=0$ 可表示为

$$F_{\mathrm{R}}=\sqrt{\left(\sum F_x\right)^2+\left(\sum F_y\right)^2}=0$$

该式等价于

$$\left.\begin{aligned}\sum F_x=0\\ \sum F_y=0\end{aligned}\right\} \tag{3.16}$$

所以，平面汇交力系平衡的充分和必要条件，也可解析地表达为：力系中各力在两个坐标轴上的投影的代数和分别为零。式(3.16)被称为平面汇交力系的平衡方程(equilibrium equation)。平面汇交力系有两个独立的平衡方程，可以求解两个未知力。

下面通过例题来说明平衡方程的应用。

【例 3.7】　图 3.24(a)所示一管道支架，由 AB 与 CD 组成，管道通过拉杆 CD 悬挂在水平杆 AB 的 B 端，该支架负担的管道重为 2 kN，不计杆重。求 CD 杆所受的力和支座 A 的约束力。

解：(1) 取水平杆 AB 为研究对象。

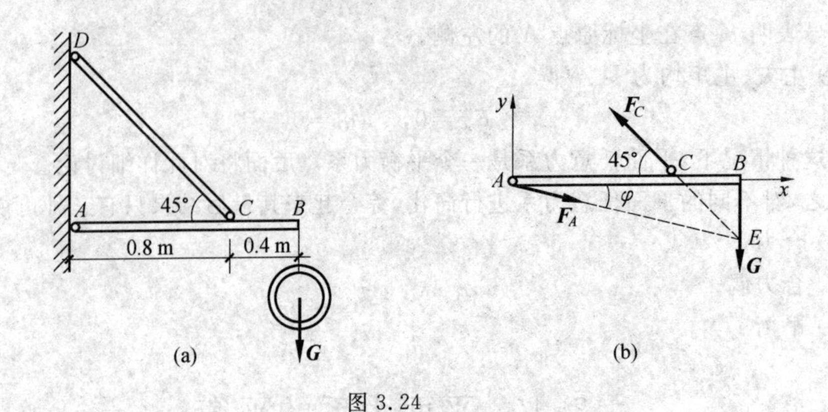

图 3.24

(2) 取分离体,画受力图。作用于 AB 杆上的力有 B 端管道重力 $\boldsymbol{G}$,铅垂向下;CD 杆为二力杆,通过铰链 C 作用于 AB 杆的力 $\boldsymbol{F}_C$ 沿 CD 连线,设指向朝左上;固定铰 A 的约束力 $\boldsymbol{F}_A$ 可根据三力平衡汇交定理确定,即沿 A、E 连线方向,假设指向朝右下,如图 3.24(b) 所示。

以 φ 角表示 $\boldsymbol{F}_A$ 与 AB 的夹角,由图形的几何关系可得

$$EB = BC = 0.4\ \text{m}$$

$$\tan\varphi = \frac{EB}{AB} = \frac{0.4}{1.2} = \frac{1}{3}$$

(3) 取坐标系 Axy 如图 3.24(b) 所示,列平衡方程,得

$$\sum F_x = 0,\quad F_A\cos\varphi - F_C\cos 45^\circ = 0$$

$$\sum F_y = 0,\quad -G - F_A\sin\varphi + F_C\sin 45^\circ = 0$$

解得

$$F_C/\text{kN} = \frac{G}{\sin 45^\circ - \cos 45^\circ\tan\varphi} = \frac{2}{\frac{\sqrt{2}}{2} - \frac{\sqrt{2}}{2}\times\frac{1}{3}} = 4.24$$

$$F_A/\text{kN} = F_C\cdot\frac{\cos 45^\circ}{\cos\varphi} = 4.24\times\frac{\frac{\sqrt{2}}{2}}{\frac{3}{\sqrt{10}}} = 3.16$$

计算结果 F_C、F_A 均为正值,说明假设的指向是两个约束力的实际指向。

【例 3.8】 简易起重机起重臂 AB 的 A 端安装有固定铰链支座,B 端用水平绳索 BC 拉住,起重臂与水平成 40° 角,起重臂在 B 端装有滑轮。钢丝绳绕过滑轮把重量 $G=3\ 000$ N 的重物吊起。钢丝绳绕过滑轮后与水平线成 30° 角,见图 3.25(a)。不考虑起重臂自重,求平衡时支座 A 和绳索 BC 的约束力。

解:(1) 取起重臂 AB(连同滑轮) 为研究对象。

(2) 起重臂 AB(连同滑轮) 所受的力有:滑轮两边钢丝绳的拉力 $\boldsymbol{F}_1$ 和 $\boldsymbol{F}_2$,如果不计摩擦,则 $F_1 = F_2 = G = 3\ 000$ N;绳索 BC 的拉力 $\boldsymbol{F}_3$,支座 A 的约束力 $\boldsymbol{F}_A$(因为 $\boldsymbol{F}_1$ 和 $\boldsymbol{F}_2$ 的大小相等,其合力必通过 B 点,所以 $\boldsymbol{F}_1$ 和 $\boldsymbol{F}_2$ 可以认为作用在 B 点),由于起重臂 AB 只在两

端受力，不计自重，AB 视为二力杆，故约束力$\boldsymbol{F}_A$ 必沿 A、B 连线，方向如图所示。

由图3.25(b)可见，$\boldsymbol{F}_1$、$\boldsymbol{F}_2$、$\boldsymbol{F}_3$ 和$\boldsymbol{F}_A$ 四个力构成一作用线交于B点的平面汇交力系。

(3) 取坐标系 Axy 如图 3.25(b) 所示，列平衡方程，得

$$\sum F_x = 0,\quad -F_3 - F_2\cos 30° - F_A\cos 40° = 0 \tag{a}$$

$$\sum F_y = 0,\quad -F_1 - F_2\sin 30° - F_A\sin 40° = 0 \tag{b}$$

解得

$$F_A/\mathrm{N} = -\frac{F_1 + F_2\sin 30°}{\sin 40°} = -\frac{G(1+\sin 30°)}{\sin 40°} = -3\ 000 \times \frac{(1+0.5)}{0.643} = -6\ 998$$

求得 F_A 为负值，说明$\boldsymbol{F}_A$ 的实际指向与假设的指向相反。

将 $F_A = -6\ 998$ N 代入式(a)，得

$$F_3/\mathrm{N} = -F_2\cos 30° - F_A\cos 40° = -3\ 000 \times 0.866 - (-6\ 998) \times 0.766 = 2\ 762$$

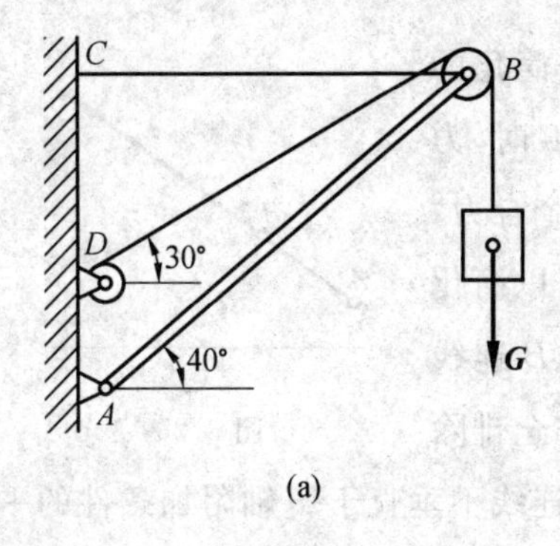

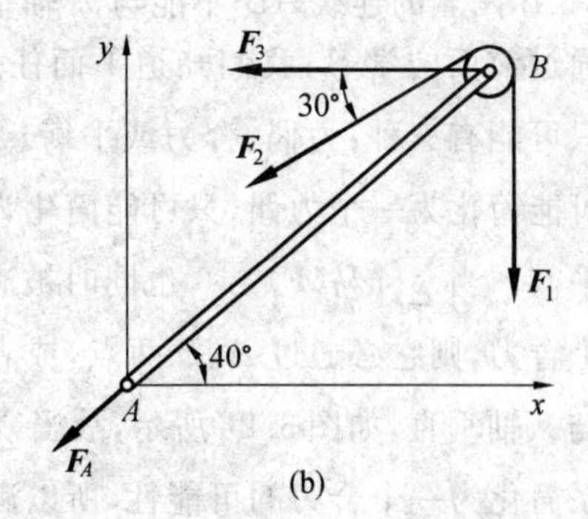

图 3.25

3.4.2　平面任意力系平衡的充要条件及平衡方程

当平面任意力系的主矢和主矩都等于零时，说明力系向简化中心等效平移后，施加在简化中心 O 的汇交力系和附加力偶系都是平衡力系，则该平面任意力系一定是平衡力系。所以，平面任意力系的主矢和主矩同时为零，即

$$\left.\begin{aligned} F'_R &= 0 \\ M_O &= 0 \end{aligned}\right\} \tag{3.17}$$

这是平面任意力系平衡的必要与充分条件。

根据上述的平衡条件，可以用解析式表达，即

$$\begin{cases} \sum F_x = 0 \\ \sum F_y = 0 \\ \sum M_O(\boldsymbol{F}) = 0 \end{cases} \tag{3.18}$$

由此可得平面任意力系平衡的解析条件：平面任意力系中各力在两个任选的坐标轴中每一轴上投影的代数和分别等于零，以及各力对任意一点的矩的代数和等于零。

这就是平面任意力系的平衡方程。该方程是由两个投影方程和一个力矩方程组成，称为一矩式平衡方程。实际计算时坐标轴的方位可以任意选取，简化中心 O 点的位置可

以任意确定，从形式上看似乎可以列出许多平衡方程，但其中相互独立的只有三个，其余方程都可由此三方程导出，因此平面任意力系只能求解三个未知力。

在解决实际问题时，适当地选择坐标轴和矩心可以简化计算。在平面任意力系情形下，力矩的矩心应取在未知力较多的点上，坐标轴则尽可能选取与该力系中多数力的作用线平行或垂直。

式(3.18)所表示的只是平面任意力系平衡方程的基本形式，此外还有其他两种形式。

(1) 两力矩形式。三个平衡方程中有两个力矩方程和一个投影方程，即

$$\left.\begin{aligned}\sum F_x=0\\ \sum M_A(\boldsymbol{F})=0\\ \sum M_B(\boldsymbol{F})=0\end{aligned}\right\} \tag{3.19}$$

其中 A、B 两点的连线 AB 不能与 x 轴垂直。

通过前面的学习，我们知道平面任意力系向任一点简化的结果只可能有三种：力偶、合力或平衡。当 $\sum M_A(\boldsymbol{F})=0$ 时，力系不可能简化为一个力偶，只可能简化为通过 A 点的一个合力，或者平衡。当 $\sum M_B(\boldsymbol{F})=0$ 也同时被满足时，若力系可以简化为一个合力，则它必通过 A、B 两点，或者平衡。因为 A、B 连线不能与 x 轴垂直，如图3.26所示，故当 $\sum F_x=0$ 时，又完全排除了力系简化为一个合力的可能性，所以满足式(3.19)及连线不垂直于 x 轴附加条件的平面任意力系必然是平衡力系。

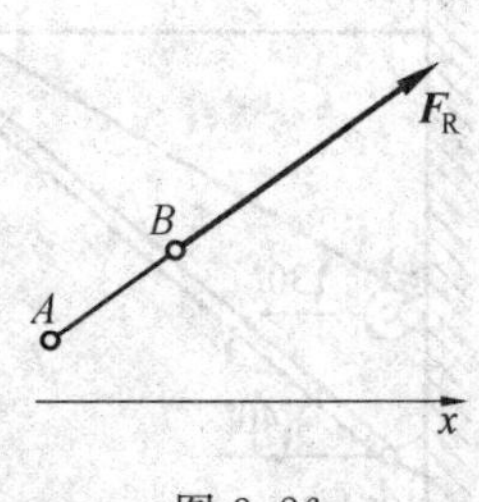

图 3.26

(2) 三力矩形式。三个平衡方程都是力矩方程，即

$$\left.\begin{aligned}\sum M_A(\boldsymbol{F})=0\\ \sum M_B(\boldsymbol{F})=0\\ \sum M_C(\boldsymbol{F})=0\end{aligned}\right\} \tag{3.20}$$

其中 A、B、C 三点不能共线。为什么必须有这个附加条件，读者可自行证明。

这样平面任意力系共有三种不同形式的平衡方程，每一种形式都只包含有三个独立的方程，可以求解三个未知力。在解决实际问题时，可根据具体条件选取某一种形式，使得解题过程更为简化。任何第四个方程都是前三个方程的线性组合，因而不是独立的。但可以利用第四个方程对计算结果的正确性进行校核。

下面通过例题来学习平面任意力系平衡方程的应用。

【例 3.9】 求如图3.27(a)所示简支梁的支座反力。

解：(1) 取 AB 为研究对象。

(2) 解除 A、B 两点的支座约束，画出受力图。由于 A 支座为固定铰支座，根据约束反力性质，应有水平和垂直两个反力；B 支座为可动铰支座，其约束反力为一个竖向反力。如图3.27(b)所示，反力指向为假设。可将均布荷载简化为一个集中力 $\boldsymbol{F}_1$，显然 $F_1/\text{kN}=2\times4=8$，作用在分布范围的中间。

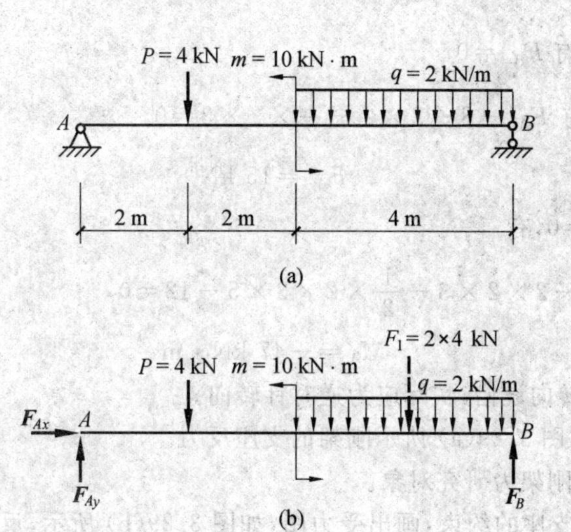

图 3.27

(3) 建立平衡方程,求解未知力。

注意到荷载中并无水平分力,且 B 点只有竖向反力,因此根据 $\sum F_x = 0$ 必定得到 $F_{Ax} = 0$。为了避免解联立方程,一般可先考虑力矩方程,取 $\sum M_B(\boldsymbol{F}) = 0$,有

$$-F_{Ay} \times 8 + 4 \times 6 + 10 + 2 \times 4 \times 2 = 0,\text{得到}$$

$$F_{Ay} = 6.25\ \text{kN}$$

取 $\sum F_y = 0$,有　　　　$F_{Ay} - 4 - 2 \times 4 + F_B = 0$

将 F_{Ay} 代入,得到　　　　$F_B = 5.75\ \text{kN}$

所得的 F_{Ay} 与 F_B 均为正值,说明这两个反力的指向假设正确(即均为向上)。

作为校核可以取 $\sum M_A(\boldsymbol{F}) = 0$,有 $F_B \times 8 - 4 \times 2 + 10 - 2 \times 4 \times 6 = 0$ 得到 $F_B = 5.75\ \text{kN}$。这表明前面所求结果正确。由于反力的值将直接影响梁内力的值,关系重大,因此一般在计算反力时都最好加以校核。

【例 3.10】　求图 3.28 所示悬臂梁的支座反力。

解:(1) 取 AB 为研究对象。

(2) 解除 A 点的支座约束,画出受力图。由于 A 支座为固定端支座,解除约束后,可以用 $\boldsymbol{F}_{Ax}$、$\boldsymbol{F}_{Ay}$ 和 M_A 代替,如图所示,反力指向为假设。可将均布荷载简化为集中力 $\boldsymbol{F}_1$ 和 $\boldsymbol{F}_2$,分别作用在 CD 段的中间和 DB 段距 D 点 1 m 处。

(3) 建立平衡方程,求解未知力。

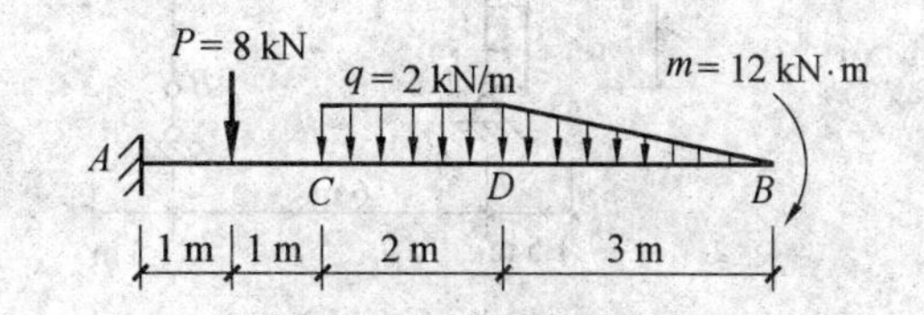

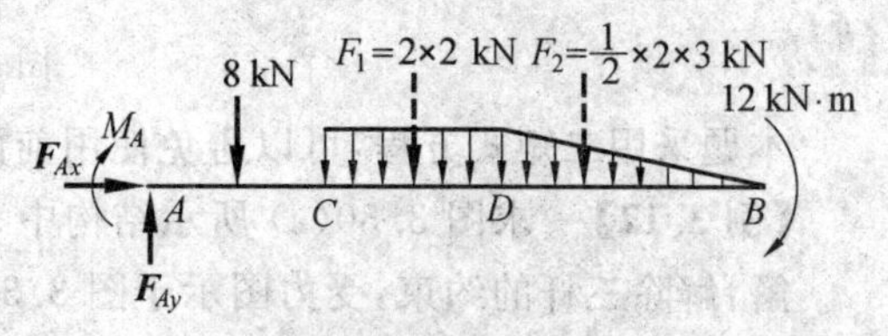

图 3.28

取$\sum F_x=0$,有 $F_{Ax}=0$

取$\sum F_y=0$,有 $F_{Ay}-8-2\times2-\frac{1}{2}\times2\times3=0$

得到 $$F_{Ay}=15\ \text{kN}$$

取$\sum M_A(\boldsymbol{F})=0$,有

$$-M_A-8\times1-2\times2\times3-\frac{1}{2}\times2\times3\times5-12=0$$

得到 $$M_A=-47\ \text{kN}\cdot\text{m}$$

式中负号说明 M_A 转向设错,实际应为逆时针转向。

【例 3.11】 求图 3.29(a) 所示刚架的支座反力。

解:(1) 取整体刚架为研究对象。

(2) 解除 A、B 支座的约束,画出受力图,如图 3.29(b) 所示,反力指向为假设。可将均布荷载简化为如图 3.29(b) 所示的集中力。

(3) 建立平衡方程,求解未知力。

取$\sum F_x=0$,有 $F_{Ax}+2\times8=0$,$F_{Ax}=-16\ \text{kN}(\leftarrow)$

取$\sum M_B(\boldsymbol{F})=0$,有 $-F_{Ay}\times6-2\times8\times4+2\times7.5-4-\frac{1}{2}\times4\times1.5\times0.5=0$

得到 $F_{Ay}=-9.08\ \text{kN}(\downarrow)$

取$\sum M_A(\boldsymbol{F})=0$,有 $F_B\times6-2\times8\times4+2\times1.5-4-\frac{1}{2}\times4\times1.5\times(6+0.5)=0$

得到 $F_B=14.08\ \text{kN}$

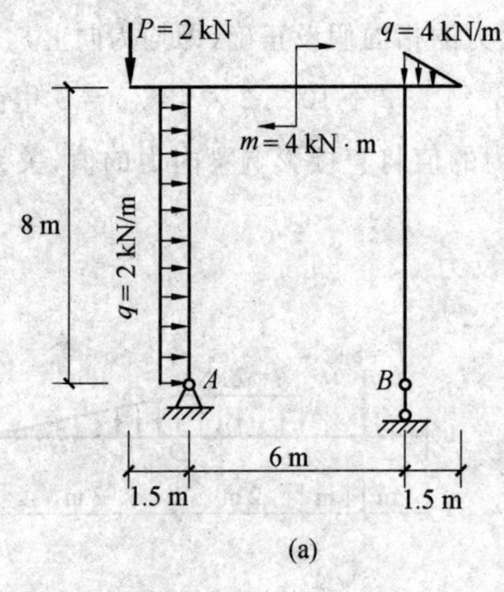

(a)

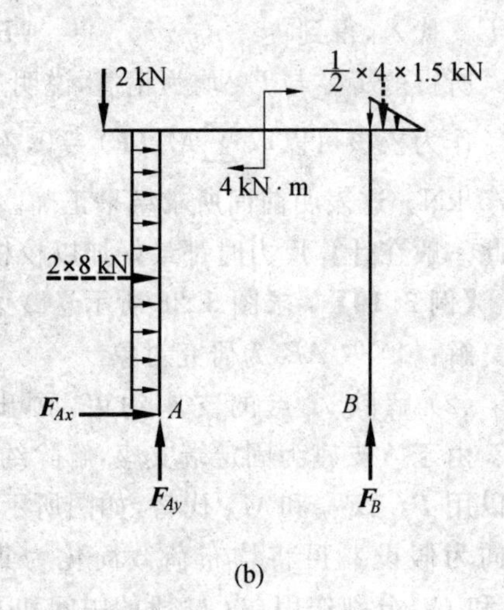

(b)

图 3.29

本题采用二矩式方程,可以避免使用前面计算而确定的结果,以保证计算的准确性。

【例 3.12】 求图 3.30(a) 所示结构中 AB、AC 与 CD 三杆所受的力。

解:解除三杆的约束,受力图示于图 3.30(b) 中,假设三根杆均为受拉。为使计算简化可先取$\sum M_C(\boldsymbol{F})=0$,$\boldsymbol{F}_{BA}$ 对 C 点的力矩可用分力力矩代数和求得,有

$$F_{BA}\times\cos 30^\circ\times 2-10\times 4\times 2=0$$

得到

$$F_{BA}=46.2\ \text{kN}$$

取 $\sum M_A(\boldsymbol{F})=0$，有

$$-F_{CD}\times AC-10\times 4\times(2+AB\times\cos 30^\circ)=0$$

因　　$AC/\text{m}=2\times BC\times\cos 30^\circ=2\times 2\times 0.866=3.464$，　$AB=BC=2\ \text{m}$

故

$$F_{CD}/\text{kN}=-\frac{40\times 3.732}{3.464}=-43.1$$

取 $\sum M_E(\boldsymbol{F})=0$，有

$$-F_{CA}\times CE-10\times 4\times(2-CE\times\cos 30^\circ)=0$$

因 $CE=2\ \text{m}$，故

$$F_{CA}/\text{kN}=-\frac{40\times(2-2\times 0.866)}{2}=-5.36$$

在本题中使用了三个力矩平衡方程，避免了求解联立方程。

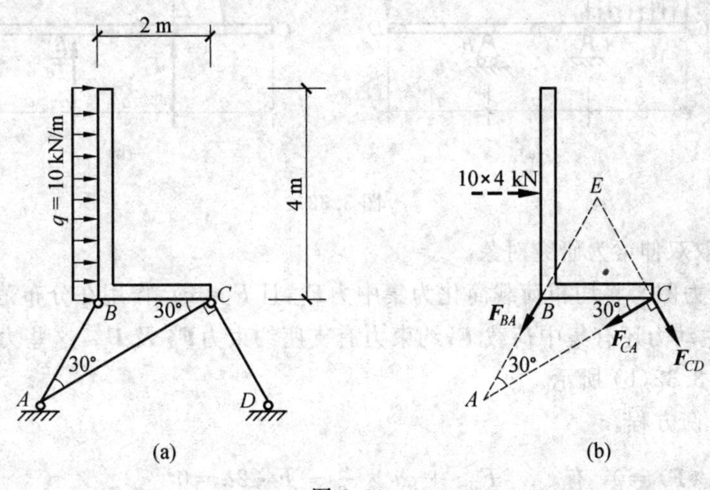

图 3.30

3.4.3　平面平行力系的平衡方程

各力的作用线在同一平面内且相互平行的力系称为平面平行力系。平面平行力系是平面任意力系的特殊情况。例如起重机、桥梁等结构上所受的力系，常常可以简化为平面平行力系。当平面平行力系平衡时，也应满足平面任意力系的平衡方程。如选取 x 轴与力系中各力垂直，如图 3.31 所示，则各力在 x 轴上的投影恒等于零，即 $\sum F_x\equiv 0$。于是平面平行力系独立的平衡方程只有两个，即

$$\left.\begin{aligned}\sum F_y=0\\ \sum M_O(\boldsymbol{F})=0\end{aligned}\right\}\qquad(3.21)$$

由此可知，平面平行力系平衡的必要和充分条件是：力系中所有各力的投影的代数和等于零，以及各力对于平面内任一点之矩的代数和也等于零。

平面平行力系的平衡方程也可以表示为二力矩形式，即

$$\left.\begin{aligned}\sum M_A(\boldsymbol{F})=0\\ \sum M_B(\boldsymbol{F})=0\end{aligned}\right\}\qquad(3.22)$$

但 A、B 连线不能与各力平行。

可见，对于单个刚体而言，平面平行力系只有两个独立的平衡方程，只能求解两个未知力。

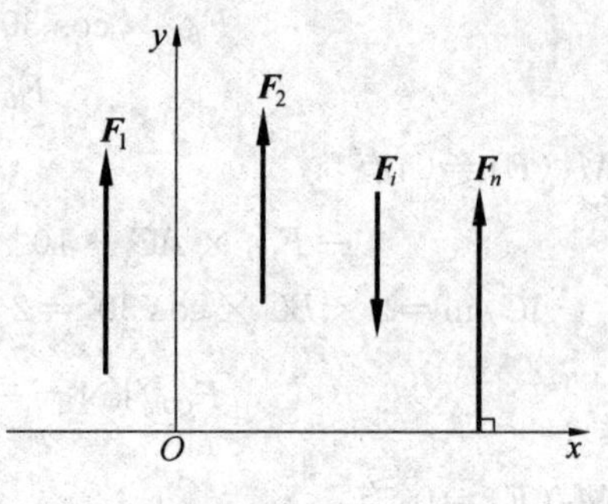

图 3.31

【例 3.13】 在水平双伸梁上作用有集中荷载$\boldsymbol{F}$和集度为q的均布荷载，如图 3.32(a) 所示。已知 $F=20$ kN，$q=20$ kN/m，$a=0.8$ m。求支座 A、B 的约束力。

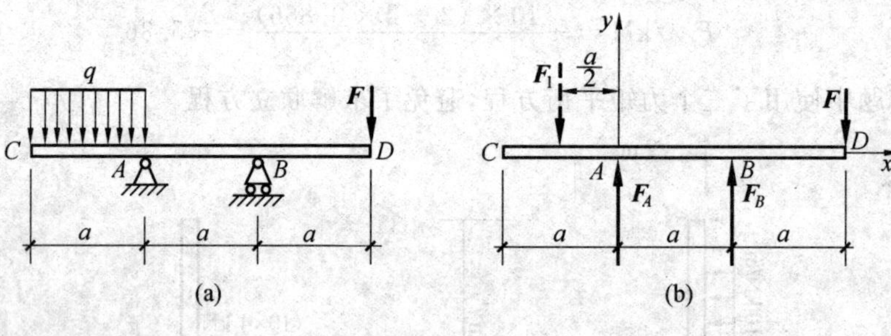

图 3.32

解：(1) 取双伸梁为研究对象。

(2) 画受力图。将均布荷载简化为集中力$\boldsymbol{F}_1$，且 $F_1=qa$，作用在分布范围的中间。作用于梁上的主动力还有集中荷载 $\boldsymbol{F}$，约束力有支座约束力$\boldsymbol{F}_A$ 及 $\boldsymbol{F}_B$，这些力组成一平面平行力系，如图 3.32(b) 所示。

(3) 列平衡方程。

取$\sum M_A(\boldsymbol{F})=0$，有 $\qquad F_Ba+qa\times\dfrac{a}{2}-F\cdot 2a=0$

解得 $\qquad F_B/\text{kN}=-\dfrac{qa}{2}+2F=32$

取$\sum F_y=0$，有 $\qquad F_B+F_A-qa-F=0$

解得

$$F_A/\text{kN}=F+qa-F_B=4$$

【例 3.14】 塔式起重机如图 3.33 所示。机架重 $G_1=700$ kN，作用线通过塔架的中心。最大起重量 $G_2=200$ kN，最大悬臂长为 12 m，轨道 AB 的间距为 4 m。平衡块重 G_3，到机身中心线距离为 6 m。欲保证起重机在满载及空载时都不致翻倒，求平衡块的重量应为多少?

解：要使起重机不翻倒，应使作用在起重机上的所有力满足平衡条件。起重机所受的力有：荷载的重力$\boldsymbol{G}_2$、机架的重力$\boldsymbol{G}_1$、平衡块的重力$\boldsymbol{G}_3$，以及轨道的约束力$\boldsymbol{F}_{NA}$ 和$\boldsymbol{F}_{NB}$。

当满载时，为使起重机不绕 B 点翻倒，这些力必须满足平衡方程$\sum M_B(\boldsymbol{F})=0$。在临

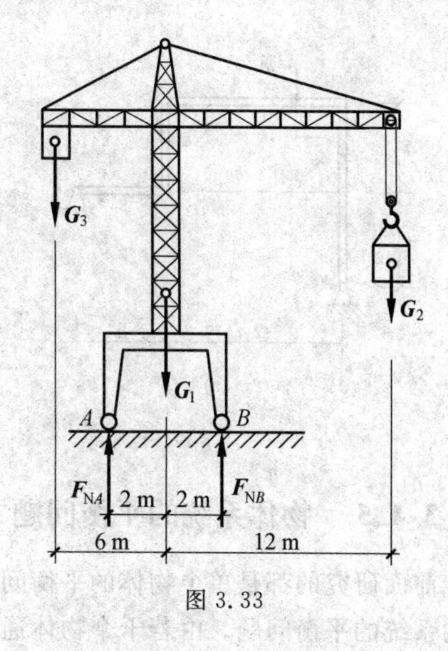

图 3.33

界平衡情况下，$F_{NA}=0$。这时求出 W_3 值是所允许的最小值。

取 $\sum M_B(\boldsymbol{F})=0$，有

$$G_{3\min}(6+2)+2G_1-G_2(12-2)=0$$

解得 $G_{3\min}/\text{kN}=\frac{1}{8}(10G_2-2G_1)=75$

当空载时，$G_2=0$。为使起重机不绕 A 点翻倒，所受的力必须满足平衡方程 $\sum M_A(\boldsymbol{F})=0$，在临界平衡情况下，$F_{NB}=0$。这时求出的 G_3 值是所允许的最大值。

取 $\sum M_A(\boldsymbol{F})=0$，有

$$G_{3\max}(6-2)-2G_1=0$$

解得 $$G_{3\max}/\text{kN}=\frac{2G_1}{4}=350$$

起重机实际工作时不允许处于临界状态，要使起重机不致翻倒，平衡块的重力应在这两者之间，即

$$75\ \text{kN}<G_3<350\ \text{kN}$$

3.4.4　平面力偶系的平衡

凡由若干力偶组成的力系称为平面力偶系。作用于刚体上的平面力偶系可以用它的合力偶等效代替。因此，若合力偶矩等于零，则原力系必定平衡；反之若原力偶系平衡，则合力偶矩必等于零。由此可得到平面力偶系平衡的充分与必要条件：所有各力偶矩的代数和为零，即

$$\sum m=0 \tag{3.23}$$

平面力偶系有一个平衡方程，可以求解一个未知量。

【例 3.15】　在图 3.34 所示结构中，各构件的自重忽略不计，在构件 AB 上作用一力偶矩为 m 的力偶，求支座 A 和 C 处的约束反力。

解：(1) 取 AB 杆为研究对象。

(2) 画受力图。作用于 AB 杆的是一个主动力偶，A、C 两点的约束反力也必然组成一个力偶才能与主动力偶平衡。由于 BC 杆是二力杆，$\boldsymbol{F}_C$ 必沿 B、C 两点的连线（如图 3.34(c))，而 $\boldsymbol{F}_A$ 应与 $\boldsymbol{F}_C$ 平行，且有 $F_A=F_C$（如图 3.34(b) 所示）。

(3) 列平衡方程。

取 $\sum m=0$，有 $$F_A\times d-m=0$$

其中 $$d=\sqrt{(2a)^2+(2a)^2}=2\sqrt{2}a$$

则 $$F_A=F_C=\frac{m}{d}=\frac{m}{2\sqrt{2}a}\text{（方向如图所示）}$$

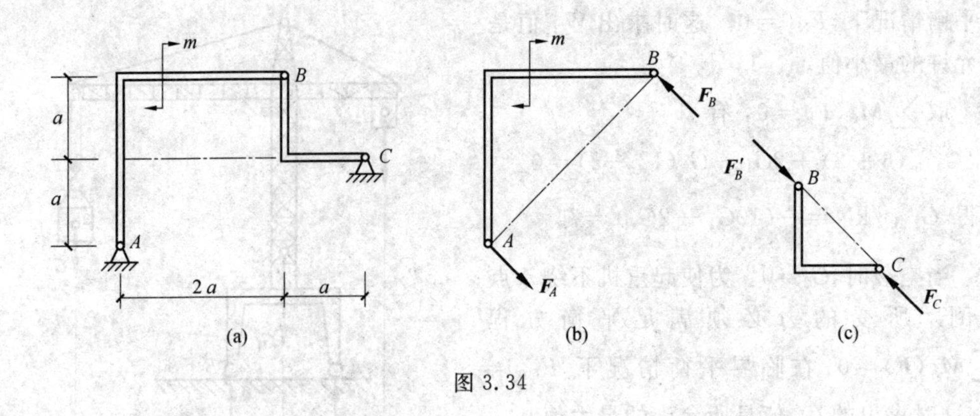

图 3.34

3.4.5 物体系统的平衡问题

前面研究的都是单个物体的平衡问题。在工程实际中往往还需要研究由几个物体组成的系统的平衡问题。由若干个物体通过一定的约束组成的系统称为物体系统。研究它们的平衡问题时,不仅要知道外界物体对于这个系统的作用,同时还应分析系统内各物体之间的相互作用。外界物体作用于系统的力称为该系统的外力;系统内部各物体间相互作用的力称为该系统的内力。由作用与反作用定律可知,内力总是成对出现的,因此当取整个系统为分离体时,可不考虑内力;当要求系统的内力时,就必须取系统中与所求内力有关的某些物体为分离体来研究。此外,即使内力不是所要求的,对于物体系统的平衡问题,有时也要把一些物体分开来研究,才能求出所有的未知外力。

当整个系统平衡时,组成该系统的每一个物体也都处于平衡状态。因此对于每一个受平面任意力系作用的物体,均可写出三个平衡方程。如物体系统由 n 个物体组成,则共有 $3n$ 个独立的平衡方程。若系统中的物体有受平面汇交力系或平面平行力系作用时,则独立平衡方程的总数目相应地减少。

在刚体静力学中,当研究单个物体或物体系统的平衡问题时,对应于每一种力系的独立平衡方程的数目是一定的。若所研究的问题的未知量的数目等于或少于独立平衡方程的数目时,则全部未知量都能由平衡方程求出,这样的问题称为静定问题。若未知量的数目多于独立平衡方程的数目,则未知量不能全部由平衡方程求出,这样的问题称为静不定问题或超静定问题。而总未知量数与总独立平衡方程数之差称为超静定次数。在一般情况下,在对问题进行受力分析并作出受力图后,就应进行检验,加以区别。图 3.35 所示的简支梁和三铰拱都是静定问题;图 3.36 所示的结构都是一次超静定问题。

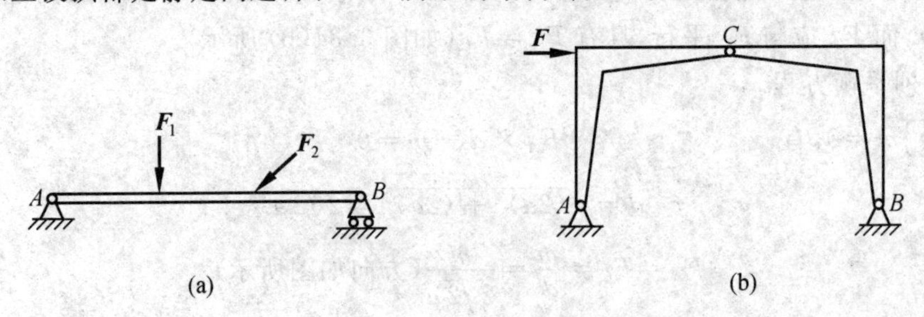

图 3.35

应当指出，对于超静定问题，必须考虑物体因受力作用而产生的变形，加列某些补充方程后，才能使方程的数目等于未知量的数目。超静定问题将在后面进行研究。

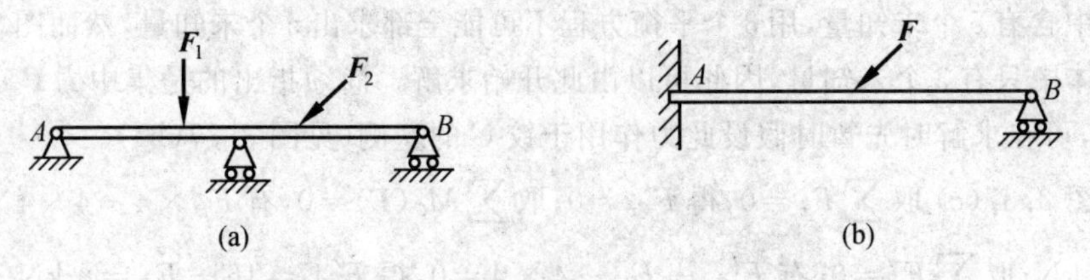

图 3.36

下面通过例题来说明如何求解物体系统的平衡问题。

【例 3.16】　求图 3.37(a) 所示多跨静定梁的支座反力。

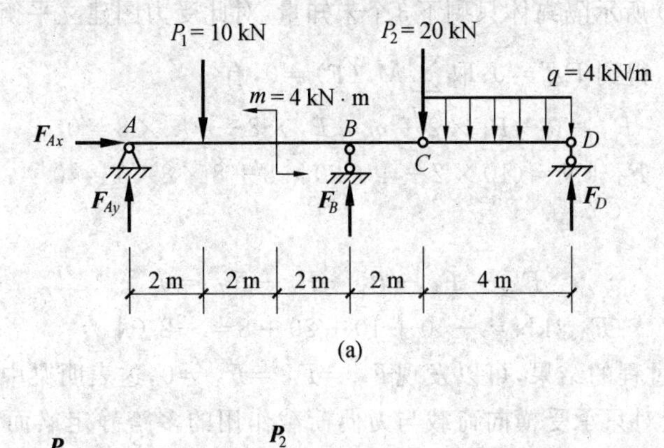

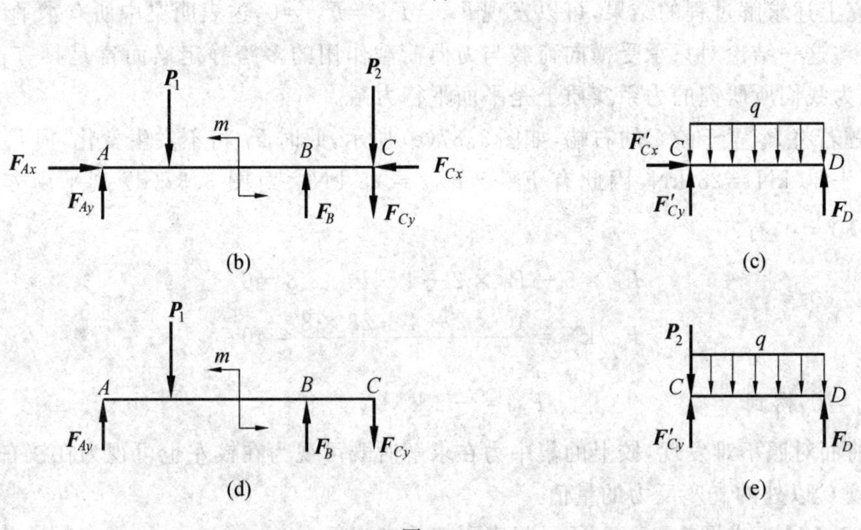

图 3.37

解：分析：根据支座约束的特点，该梁应有如图 3.37(a) 所示的 4 个支座反力，即 $\boldsymbol{F}_{Ax}$、$\boldsymbol{F}_{Ay}$、$\boldsymbol{F}_B$ 与 $\boldsymbol{F}_D$，但取整个多跨静定梁为隔离体时，静力平衡方程只有 3 个，不可能将 4 个反力完全求出，这是否意味着该结构属于超静定问题呢？回答是否定的，因为该结构是由两个构件组成的，将 AC 段与 CD 段分别取隔离体并绘出如图 3.37(b) 和3.37(c) 所示的受力图，不难发现真正的未知约束反力总计为6个(因 $F_{Cx}=F'_{Cx}$，$F_{Cy}=F'_{Cy}$)，而两个隔离体也恰好能提供 6 个平衡方程，因此完全可求出这 6 个约束反力，故此结构为静定结构，又由于它属于多跨梁，因此称为多跨静定梁。在进行约束反力的具体求解过程中，为避免用6个方程联立解6个未知量，应仔细考查各个隔离体约束反力的情况，例如图3.37(b)所示隔离体中含有5个未知量，用3个平衡方程不可能全部求出5个未知量，然而图3.37(c)所示隔离体中只有3个未知量，因此可以由此开始求解。尚须指出的是集中力$\boldsymbol{P}_2$，它位于铰链C上，可在求解时先暂时假设此力作用于铰C的左侧(见图3.37(b))。

对于图3.37(c)取$\sum F_x=0$，得$F'_{Cx}=0$；取$\sum M_C(\boldsymbol{F})=0$，有$F_D\times 4-4\times 4\times 2=0$，得$F_D=8\ \text{kN}$；取$\sum F_y=0$，有$F'_{Cy}+F_D-4\times 4=0$，得$F'_{Cy}=16-F_D=8\ \text{kN}$。

由于F_{Cx}与F'_{Cx}，F_{Cy}与F'_{Cy}均是作用力与反作用力的关系，故应有

$$F_{Cx}=F'_{Cx}=0,\quad F_{Cy}=F'_{Cy}=8\ \text{kN}$$

此时图3.37(b)所示隔离体只剩下3个未知量，对此受力图建立平衡方程，取$\sum F_x=0$，有$F_{Ax}-F_{Cx}=0$，得到$F_{Ax}=0$；取$\sum M_A(\boldsymbol{F})=0$，有

$$F_B\times 6-P_1\times 2+m-P_2\times 8-F_{Cy}\times 8=0$$

解得 $$F_B/\text{kN}=(10\times 2-4+20\times 8+8\times 8)/6=40$$

取$\sum F_y=0$，有

$$F_{Ay}+F_B-P_1-P_2-F_{Cy}=0$$

解得 $$F_{Ay}/\text{kN}=-40+10+20+8=-2\ (\downarrow)$$

研究上述求解过程的结果，可以发现$F'_{Cx}=F_{Cx}=F_{Ax}=0$，这表明梁中所有水平约束反力均为零，这一结论对只承受横向荷载与力偶荷载作用的多跨静定梁而言是具有普遍意义的，因为我们所研究的力系实质上是平面平行力系。

此题若将P_2置于铰C的右端，如图3.37(e)所示，此时F_D将不发生变化，但F'_{Cy}将等于$8\ \text{kN}+20\ \text{kN}=28\ \text{kN}$，因此有$F_{Cy}=F'_{Cy}=28\ \text{kN}$。对图3.37(d)列平衡方程，取$\sum M_A(\boldsymbol{F})=0$，有

$$F_B\times 6-P_1\times 2+4-F_{Cy}\times 8=0$$

得到 $$F_B/\text{kN}=\frac{10\times 2-4+28\times 8}{6}=40$$

取$\sum F_y=0$，得到 $$F_{Ay}=-2\ \text{kN}(\downarrow)$$

与前面对照不难发现，铰上的集中力在求解时既可视为在铰左也可视为在铰右，并不影响除铰C以外的支座反力的量值。

【例3.17】 求图3.38(a)所示静定刚架的支座反力。

解：根据约束特点将A、B处的支座反力表示于图3.38(a)中。取整体平衡虽不能求出全部支座反力，但通过$\sum F_x=0$，有

$$F_{Ax}+6=0$$

得到 $$F_{Ax}=-6\ \text{kN}(\leftarrow)$$

进一步求解与前例相似，必须先由含3个未知力的CB隔离体(图3.38(c))开始。取$\sum F_x=0$，有$F_{Cx}=0$；取$\sum M_C(\boldsymbol{F})=0$，有

$$F_B \times 3 - q \times 3 \times 1.5 - m = 0$$

得到
$$F_B/\text{kN} = \frac{4 \times 3 \times 1.5 + 12}{3} = 10$$

取 $\sum F_y = 0$，有

$$F_{Cy} + F_B - q \times 3 = 0$$

求得
$$F_{Cy}/\text{kN} = 4 \times 3 - 10 = 2$$

根据作用与反作用定律，有 $F'_{Cx} = 0$ 和 $F'_{Cy} = 2$ kN，取 AC 为隔离体(图 3.38(b))，应用 $\sum M_A(\boldsymbol{F}) = 0$，有

$$M_A - P \times 5 - q \times 4 \times 2 - F'_{Cy} \times 4 = 0$$

得到
$$M_A/(\text{kN} \cdot \text{m}) = 6 \times 5 + 4 \times 4 \times 2 + 2 \times 4 = 70$$

取 $\sum F_y = 0$，有

$$F_{Ay} - q \times 4 - F'_{Cy} = 0$$

得到
$$F_{Ay}/\text{kN} = 4 \times 4 + 2 = 18$$

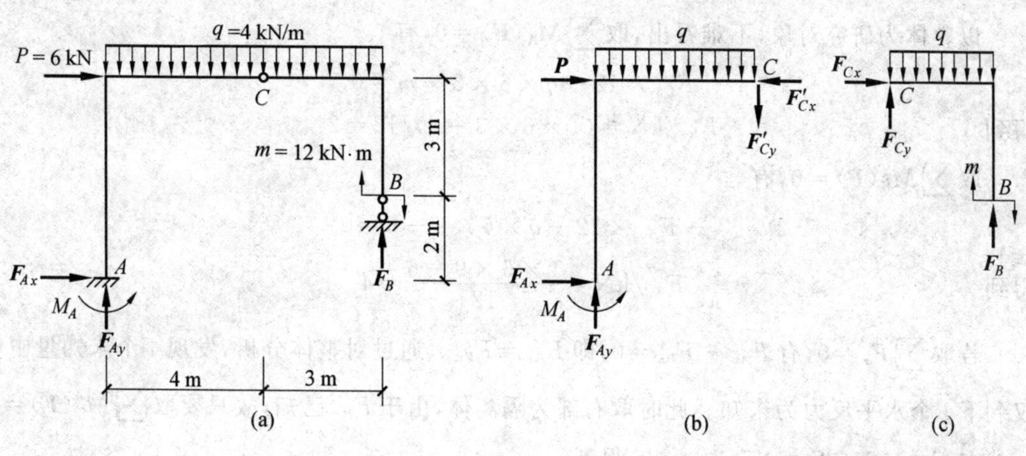

图 3.38

注意：在求解本题过程中如果首先将 7 m 长的均布荷载 q 化为一集中力，则其合力必作用于结构 AC 部分上，不难判断 F_B 将引起变化。同样如果将力偶 m 任意移至 AC 部分，F_B 也将引起变化。所以静力学的一些基本性质，在分析物体系统受力时要注意条件，只有当隔离体取完以后静力学的一些基本性质才能应用。例如当分析整体平衡时，7 m 长的均布荷载又可以视为一个集中力，而力偶 m 又可以任意移转。

上述两题结构形式以及所受荷载均不相同，但在受力分析上却有共同点。两个结构 C 铰以左的部分均为能够独立承受荷载并将力传给地基的体系，我们称为基本部分，而 C 铰以右的部分自身并不独立，它们必须通过铰 C 将力传给 AC 部分，这部分相对基本部分而言是属于附属部分。因此，一般求解物体系统问题时，若结构存在基本部分与附属部分，那么要首先求解附属部分，然后再研究基本部分的受力。

【例 3.18】　求图 3.39(a) 所示三铰拱的支座反力。

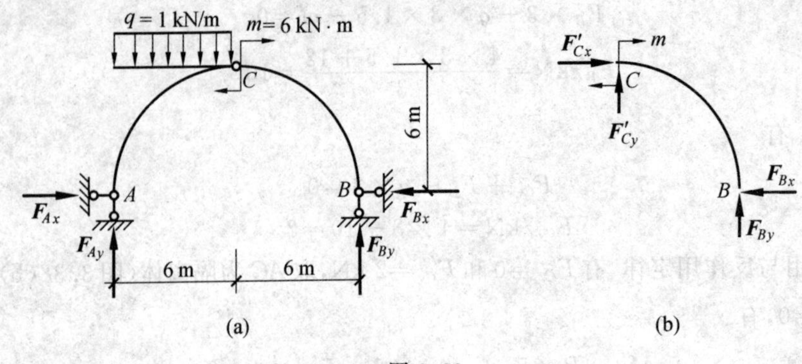

图 3.39

解:图 3.39(a) 所示三铰拱与上述两例不同,它的左右部分都不是基本部分。若将一部分取出如图 3.39(b) 所示,其上的约束反力为 4 个,因此不可能用三个平衡方程全部求出。取左侧为隔离体也会遇到同样问题。这样是否意味着必须联立求解呢?让我们先从整体平衡入手进行分析。

以整体为研究对象,不难看出,取 $\sum M_A(\boldsymbol{F})=0$,有

$$F_{By}\times 12-q\times 6\times 3-m=0$$

得到

$$F_{By}/\text{kN}=(1\times 6\times 3+6)/12=2$$

取 $\sum M_B(\boldsymbol{F})=0$,有

$$-F_{Ay}\times 12+q\times 6\times 9-6=0$$

得到

$$F_{Ay}/\text{kN}=\frac{1\times 6\times 9-6}{12}=4$$

若取 $\sum F_x=0$,有 $F_{Ax}-F_{Bx}=0$,即 $F_{Ax}=F_{Bx}$。通过对整体分析,发现 4 个未知量中仅剩下 1 个水平反力为未知。此时取右部为隔离体,由于 F_{By} 已知,故只要取 $\sum M_C(\boldsymbol{F})=0$,就有 $F_{By}\times 6-F_{Bx}\times 6-m=0$,得到

$$F_{Bx}/\text{kN}=\frac{2\times 6-6}{6}=1=F_{Ax}$$

至此全部支座反力均已求出,如果需要进一步求 F_{Cx} 与 F_{Cy},则只取右部隔离体便可得出,有

$$F_{Cx}=F_{Bx}=1\ \text{kN}$$
$$F_{Cy}=-F_{By}=-2\ \text{kN}$$

在结束本题讨论时,探讨一下有关力偶 m 的位置问题。按题设条件 m 位于铰 C 的右端紧靠 C 点,如果本题其他条件均不变,仅将 m 由 C 的右端移到 C 的左端也紧靠 C 点,重复上述分析,不难发现 F_{Ay} 与 F_{By} 并不发生变化,但 F_{Bx} 将明显发生变化。对照例题 3.16 关于 $\boldsymbol{P}_2$ 的分析,表明铰附近的力偶与铰附近的集中力对支座反力的影响是不相同的。

通过对上述例题的分析,可将物体系统平衡问题的解题步骤和注意事项简述如下:

(1) 根据题意选取研究对象。这是很关键的一步,选得恰当,解题就能简洁顺利。选取研究对象,一般从受已知力作用的物体开始,先求出接触处的未知力,而后再逐个选取,

直至求出全部未知力;或者先取整体系统为研究对象,求出部分未知力后,再取系统中某一部分或某个物体为研究对象,逐个求出其余未知力。

(2) 对确定的研究对象进行受力分析,正确地画出受力图。受力图上只画外力,要注意作用力与反作用力的关系。

(3) 按照受力图所反映的力系特点和需要求解的未知力的数目,列出相应的独立平衡方程。为使解题简洁,应尽可能地使每个方程只包含一个未知量。为此,矩心可取在未知力的交点上,坐标轴尽可能与较多的未知力垂直。

(4) 求解平衡方程。若求得的约束力为负值,则说明力的实际方向与受力图中假设的方向相反。但若用它代入另一方程求解其他未知量时,应连同负号一并代入。

习题课选题指导

1. 求图 3.40 所示结构 AB 杆与 AC 杆所受的力,已知力 $\boldsymbol{P}$ 位于 AD 的中点 E 且垂直 AD。本题引导学生通过汇交力系求解。

2. 求图 3.41 所示伸出梁的支座反力。该题主要训练求反力的基本功,要求列方程准确无误,正负号熟练,掌握梯形荷载的计算,注意水平力 $\boldsymbol{P}_1$ 的处理。

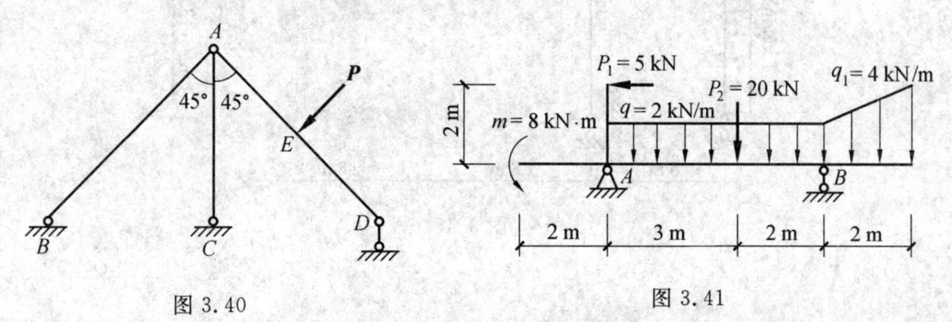

图 3.40　　　图 3.41

3. 求图 3.42 所示柱的支座反力。本题力学计算很简单,主要是熟悉这种结构形式。

4. 求图 3.43 所示刚架 DE 杆的受力。本题实质属于三铰拱体系,计算结果表明 DE 杆受拉。

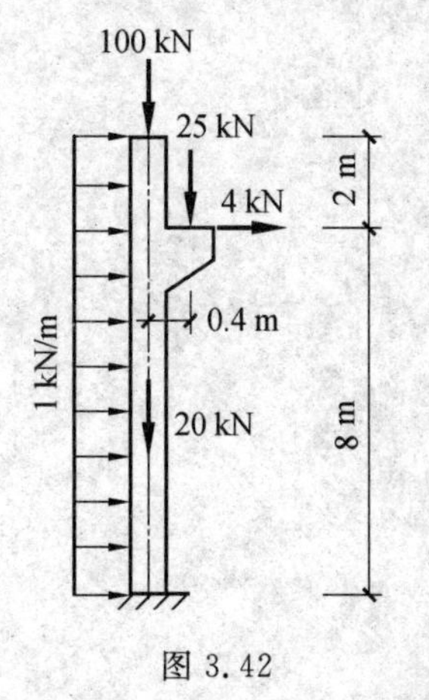

图 3.42

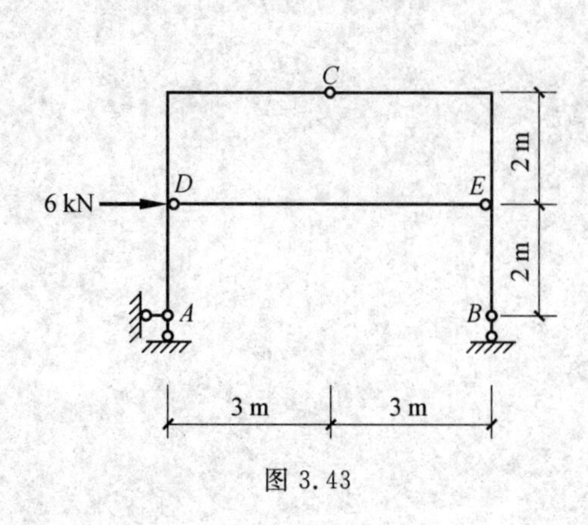

图 3.43

5.求图3.44所示多跨静定梁的支座反力。本题主要分清基本部分与附属部分的关系。

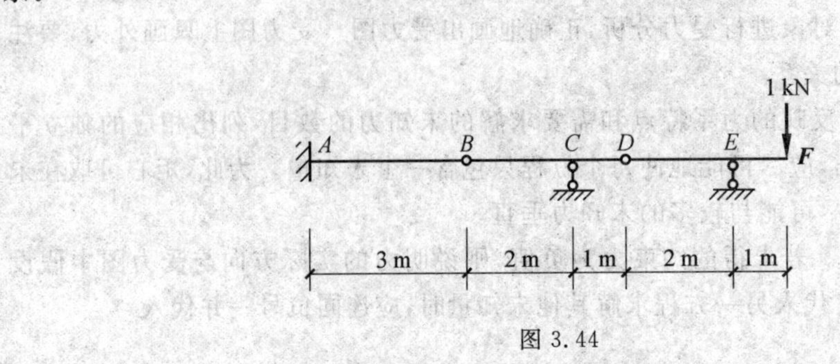

图3.44

6.求图3.45所示刚架各点的约束反力。注意基本部分与附属部分的关系以及A、B支座不在同一水平线上的处理。

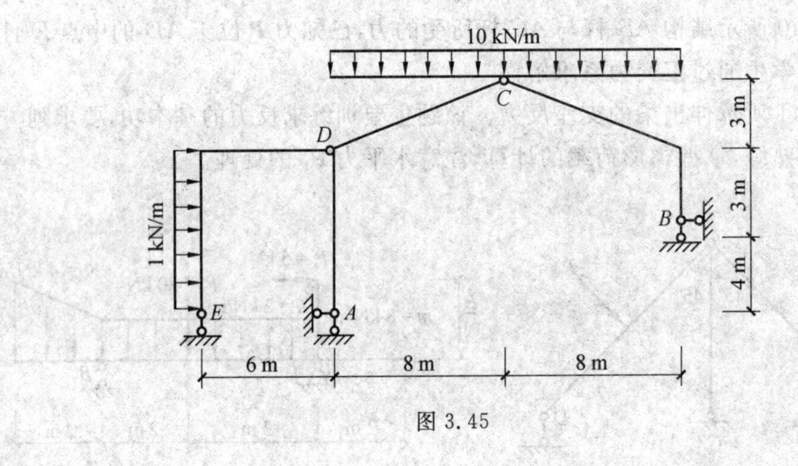

图3.45

第4章 体系的几何组成分析

4.1 自由度和约束

我们在对结构进行计算时，必须首先对结构体系的几何组成进行分析研究，考察体系的几何不变性，只有当肯定了结构是几何不变体系时，才可以进行下一步的计算，这种分析称为几何组成分析，是进行结构设计的基础知识。在施工过程中也必须随时注意主体结构及其模板支承结构的几何组成分析，以确保施工全过程的安全。这正是结构几何组成分析的目的。

判断一个体系是否几何不变，需要先了解体系运动的自由度，了解刚片和约束的概念。

4.1.1 自由度

对一个结构进行几何组成分析，与该结构中各构件的相对运动有关，这将涉及结构体系运动的自由度(freedom)。所谓自由度(用 W 表示)就是指描述物体运动时独立几何参数的数目，即完全确定物体位置所需要的独立坐标数。

一个质点在平面内自由运动时，其位置需要用两个独立坐标(x,y)或(α,ρ)来确定(见图4.1(a))，所以一个点的自由度 $W=2$。

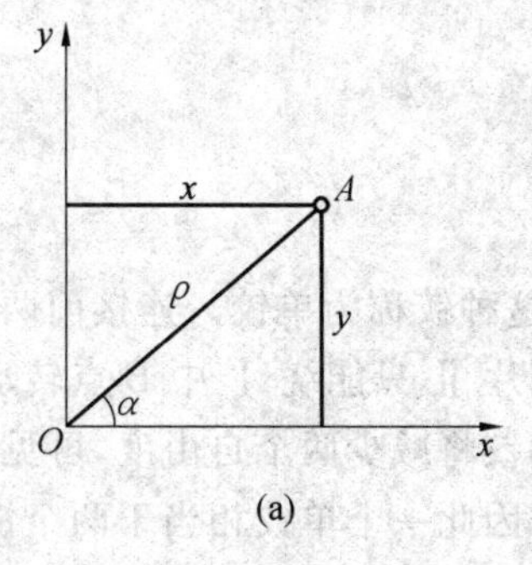

(a)

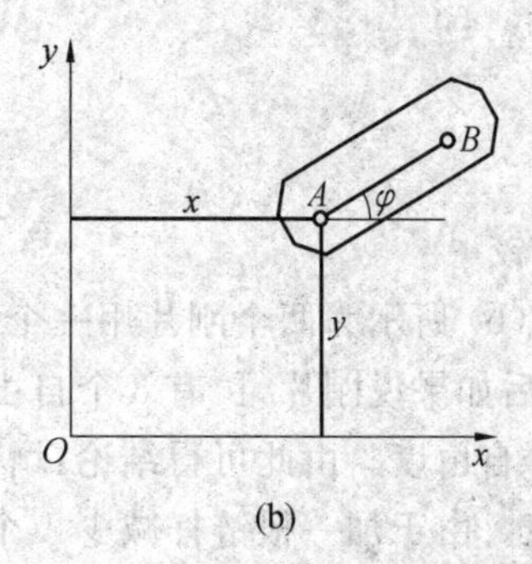

(b)

图4.1

一个刚片在平面内自由运动时有三个自由度($W=3$),因为当刚片内任一点A由坐标x,y确定后,刚片仍有绕A转动的可能(见图4.1(b)),如果将反映转动的角位移φ进一步确定后,则刚片的位置即完全确定,因此独立坐标数为3个。

4.1.2 刚片及约束

对体系进行几何组成分析时,由于不考虑材料的微小弹性变形,因此每个构件均视为刚体,在研究平面体系时,将刚体称为刚片。刚片的特点是,其中任意两点间的距离不变。根据这个特点,由多个构件组成的几何不变体系也应称为一个刚片,同理地球也可视为一个刚片。

实际结构体系中各构件之间及体系与基础之间是通过一些装置互相连接在一起的。这些对刚片运动起限制作用的连接装置统称为约束。约束的作用是使体系的自由度减小。不同的连接装置对体系自由度的影响不同。常用的约束有链杆、铰和刚结点这三类约束。

对一个具有自由度的刚片,当加入某些约束装置时,它的自由度将减少。凡能减少一个自由度的装置称为一个约束。

1. 链杆

图4.2(a)所示为一根链杆AB将一个刚片Ⅰ与地基相连。因A点不能沿链杆方向移动,故刚片只有两种运动方式,A点绕C点转动或刚片绕A点转动。此时刚片的位置只需要用两个参数如链杆的倾角φ_1及刚片上任意一直线的倾角φ_2即可确定,这样连接后体系的自由度由3个减少为2个。由此可知,一根链杆相当于一个约束。

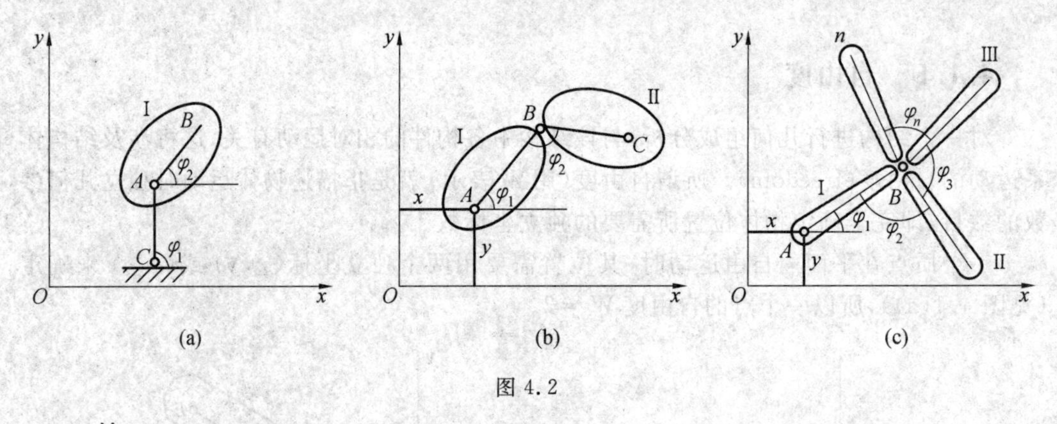

图4.2

2. 铰

(1) 单铰

图4.2(b)所示为两个刚片用一个铰相连,这种铰称为单铰。连接前两刚片有6个自由度,连接后如果说刚片Ⅰ有3个自由度,则刚片Ⅱ只能绕Ⅰ中B点转动,也就是说体系只剩4个自由度。由此可得结论:增加一个单铰将减少两个自由度,可见一个单铰相当于两个约束。由于加一根链杆减少1个自由度,因此一个单铰相当于两个链杆,这个结论在研究约束时已经遇到。

(2) 复铰

图 4.2(c) 所示为 $n(n>2)$ 个刚片用一个铰相连，这种铰称为由 n 个刚片组成的复铰。连接前 n 个刚片有 $W=3n$ 个自由度，连接后不难得到尚有 $n+2$ 个自由度，因此这种复铰减少自由度的数目为 $3n-(n+2)=2(n-1)$，或者说 n 个刚片组成的复铰相当于 $(n-1)$ 个单铰。

(3) 虚铰

图 4.3(a) 所示一个刚片用两根不平行的链杆与基础相连，此时刚片只能绕两链杆的延长线之交点 O 转动，在转动一个微小角度后，点 O 到了点 P。这种由杆的延长线的交点而形成的铰称为虚铰。当体系运动时，虚铰的位置也随之改变，所以通常又称它为瞬铰。同理，刚片 Ⅰ 与刚片 Ⅱ 由两根不平行的链杆相连接，如图 4.3(b) 所示，链杆的延长线交点为 O，两刚片可绕虚铰 O 发生相对转动。虚铰的作用与单铰一样，仍相当于两个约束。

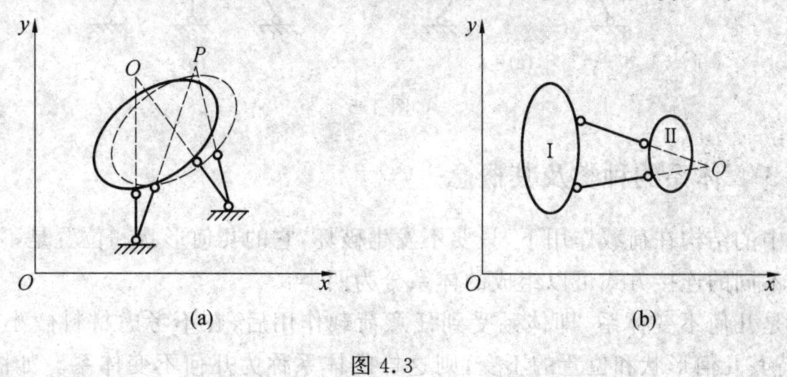

图 4.3

3. 刚结点

如图 4.4(a) 所示，刚片 Ⅰ、Ⅱ 在 A 处刚性连接成一个整体，原来两个刚片在平面内具有 6 个自由度，现刚性连接成整体后减少了 3 个自由度，所以，一个刚结点相当于三个约束，即一个刚结点的约束作用相当于三根链杆。同理，一个固定端支座也相当于一个刚结点，如图 4.4(b)。

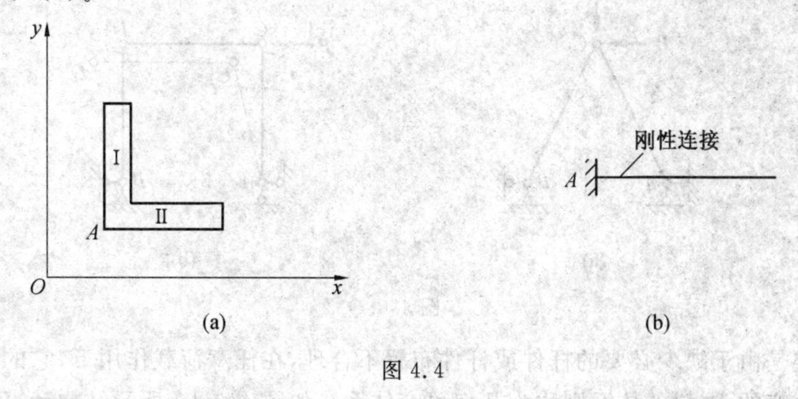

图 4.4

4. 多余约束

为保持体系几何不变必须有的约束叫必要约束，一个平面体系，通常都是由若干个构件加入一定约束组成的，加入约束的目的是为了减少体系的自由度。如果在体系中增加一个约束,而体系的自由度并不因此而减少,则该约束被称为多余约束。多余约束只说明为保持体系几何不变是多余的,在几何体系中增设多余约束,可改善结构的受力状况,并非真是多余。

例如,平面内一个自由点 A 原来有两个自由度,如果用两根不共线的链杆 1 和 2 把 A 点与基础相连,如图 4.5(a) 所示,则 A 点即被固定,因此减少了两个自由度。

如果用三根不共线的链杆把 A 点与基础相连,如图 4.5(b) 所示,实际上仍只是减少了两个自由度,则有一根是多余约束(可把三根链杆中的任何一根视为多余约束)。

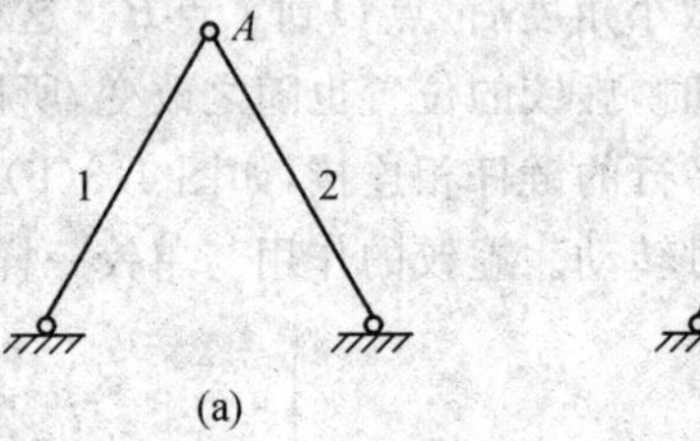

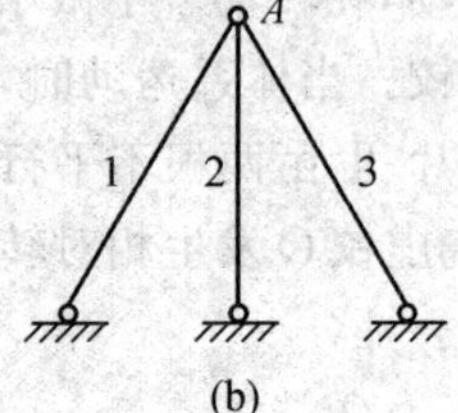

图 4.5

4.1.3 体系的种类及其概念

实际中的结构在荷载作用下,只要不发生破坏,它的几何形状和位置是不能改变的。杆系通过不同的连接方式可以组成的体系分为两类:

一类是几何不变体系,即体系受到任意荷载作用后,在不考虑材料微小变形的条件下,能保持其几何形状和位置的不变,则这样的体系称为几何不变体系。如图 4.6(a) 所示的结构计算简图中,A、B 两支座均为固定铰支座,且 AC 杆与 BC 杆为链杆并铰结于 C 点,因此 C 点不论受何方向的力(只要不过大) 此结构都能保持几何形状和位置不变,这里忽略了由于结构微小弹性变形而引起的形状与位置的变化,因此这种结构是几何不变体系。

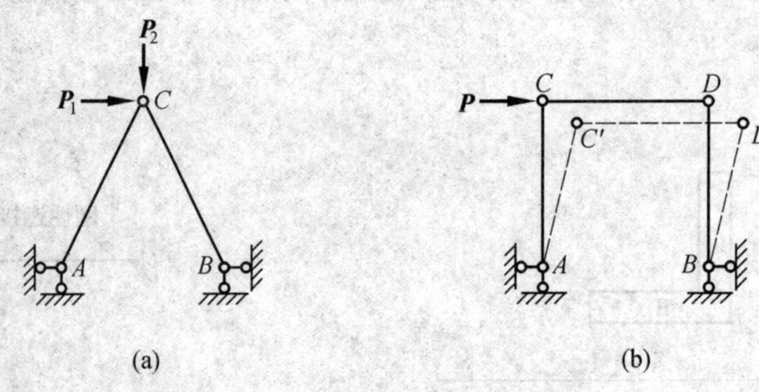

图 4.6

另一类是由于缺少必要的杆件或杆件布置不合理,在任意荷载作用下,它的形状和位置是可以改变的,这样的体系则称为几何可变体系。如图 4.6(b) 所示结构计算简图仅比图 4.6(a) 多了一根杆 CD,但由于 A、B、C、D 四点均为铰链连接,只要稍许加水平力 $\boldsymbol{P}$ 就会发生如图虚线所示的显著的刚体运动,这种体系就是几何可变体系。结构是用来承受荷载的体系,如果它承受很小的荷载时结构就倒塌或发生了很大变形,就会造成工程事故，显然实际工程结构不能采用几何可变体系。

图 4.7(a) 所示计算简图与图 4.6(a) 差别在于 A、B、C 三铰在一直线上，此时如果结构受向下的荷载 $\boldsymbol{P}$ 作用，由于 C 点存在铅垂向下微小运动的可能性，则该体系是几何可变的，当 C 移动到达 C' 后(见图 4.7(b))，由于三个铰不再共线，因而体系又成为几何不变的。这种本来是几何可变的，经微小位移后又成为几何不变的体系称为瞬变体系。此时 AC' 与 BC' 两杆所受力的合力将与 $\boldsymbol{P}$ 保持平衡，如图 4.7(c) 所示，由 $\sum F_x = 0$，有 $F_1 = F_2$，由 $\sum F_y = 0$，有 $2F_1 \sin\alpha = P$，解得 $F_1 = \dfrac{P}{2\sin\alpha} = F_2$，当位移 δ 很小时，α 也很小，此时杆件的内力 $\boldsymbol{F}_1$ 是很大的。当 $\alpha \to 0$ 时，$F_1 \to \infty$。由于瞬变体系能产生很大的内力，所以它也不能用作建筑结构。

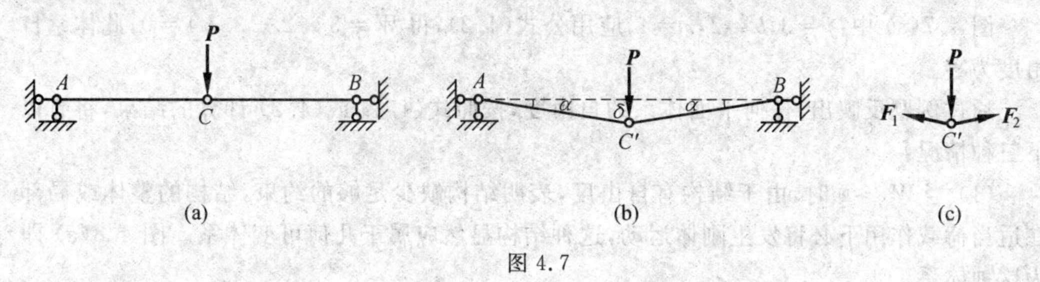

图 4.7

4.1.4　自由度的计算

一个平面体系，设其刚片数为 m 个，若用 h 个单铰相连(复铰转换成 $(n-1)$ 个单铰)，支座链杆数为 r，则当各刚片都是自由时，体系的自由度总数为 $3m$，而现在所加入的约束总数为 $(2h+r)$，则结构自由度 W 的数目应为

$$W = 3m - (2h + r) \tag{4.1}$$

【例 4.1】　计算图 4.8 中(a)、(b) 两个结构体系的自由度。

解：图 4.8(a) 中：$m=8$，$h=10$，$r=3$，应用式(4.1)，得 $W = 3\times 8 - 2\times 10 - 3 = 1$，此体系有一个自由度。

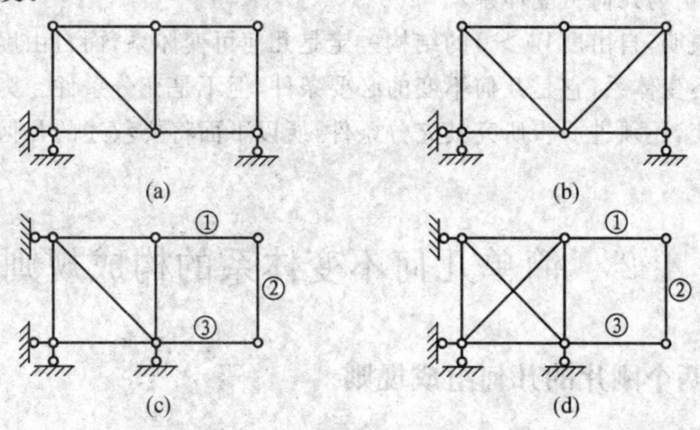

图 4.8

图 4.8(b) 中：$m=9$，$h=12$，$r=3$，应用式(4.1)，得 $W = 3\times 9 - 2\times 12 - 3 = 0$，此体

系自由度为0。

对于上述桁架体系因为各结点均为铰结，且各杆件均为链杆，考虑到一个铰结点有两个自由度，而一根链杆减少一个自由度，故还可建立如下自由度计算公式

$$W = 2j - b - r \tag{4.2}$$

式中，j 为铰结点个数；b 为链杆数(不含支座链杆)。

【例4.2】 计算图4.8(c)、(d)两结构的自由度以及图4.7(a)所示结构的自由度。

解：图4.8(c)中：$j=6$，$b=8$，$r=4$，应用公式(4.2)，得 $W=2\times6-8-4=0$，此体系自由度为零。

图4.8(d)中：$j=6$，$b=9$，$r=4$，应用公式(4.2)，得 $W=2\times6-9-4=-1$，此体系自由度为负值。

图4.7(a)中：$j=3$，$b=2$，$r=4$，应用公式(4.2)，得 $W=3\times2-2-4=0$，此体系自由度为零。

通过例题反映出，任何平面体系的自由度，按照式(4.1)或(4.2)计算的结果，将有以下三种情况：

(1) 当 $W>0$ 时，由于结构有自由度，表明结构缺少足够的约束，结构的整体或局部在适当荷载作用下必将发生刚体运动，这种结构显然应属于几何可变体系。图4.8(a)即为这种体系。

(2) 当 $W=0$ 时，总体看自由度为零，表明结构具有成为几何不变体系所必需的最少约束数目。对图4.8(b)而言，确实属于几何不变体系。图4.8(c)中 W 也为零，但从图中不难看出结构右端①②③杆将会发生刚体运动，因此该体系实为几何可变体系。图4.7(a)所示结构 W 同样为零，但它属于瞬变体系。

因此当 $W=0$ 时，三种体系(可变、不变、瞬变)都有存在的可能性，所以 $W=0$ 不能作为几何不变体系的充分条件。

(3) 当 $W<0$ 时，结构似乎不仅应为不变体系，而且应存在多余的约束(或联系)，但图4.8(d)表明，本来 $W=-1$ 的结构，由于内外部组成的不合理，至使①②③杆仍会发生刚体运动，结构仍为几何可变体系。

上述分析表明，自由度 $W>0$ 的结构一定是几何可变体系，而自由度 $W\leqslant0$ 的结构才有可能是几何不变体系，它是几何不变的必要条件，但不是充分条件。为了判别结构体系是否是几何不变，还须进一步研究其充分条件，所以下面将要叙述的几何组成规则将是很重要的。

4.2 简单几何不变体系的构成规则

4.2.1 两个刚片的几何组成规则

两刚片用如图4.9(a)所示三根不全平行、不全交于一点的链杆相连接，将构成几何不变体系。现分析如下：若刚片Ⅱ不动，由前面分析可知，刚片Ⅰ应绕①、②杆延长线的交点虚铰 O 做瞬时转动，此时刚片Ⅰ上的 F 点应发生垂直于 OF 的位移 dr'，但链杆 FE 上

的 F 点又应绕不动点 E 做转动，其位移 $\mathrm{d}r$ 应垂直 ③ 杆，由于 OF 与 FE 不能为一直线(否则三杆交于一点)，故 $\mathrm{d}r'$ 与 $\mathrm{d}r$ 方向不能重合，要 F 点在同一瞬间沿两个不同方向运动是不可能的，因此 F 点不能发生刚体位移，所以刚片 Ⅰ 不能相对刚片 Ⅱ 发生运动，故 Ⅰ 与 Ⅱ 组成几何不变体系。

两刚片用如图 4.9(b) 所示的一个实铰与一根链杆相连接时，由于一个铰相当于两根杆，而三杆之间又不全平行也不全交于一点，由前面的分析可知该体系为几何不变体系。

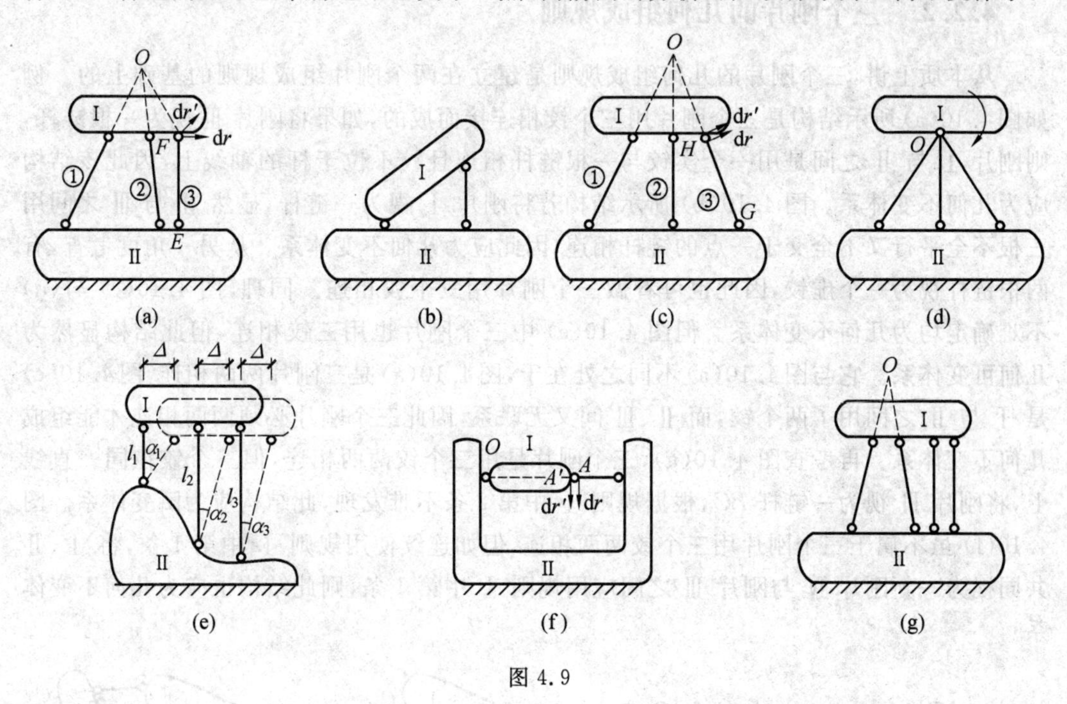

图 4.9

两刚片用如图 4.9(c) 所示三根延长线相交于一点的杆件相连时，由于 O 点为三根杆共同组成的虚铰，所以刚片 Ⅰ 相对刚片 Ⅱ 将会发生绕 O 点的瞬间转动，但由于该体系瞬间转动后三根杆不再相交于一点而成为几何不变体系，故刚片 Ⅰ 与刚片 Ⅱ 组成瞬时可变体系。

两刚片用如图 4.9(d) 所示三杆形成一实铰 O，显然刚片 Ⅰ 有绕 O 转动的自由度，因此 Ⅰ 与 Ⅱ 构成几何可变体系。

两刚片用如图 4.9(e) 所示三根平行但不等长的链杆连接时，刚片 Ⅰ 相对刚片 Ⅱ 将会发生瞬时移动，但由于瞬时移动后三杆即不平行，因此这种连接体系也属于瞬时可变体系。当三根链杆平行且等长时，一般将属于几何可变体系。

当连接两刚片的铰如图 4.9(f) 所示，在链杆的延长线上时，由于 A 点可作垂直于杆轴的瞬间移动，故此结构应为瞬变体系。

图 4.9(g) 所示结构，其中任何三杆均可组成几何不变体系，故第四杆属于多余约束。图 4.9(a) 与(b) 可称为无多余约束的几何不变体系。

综上所述，两个刚片的几何组成规则(规则 Ⅰ) 如下：

(1) 两个刚片之间用三根不全平行也不全相交于一点的链杆相连，或用一个单铰和一根不通过铰心的链杆相连,将组成无多余约束的几何不变体系。

(2) 两个刚片之间用三根交于一点的虚铰相连,或用三根完全平行但不等长的链杆相连,以及用一个单铰和一根过铰心的链杆相连,将组成瞬变体系。

(3) 两个刚片之间用三根交于一点的实铰相连或用三根平行且等长的链杆相连,将组成几何可变体系。

4.2.2 三个刚片的几何组成规则

从本质上讲,三个刚片的几何组成规则是建立在两个刚片组成规则的基础上的。例如图4.10(a)所示结构是三个刚片用三个铰相连接而成的,如果将刚片 Ⅲ 视为一根链杆,则刚片 Ⅰ 与 Ⅱ 之间是用一个实铰与一根链杆相连且铰不位于杆的轴线上,因此该结构应为几何不变体系。图 4.10(b) 所示结构若将刚片 Ⅰ 视为一链杆,显然 Ⅱ 与 Ⅲ 之间用三根不全平行又不全交于一点的链杆相连,因此应为几何不变体系。从另一角度考查,有两根链杆视为一个虚铰,因此也可看做三个刚片用三个铰相连。同理,图 4.10(c) 与(d)不难确定均为几何不变体系。但图 4.10(e) 中三个刚片也用三铰相连,但此结构显然为几何可变体系。它与图4.10(a) 不同之处在于,图4.10(a) 是三刚片两两相连,图4.10(e)是 Ⅰ 与 Ⅱ 之间用了两个铰,而 Ⅱ、Ⅲ 间又无联系,因此三个刚片必须两两相连才能组成几何不变体系。再考查图 4.10(g),三个刚片是用三个铰两两相连,但三个铰在同一直线上,将刚片 Ⅲ 视为一链杆 BC,根据规则 Ⅰ 中第 2 条不难发现,此结构应为瞬变体系。图4.10(f) 虽不属于三个刚片用三个铰两两相连,但如连续使用规则 Ⅰ 中第 1 条,将 Ⅰ、Ⅱ共同视为一新刚片 Ⅳ 与刚片 Ⅲ 之间应用规则 Ⅰ 中第 1 条,则此结构也应为几何不变体系。

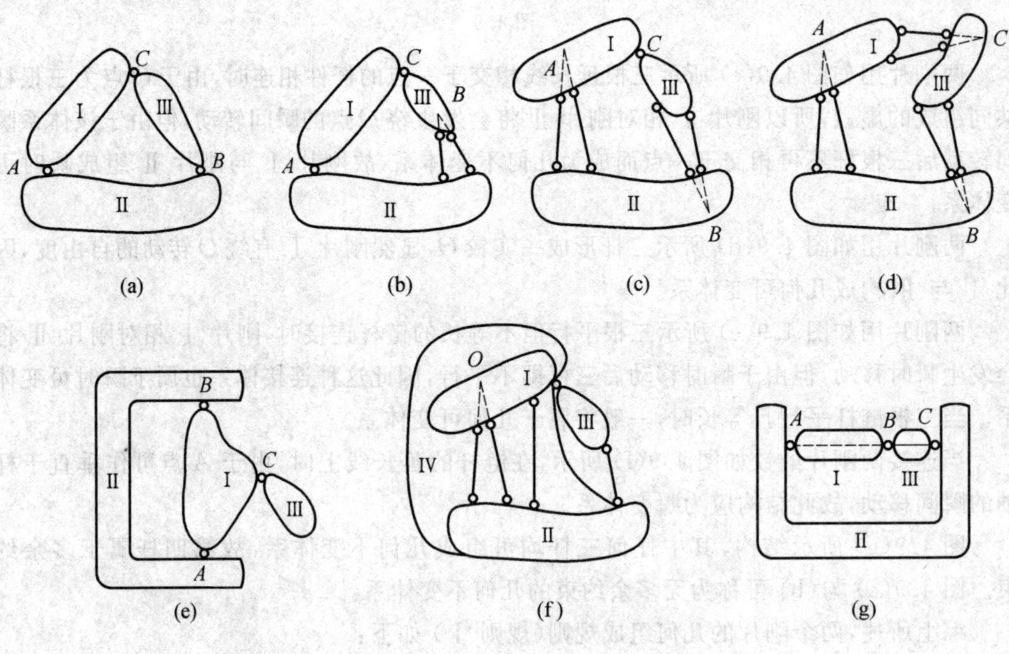

图 4.10

总结这段讨论，三个刚片的几何组成规则（规则 Ⅱ）如下：

(1) 三个刚片之间用三个不共线的实铰（或虚铰）彼此两两相连时，构成无多余约束的几何不变体系。

(2) 三个刚片之间用三个共线的实铰（或虚铰）彼此两两相连时，构成几何瞬变体系。

4.2.3　加减二元体规则

两根不在同一直线上的链杆连接一个新结点的构造称为二元体。图 4.11(a) 中体系上增加的部分属于二元体。图 4.11(b) 中体系上增加的也属于二元体，因为①与②均可视为链杆。图 4.11(c) 仍属于二元体。图 4.11(d) 与(e) 中的①、②杆在一直线上，不符合二元体定义，因此不是二元体。

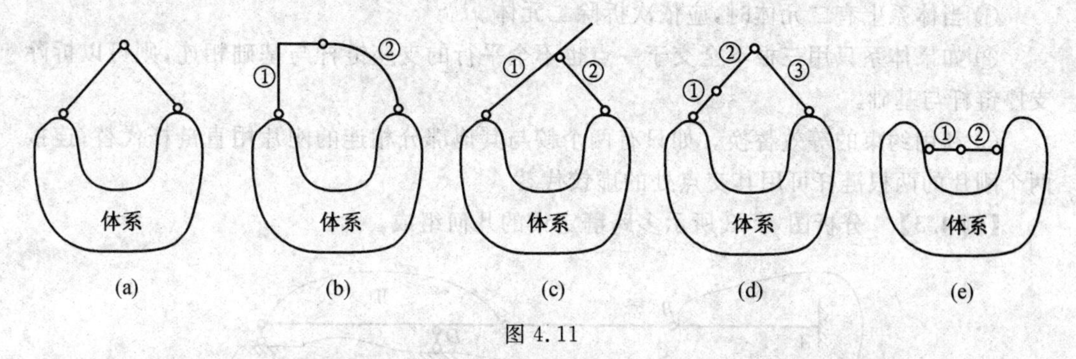

图 4.11

图 4.12(a) 中三角形 ABC 为无多余约束的几何不变体系，增加二元体①、②杆后，仍为无多余约束的几何不变体系。图 4.12(b) 中 $ABCD$ 属于几何可变体系，增加二元体③、④杆后，还是几何可变体系。图 4.12(c) 所示结构为无多余约束的几何不变体系，撤去由⑤、⑥杆组成的二元体，剩下悬臂梁仍然为无多余约束的几何不变体系。图 4.12(d) 所示体系撤去⑦、⑧杆组成的二元体前后皆为几何可变体系。

综上所述，可以得到加减二元体的规则（规则 Ⅲ）：在任意体系上增加或减掉二元体并不改变原体系的几何组成性质。

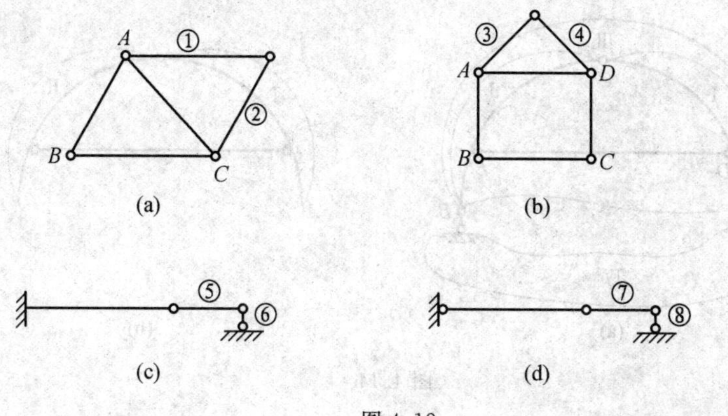

图 4.12

4.3 几何组成分析举例

几何不变体系的组成规则是进行几何组成分析的依据。对体系灵活使用这些规则，就可以判定体系是否是几何不变体系及有无多余约束等问题。分析时，步骤大致如下：

(1) 选择刚片，在体系中任选一杆件或某个几何不变的部分(例如基础、铰结三角形)作为刚片。在选择刚片时，要考虑哪些是连接这些刚片的约束。

(2) 先从能直接观察的几何不变的部分开始，应用几何组成规则，逐步扩大几何不变部分直至整体。

(3) 对于复杂体系关键是如何将结构分解成若干简单体系，然后利用规则去进行判别。可以采用以下方法简化体系：

① 当体系上有二元体时，应依次拆除二元体。

② 如果体系只用三根不全交于一点也不全平行的支座链杆与基础相连，则可以拆除支座链杆与基础。

③ 利用约束的等效替换。如只有两个铰与其他部分相连的刚片用直链杆代替；连接两个刚片的两根链杆可用其交点处的虚铰代替。

【例 4.3】 分析图 4.13 所示多跨静定梁的几何组成。

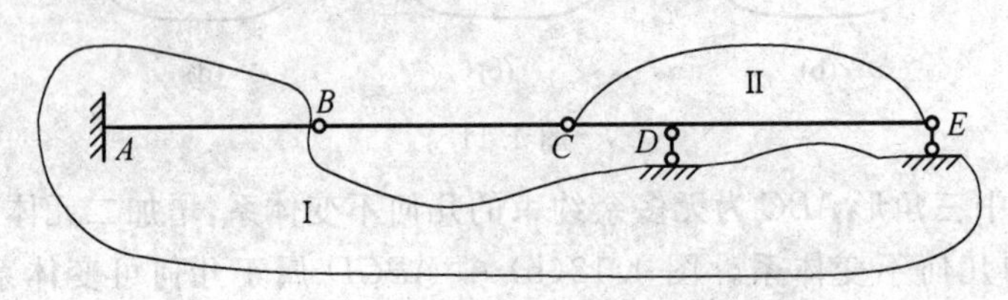

图 4.13

解：由于 A 为固定端，所以地球与 AB 梁将形成一个刚片 Ⅰ，将 CE 梁视为刚片 Ⅱ，BC 视为链杆，则 Ⅰ、Ⅱ 两刚片间用三根不全平行也不全交于一点的链杆相连，根据规则 Ⅰ 中第 1 条，此多跨静定梁为几何不变体系且无多余约束。

【例 4.4】 分析图 4.14(a) 所示带拉杆三铰拱的几何组成。

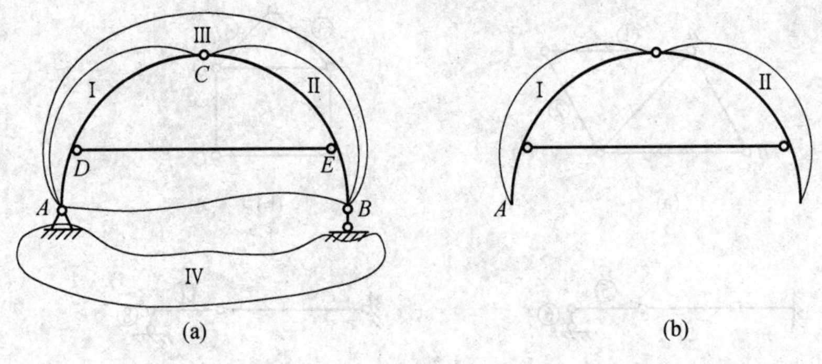

图 4.14

解:将两曲杆分别视为刚片 Ⅰ 与刚片 Ⅱ,它们之间用一个实铰 C 和一根不过 C 点的链杆 DE 相连,根据规则 Ⅰ 中第 1 条,这两刚片形成一个几何不变体系且无多余约束,进一步视此体系为一新刚片 Ⅲ(含有 Ⅰ、Ⅱ 与链杆 DE),它与地球所成刚片 Ⅳ 用三根不全平行也不全交于一点的链杆相连,最后整个带拉杆的三铰拱为几何不变且无多余约束的体系。

本题由于结构与地球的连接(支座),是一个实铰与一根不过实铰的链杆相连(属于简单支承),并不影响结构自身的几何组成,因此分析时也可去掉支座(如图 4.14(b) 所示),而只对结构本身进行分析。

【例 4.5】　分析图 4.15(a) 所示体系的几何组成。

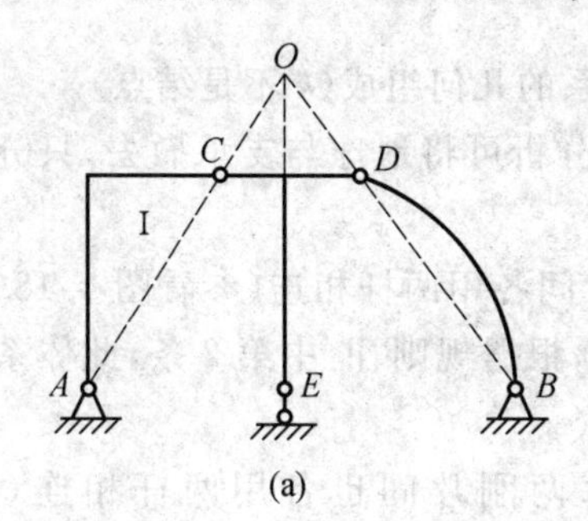

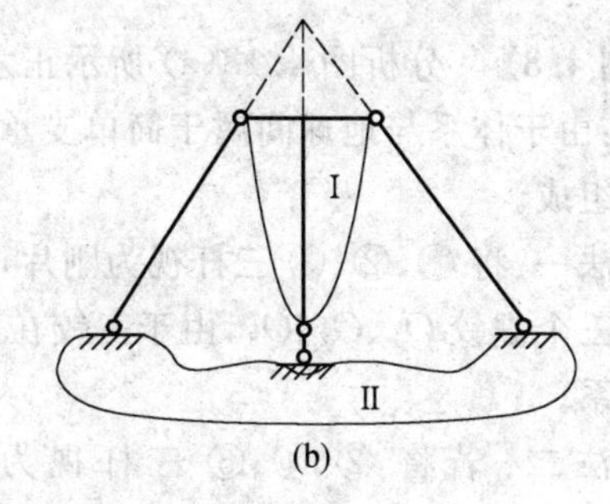

图 4.15

解:折杆 AC 仅两端为铰接,无其他联系,自身又为几何不变体,因此从运动角度考查与一链杆 AC 的作用相当,与此类似,曲杆 DB 也相当于一根链杆。这样此体系将与图 4.15(b) 所示体系等价。刚片 Ⅰ(由 CDE 组成)与地球所成刚片 Ⅱ 之间用三根交于一点的虚铰相连,根据规则 Ⅰ 中的第 2 条,此结构应判为几何瞬变体系。

本例中所提的关于杆件两端为铰接可相当于一根链杆的法则具有普遍意义,它可以使组成分析得到简化。

【例 4.6】　分析图 4.16 所示结构的几何组成。

解:将图示体系的 AC、CB 和地球分别视为三个刚片,由于完全符合规则 Ⅱ 中第 1 条故应为几何不变体系。

【例 4.7】　分析图 4.17 所示结构的几何组成。

解:将图示体系的两水平杆分别视为刚片 Ⅰ 和 Ⅱ,固定铰支座 B 可以看成在地球上增加的二元体,并组成刚片 Ⅲ,根据杆件两端为铰接可相当于一根链杆的规则可把 CB 与 DB 看成两根链杆。则 Ⅰ、Ⅱ 两刚片由实铰 A 相连,Ⅱ、Ⅲ 用虚铰 O_1 相连,Ⅰ、Ⅲ 用虚铰 O_2 相连,由于这三个铰并不共线,根据规则 Ⅱ 中的第 1 条可知该结构为无多余约束的几何不变体系。

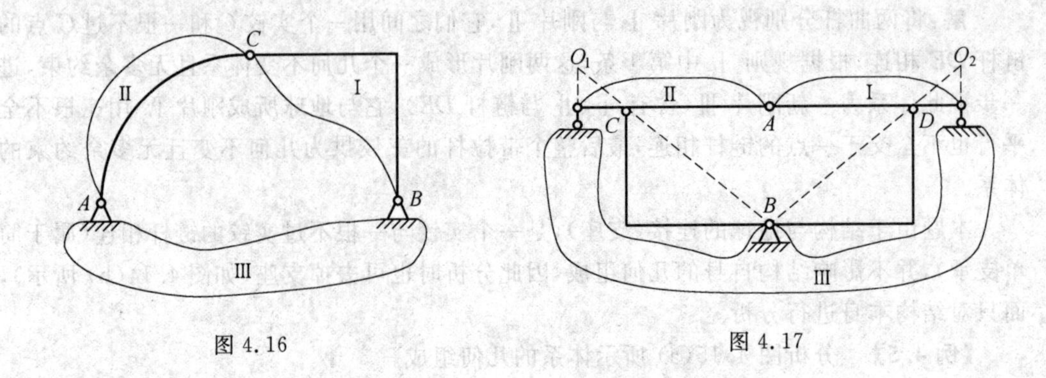

图 4.16　　　　图 4.17

【例 4.8】 分析图 4.18(a) 所示正六边形体系的几何组成(k 不是结点)。

解:由于体系与地球间属于简单支承,为便于分析可将地球与支承撤去,只分析体系的内部组成。

方法一:将 ①、②、③ 三杆视为刚片,每两刚片间各用两杆相连(参看图 4.18(b)),这样形成三个虚铰 O_1、O_2、O_3,由于三铰在一直线上,根据规则 Ⅱ 中第 2 条,此体系为几何瞬变体系。

方法二:若将 ②、④、⑤ 三杆视为刚片,每两刚片间也各用两杆相连(参看图 4.18(c)),但此时三个虚铰将分别位于无穷远处,由于此体系已肯定是瞬变体系,故三个虚铰位于无穷远处的体系应是几何瞬变体系。

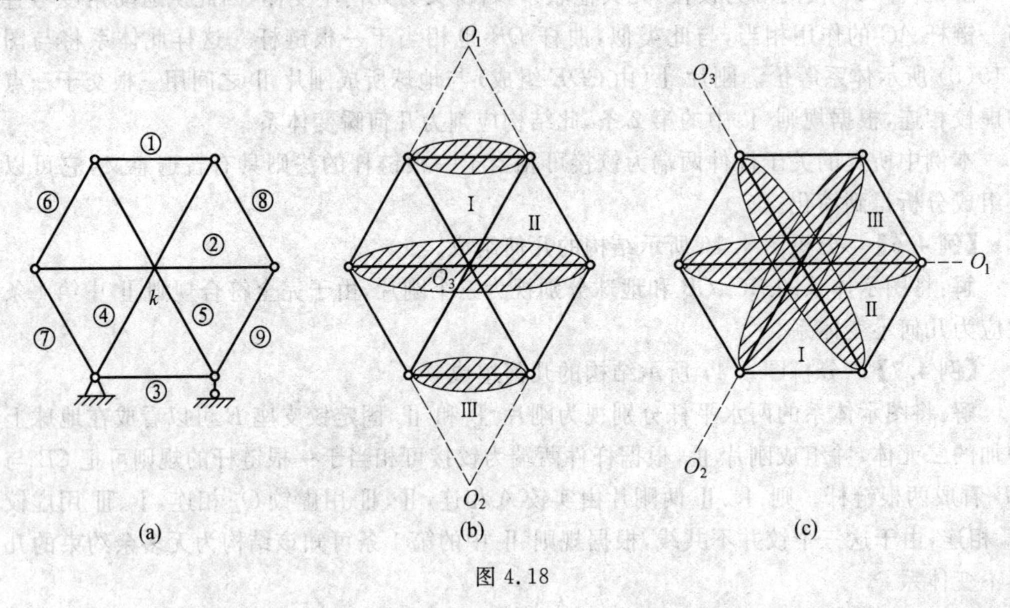

图 4.18

从瞬变体的运动来看,图 4.7、图 4.15 和图 4.18 所示的几何瞬变体,它们具有一个瞬时运动。如图 4.7(a) 中的 C 点,AC 杆和 BC 杆同时限制了 C 点的水平运动而没有限制它的垂直运动,而限制 C 点的水平运动仅需一个 AC 杆或 BC 杆即可。那么,另一个杆件即是多余的了,因此,还可以说瞬变体是至少具有一个多余约束的体系。这种决定体系为瞬变体系的多余约束与不变体系中的多余约束是有所不同的,这方面还有许多需要进一步分析和研究的问题。

【例 4.9】　分析图 4.19 所示体系的几何组成。

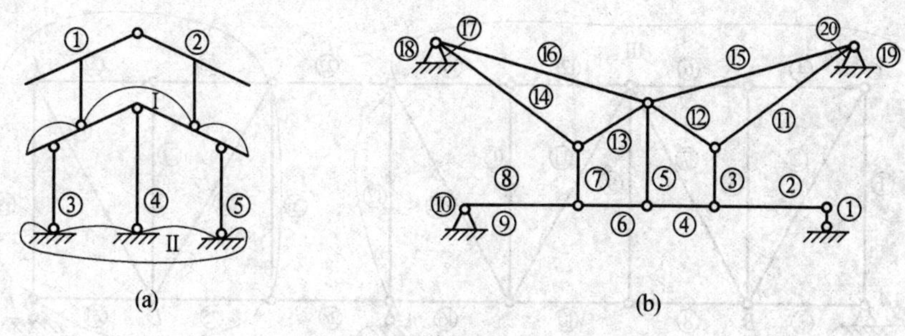

图 4.19

解:(1) 分析图 4.19(a):首先撤去由 ①、② 杆组成的二元体,由于 ③、④、⑤ 三杆平行但不等长,故刚片 Ⅰ 与地球 Ⅱ 之间形成几何瞬变体系。

(2) 分析图 4.19(b):

方法一:首先撤去 ①、② 杆所形成的二元体,相继撤去 ③、④ 形成的二元体,同理可撤去 ⑪、⑫ 杆,⑤、⑥ 杆,⑦、⑧ 杆,⑬、⑭ 杆,然后撤去 ⑮、⑯ 杆,此时再分别撤去 ⑨、⑩、⑰、⑱ 与 ⑲、⑳,最后剩下的只有地球这个刚片,根据规则 Ⅲ 可判定图 4.19(b) 所示结构为几何不变体系且无多余约束。

方法二:将方法一的程序逆转过来,从地球这个刚片出发(自身为几何不变体系且无多余约束) 增加 ⑳、⑲ 两杆组成的二元体,相继增加 ⑱、⑰,⑩、⑨,进一步增加 ⑯、⑮,⑭、⑬,然后增加 ⑧、⑦,⑥、⑤,⑫、⑪,④、③,最终增加 ②、① 两杆所形成的二元体,根据规则 Ⅲ,此结构为几何不变体系且无多余约束。

【例 4.10】　分析图 4.20 所示结构(多跨静定梁) 的几何组成。

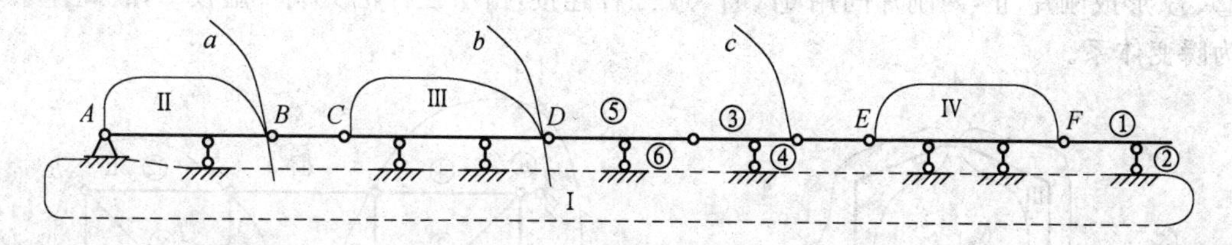

图 4.20

解:通常先将地球连为一个刚片 Ⅰ,然后根据规则考查是否存在某些构件能与地球连成新的刚片。不难找出,如果以 AB 杆作为刚片 Ⅱ,根据规则 Ⅰ,它与刚片 Ⅰ 将形成新的刚片 a,将 CD 杆视为刚片 Ⅱ,因为三根相连杆件既不全平行又不全交于一点,它与 a 又可组成刚片 b;在刚片 b 的基础上 ⑤、⑥ 杆形成一个二元体,③、④ 杆继续形成二元体,将 b 扩展为刚片 c;c 与刚片 Ⅳ 利用规则 Ⅰ 又可组成不变体系,最后加 ①、② 杆所成二元体,整个结构为无多余约束的几何不变体系。

【例 4.11】　分析图 4.21 所示结构的几何组成。

解:地球形成刚片 Ⅰ,以 △DEF 为基础,用增加二元体方式可逐渐扩大到 ㉑、㉒,㉓、㉔,㉕、㉖ 形成刚片 Ⅱ,以 △ABC 为基础逐渐扩大到 ④、⑤,⑥、⑦,⑧、⑨,⑩、⑪,⑫、⑬,⑭、⑮,⑯、⑰ 形成几何不变体系,由于它与地面为简单支承,则可与刚片 Ⅰ 形成刚片 Ⅲ,

Ⅲ与Ⅱ之间是由三根不全平行又不全交于一点的链杆连接,因此整体结构为无多余约束的几何不变体系。

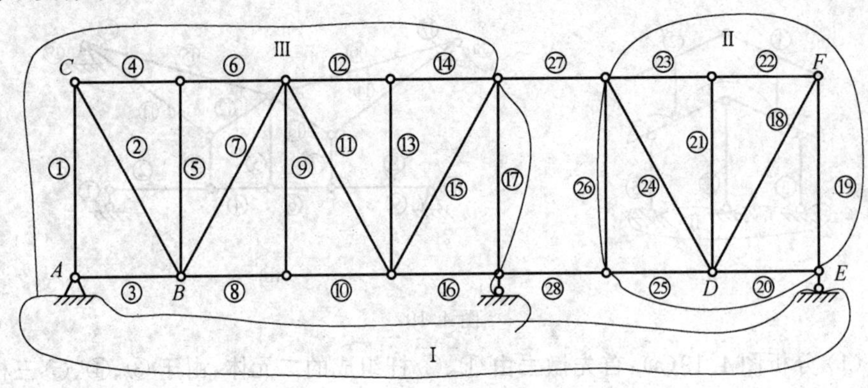

图 4.21

【例 4.12】 分析图 4.22 所示结构的几何组成。

解:讨论本题的组成可以有多种方案,现仅介绍其中一种。先将固定端支座 E 去掉变成自由端,但此时与地球将失去三个联系。将地球形成刚片Ⅱ,CB 形成刚片Ⅰ,AC 形成刚片Ⅲ。Ⅰ、Ⅲ间用铰 C 与 AD 杆相连成为无多余约束的几何不变体系,此体系与刚片Ⅱ用铰 B 与 AF 杆相连,又组成几何不变无多余约束的体系。注意到原题 E 端为固定端,相当增加三个联系,因此原结构应为几何不变但具有三个多余约束的体系。

【例 4.13】 分析图 4.23 所示体系的几何组成。

解:由①、②、③杆组成三角形,④、⑤为增加的二元体,这部分与地球用铰 A 和杆⑥相连组成几何不变体系,增加⑦、⑧杆所示二元体,形成含地球在内的刚片Ⅰ,⑨、⑩、⑪、⑫、⑬形成刚片Ⅱ,两刚片间用⑭、⑮、⑯三杆连接,由于三杆汇交成一虚铰 B,故此体系为瞬变体系。

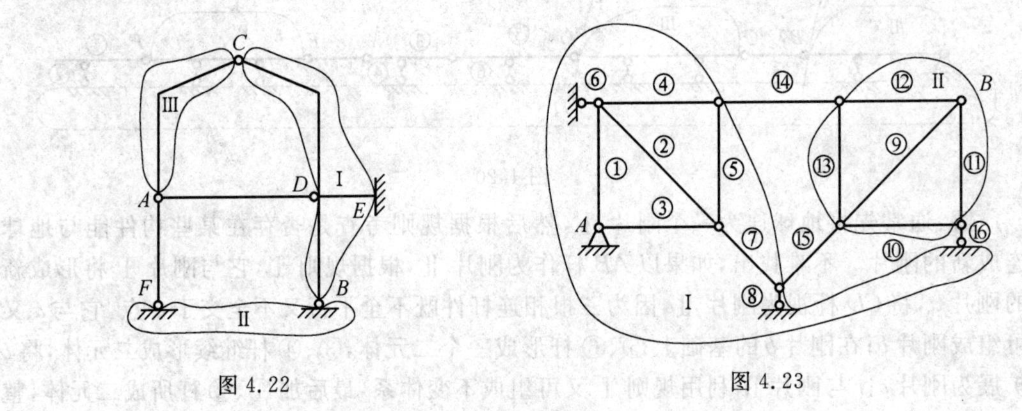

图 4.22　　图 4.23

还有一些体系是不能用几何组成规则来判定的,如图 4.24 所示的体系。当它们的自由度 $W=0$ 时,可用零载法(参考有关书籍)进行判别。

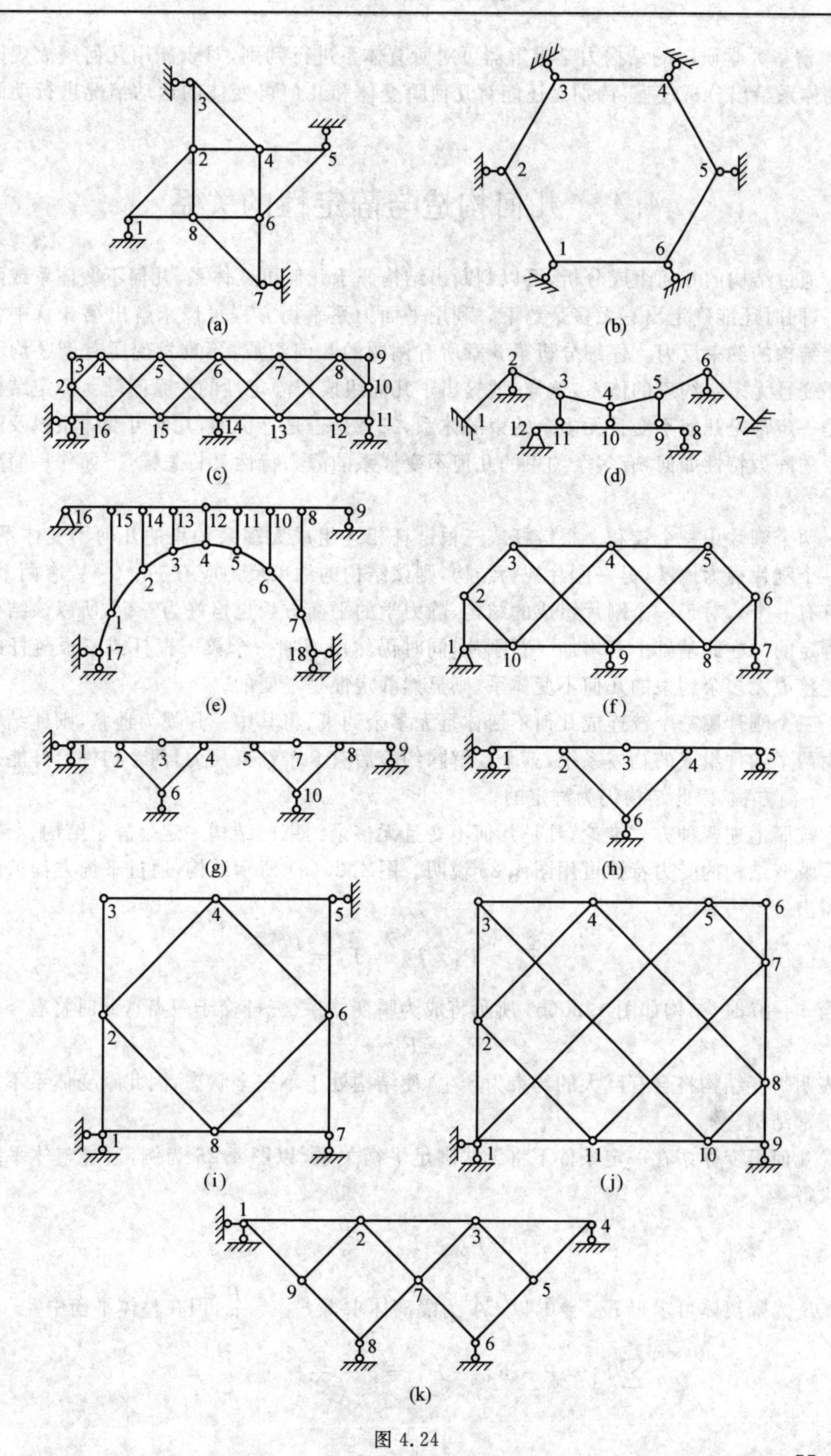

图 4.24

清华大学研制的结构力学求解器可对所有体系进行判别,对于能用几何组成规则判断的体系给出分析过程,特别是还能对几何瞬变体和几何可变体的运动情况进行动画演示。

4.4 几何构造与静定性的关系

通过结构的几何组成分析,可以判断出结构属于几何可变体系、几何不变体系或瞬变体系,同时还能确定出有无多余约束。利用平面力系平衡方程可以求解出第 3 章中各种静定结构的约束反力。仔细分析第 3 章所有例题的几何组成,不难发现所有例题均为几何不变且无多余约束的体系,这样,就提出了几何组成与静定性的关系问题。静定结构是不是一定都是几何不变且无多余约束的体系,二者是否是等价的,几何可变体系以及瞬变体系的静力特性如何,有多余约束的几何不变体系的静力特性又将怎样,下面作一简要分析。

两个刚片用一个铰和一根链杆或三根链杆相连组成无多余约束的几何不变体系,若将一个刚片视为地基,另一刚片视为结构,则该结构的约束反力应有三个(一铰有两个,一链杆有一个),对于一个刚片组成的结构,静力学的平衡方程也恰好为三个,所以该结构应为静定的。在此基础上若增加一新刚片,同时仍然用增加一个铰一根杆或三根链杆的方式连接成无多余约束的几何不变体系,则显然静定性是不变的。

三个刚片用三个铰连成几何不变体且无多余约束,将其中一片视为地基,则此结构成为由两个构件组成的物体系统,三个铰解除约束后有 6 个约束反力,两个构件恰好能列出 6 个平衡方程,因此结构仍为静定的。

按照上述两种方式推论,凡是几何不变且无多余约束的结构一定是静定结构。

瞬变结构的受力特性可用图 4.25 说明。图 4.25(a) 所示结构,通过平衡方程求解不难得出

$$F_{Ay}=P,\quad F_{Ax}=F_B=\frac{Pl}{2a}$$

但当 $a\to 0$ 时,结构如图 4.25(b) 所示将成为瞬变体系(三杆交于一点),此时将有

$$F_{Ax}=F_B\to\infty$$

这表明瞬变结构将会有巨大的约束力产生,使结构处于不安全状态,因此瞬变体系不能用作正常结构。

几何可变体系在一定条件下将无法满足平衡关系,以图 4.26 为例,通过整体平衡可以求得

$$F_{Ay}=F_{By}=\frac{P}{2}$$

以 DB 为隔离体可求得 $F_{Bx}=0$,以 CA 为隔离体求得 $F_{Ax}=\dfrac{P}{2}$,但在整体平衡中

$$\sum F_x=P-F_{Ax}-F_{Bx}=P-\frac{P}{2}-0=\frac{P}{2}\neq 0$$

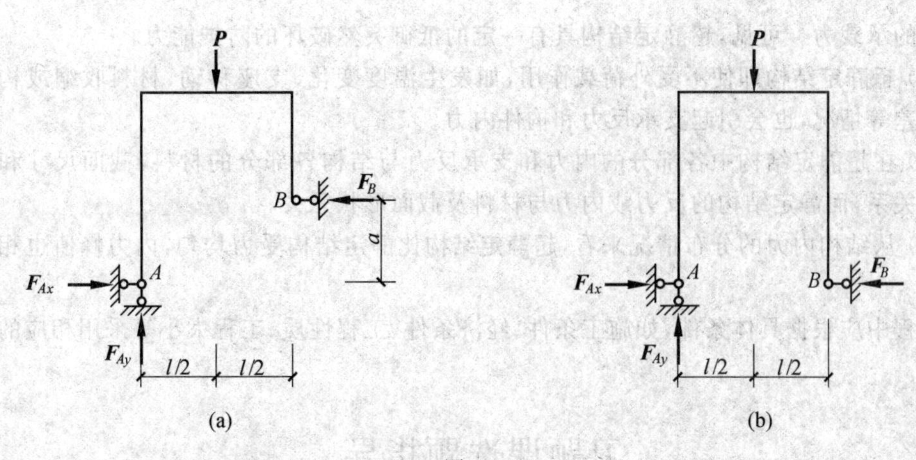

图 4.25

所以，有多余约束的几何不变体系将属于超静定结构，由于无多余约束的几何不变体系是静定的，因此有多余约束的几何不变体系中约束反力的个数一定多于结构所能提供的静力平衡方程的数目，这时用静力学的方程是绝对不会全部求出约束反力的，因此称为超静定结构，且多余约束的个数就称为超静定的次数。以图 4.27 为例，该结构为一个刚片但与地基有 4 个联系，因此是有一个多余约束的几何不变体系，属于一次超静定结构。根据总体平衡，不难求出 $F_{Ay}=F_{By}=\frac{P}{2}$ 和 $F_{Ax}=F_{Bx}$，但 F_{Ax} 与 F_{Bx} 应为何值，用静力学是无法得出的，或者说 F_{Ax} 与 F_{Bx} 只要保持相等取何值均能满足平衡条件，从数学上讲这属于无穷多解，当然实际结构 F_{Ax} 与 F_{Bx} 绝对不会是无穷多解，而只能是唯一的，因此必须在静力学方程的基础上增加其他方程来求解，这将是以后要学习的内容。

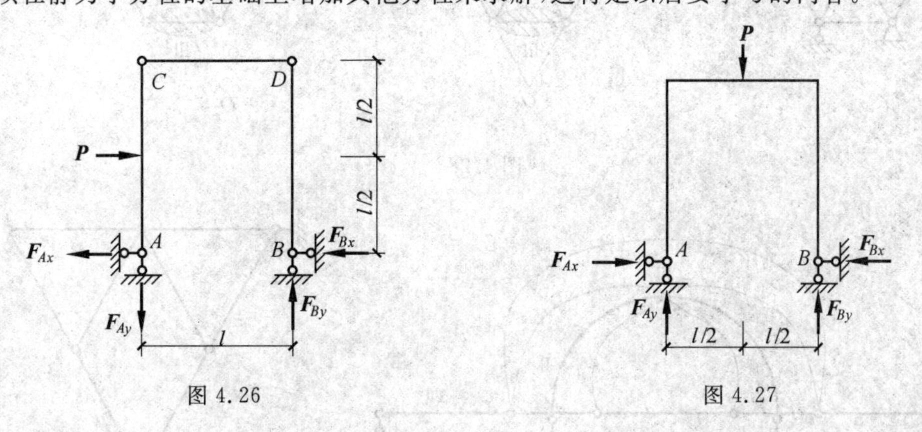

图 4.26　　　　图 4.27

超静定结构与静定结构相比，具有以下特性：

(1) 在几何组成方面，超静定结构与静定结构一样，必须是几何不变的，但是超静定结构是具有多余联系的几何不变体系，与多余联系相应的支承反力和内力称为多余反力或多余内力。

静定结构无多余联系，即在任一联系遭到破坏后，结构就变成几何可变体系，不能承受荷载。超静定结构有多余联系，在其多余联系破坏后，仍能保持其几何的不变性，并具有一定的承载力。可见,超静定结构具有一定的抵御突然破坏的防护能力。

(2) 超静定结构即使不受外荷载作用,如发生温度变化、支座移动、材料收缩或构件制造误差等情况,也会引起支承反力和构件内力。

(3) 在超静定结构中各部分的内力和支承反力与结构各部分的材料,截面尺寸和形状都有关系,而静定结构的反力或内力与材料及截面形状无关。

(4) 从结构内力的分布情况来看,超静定结构比静定结构受力均匀,内力峰值也相应偏小。

工程中应根据具体条件,如施工条件、经济条件、工程性质、工程大小等采用相应的结构形式。

习题课选题指导

试对下列五图(图 4.28、4.29、4.30、4.31、4.32)进行几何组成分析,应判明是属于几何可变体系还是几何不变体系或瞬变体系。对属于几何不变体系者尚应指出是否有多余约束,如有多余约束还应指出其具体个数。教学方法可采取先由同学自己分析,然后讨论,最后由教师总结的方法。图 4.28 和图 4.29 给出了一些选择刚片的途径可供参考。

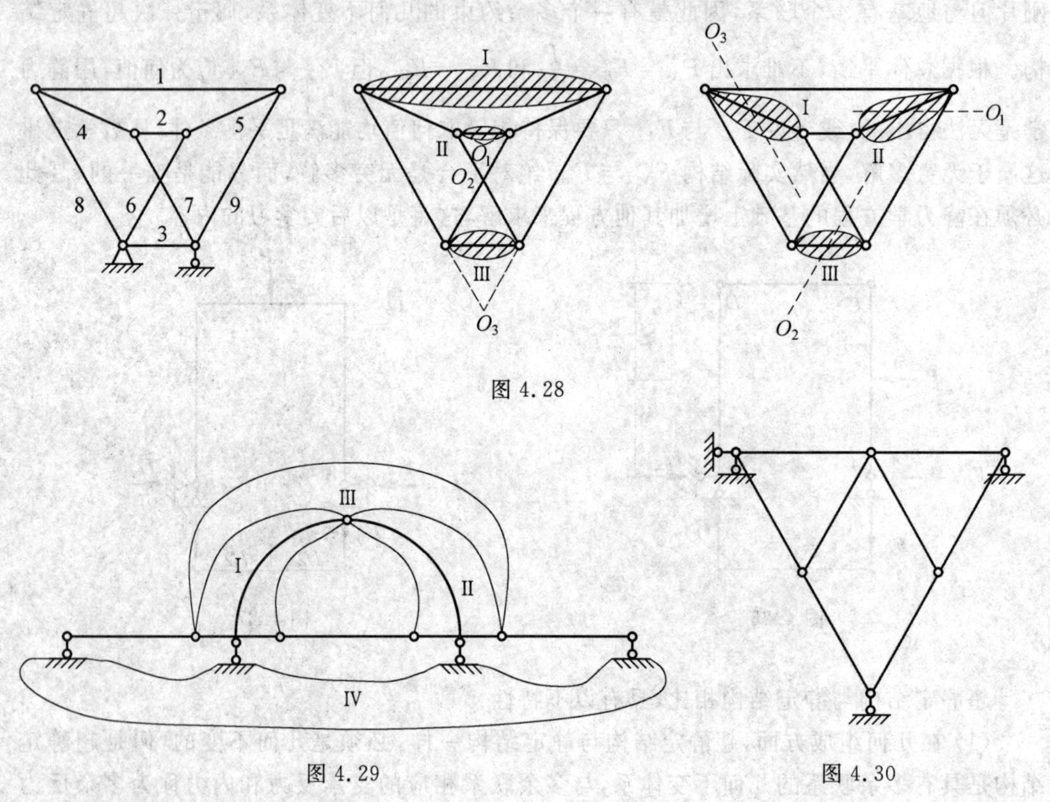

图 4.28

图 4.29

图 4.30

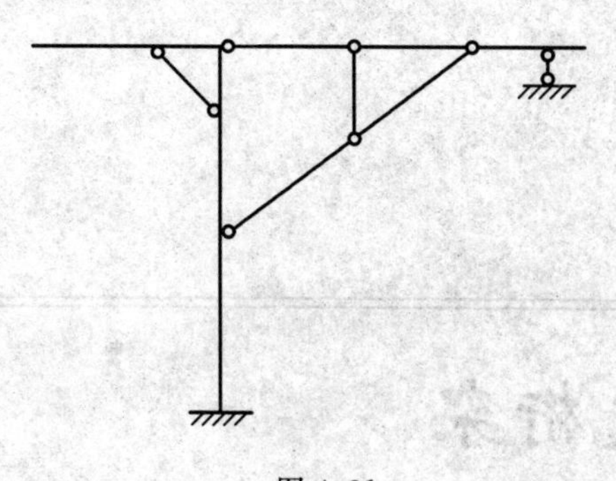

图 4.31

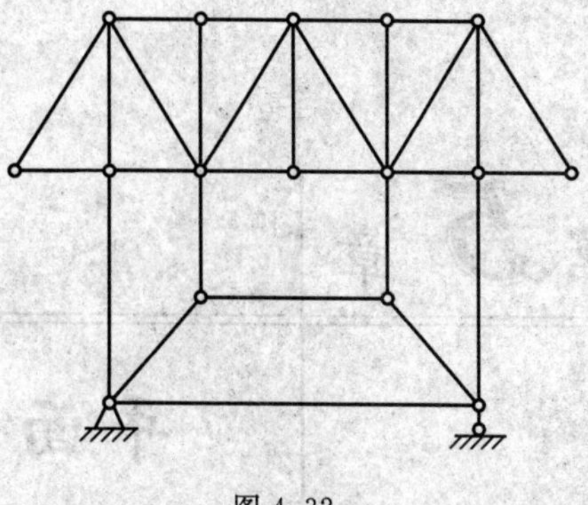

图 4.32

第5章 平面静定桁架

桁架结构在土木工程中应用很广泛，是建筑结构中屋面系统的主要受力部分。特别是在大跨度结构中，更是一种重要的结构形式。普通砖房中的木屋架和钢木屋架，钢结构厂房中的梯形屋架，钢筋混凝土柱，厂房中的折线型屋架以及各种天窗架和各种屋架间的支撑系统等的计算简图均属于桁架，此外大跨度的拱形屋架以及吊车梁架等也都是桁架。施工过程中也经常采用桁架结构，如施工时用的塔吊、各种拔杆都经常用桁架制成。大模板中也要用桁架支撑。

5.1 桁架的分类及计算简图

桁架按其几何组成原则可分为简单桁架(simple truss)、联合桁架(joint truss)与复杂桁架(complex truss)。

凡是桁架自身可以从一个三角形出发采用增加二元体的方式组成全部结构的都属于简单桁架。如图5.1(a)所示桁架，自$\triangle A12$出发，通过增加14、24，13、43，35、45，56、46，$5B$、$6B$等多个二元体而得到全部结构，因此该桁架为简单桁架。图5.1(b)也为简单桁架。凡自身不属于简单桁架，而又由两个或两个以上简单桁架按照两个刚片的组成规则组成的桁架，称为联合桁架。图5.1(c)即为联合桁架。简单桁架与联合桁架以外的桁架称为复杂桁架。图5.1(d)既不是简单桁架又非联合桁架，属于复杂桁架。

桁架按其上弦杆形式的不同，又可分为三角形桁架(图5.2(a))、平行弦桁架(图5.2(b))、抛物线形桁架(图5.2(c))和折弦形桁架(图5.2(d))。

桁架按其在竖向力作用下支座是否有水平推力产生又可分为梁式桁架(图5.2(e))与三铰拱式桁架(图5.2(f))。

桁架按制作材料的不同，有木桁架、钢木结合桁架、钢桁架与钢筋混凝土桁架。

现在讨论的均为静定桁架，以后还要讨论超静定桁架。

图5.3中给出了常见梯形屋架的计算简图。作为桁架各结点均为铰结，上部各杆件称为上弦杆，下部各杆件称为下弦杆，中间称为腹杆，竖向的称为竖杆，斜向的称为斜杆。下弦各结点间的距离称为节间，各节间总和称为桁架跨度。

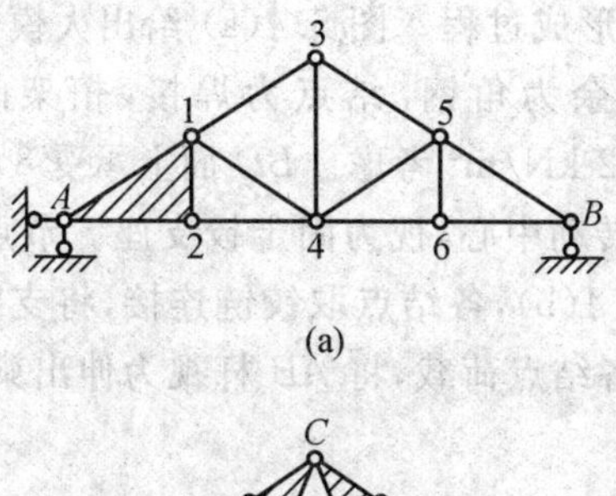

(a)

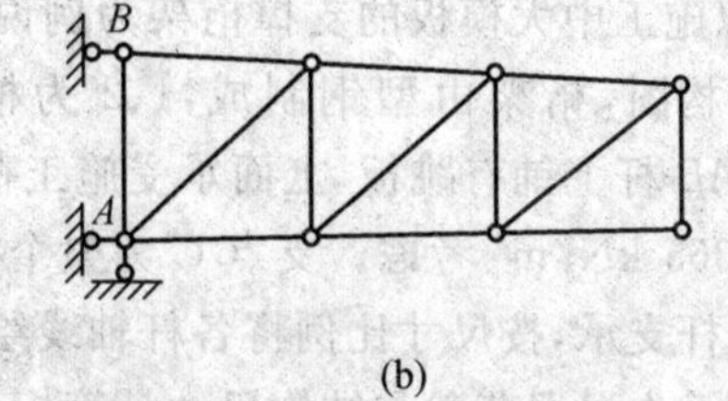

(b)

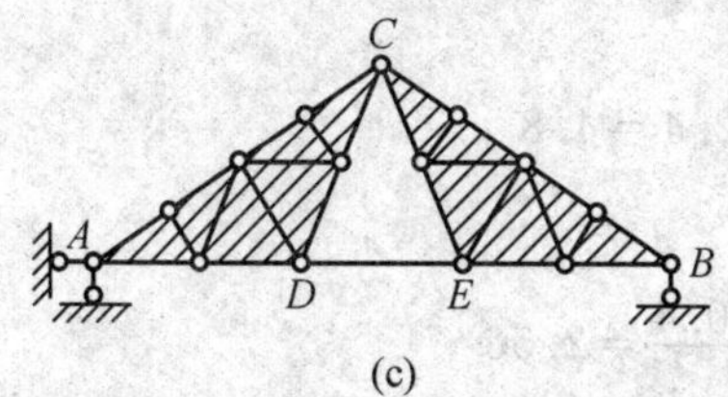

(c)

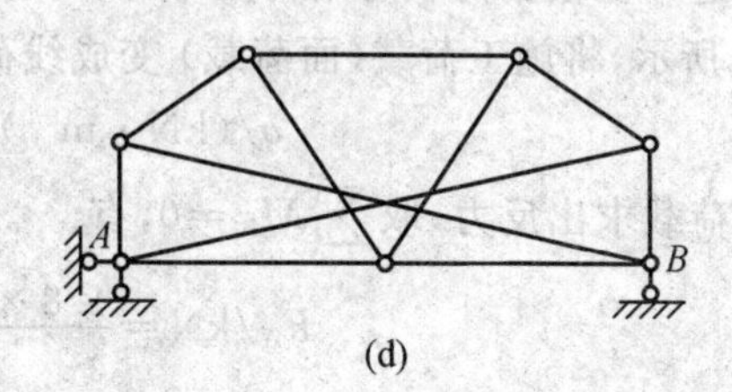

(d)

图 5.1

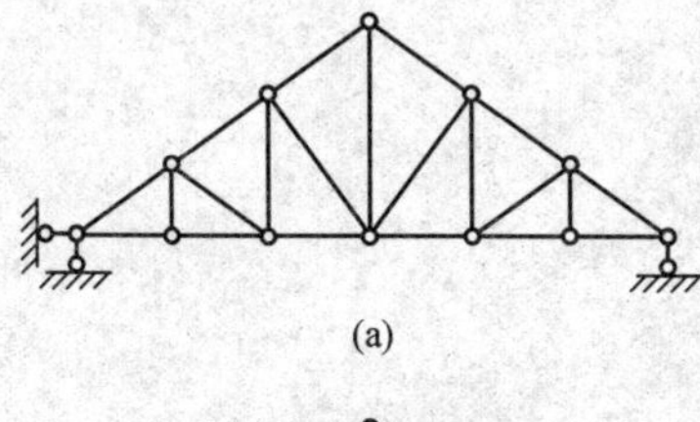
(a)

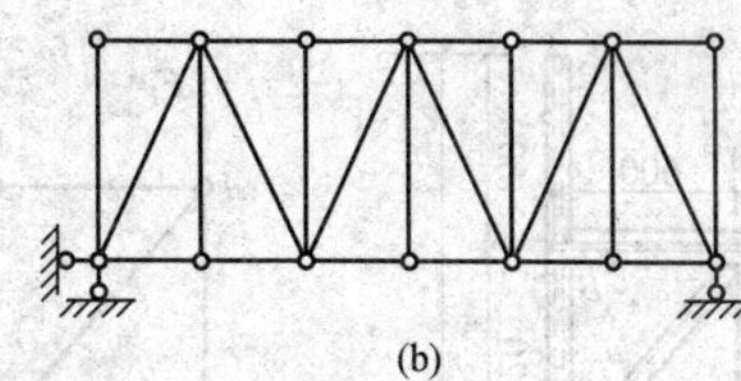
(b)

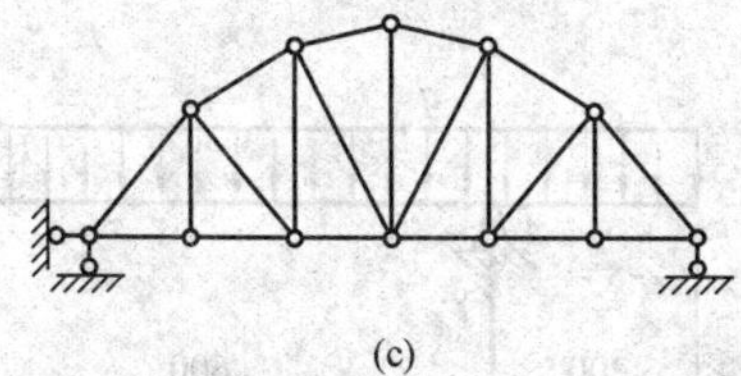
(c)

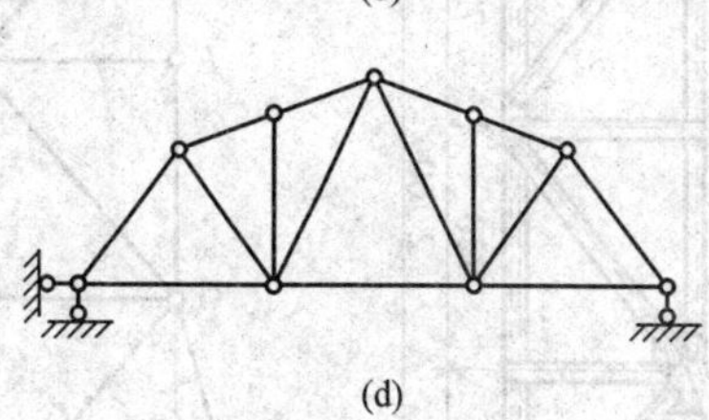
(d)

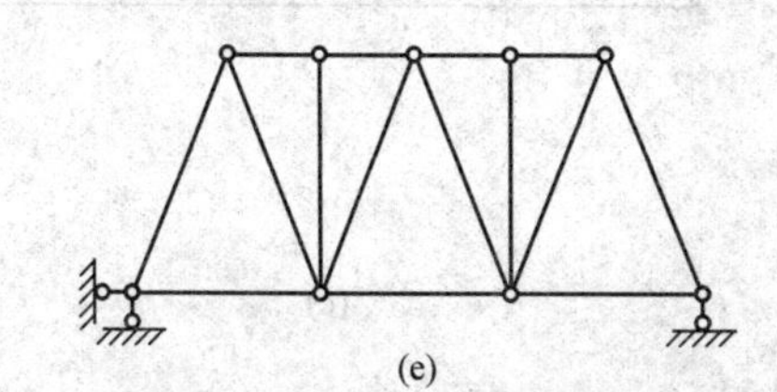
(e)

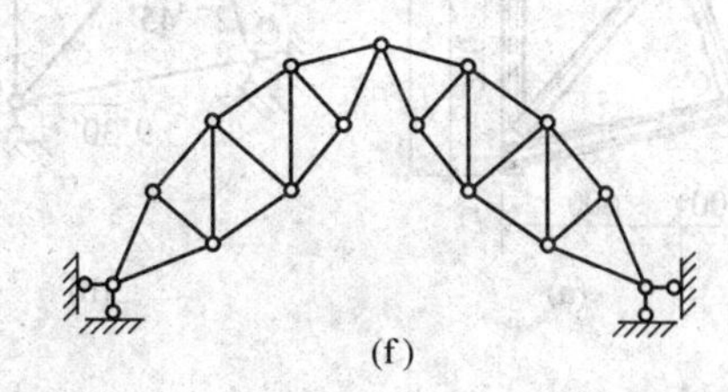
(f)

图 5.2

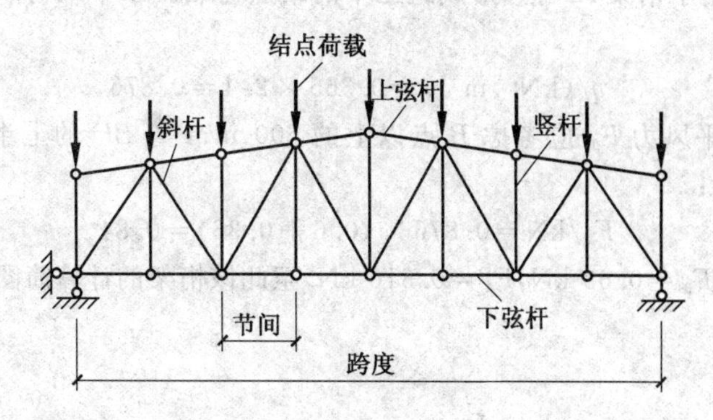

图 5.3

现以施工中大模板的支撑桁架为例说明具体形成过程。图 5.4(a) 给出大模板支承桁架的结构图，桁架由型钢制成，1、2 为槽钢，其余为角钢，结点为焊接，桁架间距为 2.4 m。AB 杆上铺有跳板，上面承受施工荷载，按 2 kN/m^2 考虑。BD 面上承受 8 级风荷载，按 0.365 kN/m^2 考虑。支点 C 为整个桁架的转动中心，视为固定铰支座。节点 D 视为竖向链杆支承，按尺寸比例将各杆轴线绘于图 5.4(b)，各结点取铰链连接，将支座约束绘好。进一步根据荷载与结构尺寸计算桁架所受各结点荷载，将 AB 杆视为伸出梁，如图 5.4(c) 所示，将施工荷载(面荷载) 变成线荷载，有

$$q/(\mathrm{kN \cdot m^{-1}}) = 2 \times 2.4 = 4.8$$

根据此荷载求出反力，取 $\sum M_B = 0$，有

$$F_A/\mathrm{kN} = \frac{4.8 \times 0.8 \times 0.4}{0.6} = 2.56$$

取 $\sum F_y = 0$，有

$$F_B/\mathrm{kN} = 4.8 \times 0.8 - 2.56 = 1.28$$

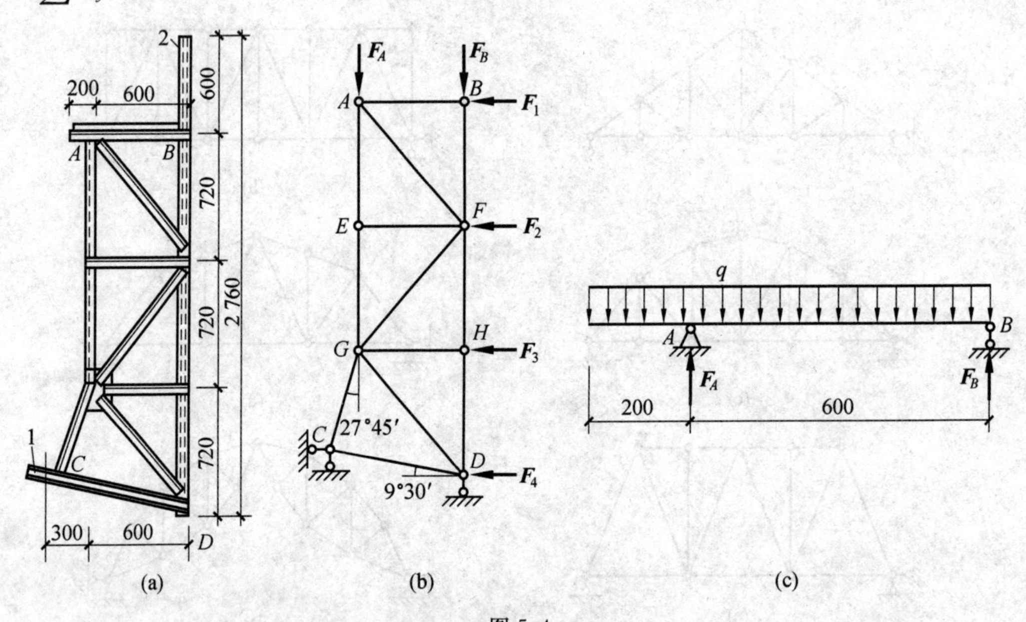

图 5.4

将此二力作用于桁架 AB 点，形成施工中的结点荷载。水平风荷载变成沿高度的线荷载有

$$q/(\mathrm{kN \cdot m^{-1}}) = 0.365 \times 2.4 = 0.876$$

作用于 B 点的水平风力 F_1 应考虑 B 点以上的 600 mm 与 BF 的上半段 720 mm/2 = 360 mm，因此，得：

$$F_1/\mathrm{kN} = 0.876 \times (0.6 + 0.36) = 0.84$$

类似可求得 $F_2 = F_3 = 0.63$ kN，$F_4 = 0.316$ kN，至此该桁架的计算简图均已确定。

5.2　结 点 法

桁架各杆均为二力杆，且杆的轴线又为直线，因此杆件横截面上的内力根据平衡条件均应为沿轴线方向的力，称为轴力。求解桁架各杆轴力的值并确定属于拉力或压力是进行桁架受力分析的主要目的。在求解简单桁架杆件内力(轴力)特别是需要求解所有杆件内力时，采用结点法是较为适宜的。所谓结点法(the method of joins)，即取桁架各结点为隔离体进行受力分析，由于结点受力图均为汇交力系，故结点法所应用的是平面汇交力系的平衡条件，即

$$\begin{cases}\sum F_x = 0 \\ \sum F_y = 0\end{cases}$$

因此，每个结点只能求解两个未知力，在简单桁架中，实现这一点并不困难，因为简单桁架是由基础或一个基本铰结三角形开始，依次增加二元体组成，其最后一个结点只包含两根杆件。分析时，可先由整体平衡条件求出它的反力，然后再从最后一个结点开始，依次考虑各结点的平衡，即可使每个结点出现的未知力不超过两个，从而直接求出各杆的内力。

【例 5.1】　求图 5.5(a) 所示悬臂桁架各杆内力。

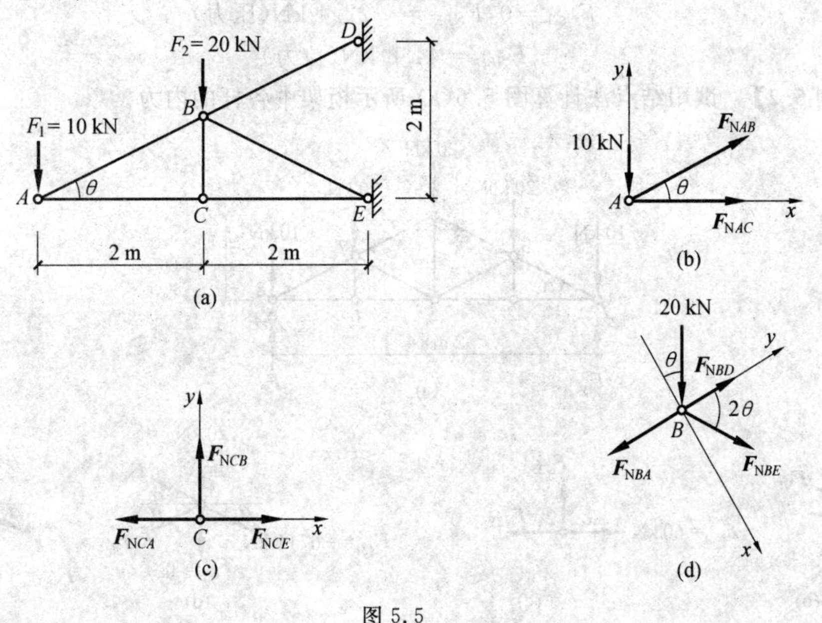

图 5.5

解：取 A 结点的受力图(见图 5.5(b))，图中 F_{NAB} 与 F_{NAC} 均假设为拉力(离开结点)，如计算结果为负则表明为压力。根据所给尺寸，有取 $\sum F_y = 0$，(这样取可由一个方程中求解出一个未知量)，有

$$F_{NAB} \cdot \sin\theta - 10 = 0,\quad F_{NAB}/\text{kN} = 10/0.447 = 22.4(\text{拉力})$$

取$\sum F_x=0$,有

$$F_{NAC}+F_{NAB}\cdot\cos\theta=0,\quad F_{NAC}/kN=-22.4\times0.894=-20(压力)$$

取C结点受力图(见图5.5(c)),由$\sum F_y=0$,不难得到$F_{NCB}=0$,由$\sum F_x=0$,有

$$F_{NCE}-F_{NCA}=0,\quad F_{NCE}=F_{NCA}=-20\ kN(压)$$

由于F_{NAB}与F_{NBC}均已求出,故B结点只剩下两个未知力,取B结点画受力图(见图5.5(d)),各力仍均设拉力,为尽可能一个方程解一个未知量,取如图5.5(d)所示坐标系,

根据$\sum F_x=0$,有

$$F_{NBE}\cdot\sin2\theta+20\cdot\cos\theta=0$$

得到

$$F_{NBE}/kN=-20\times0.894/(2\times0.447\times0.894)=-22.4\ (压力)$$

$\sum F_y=0$,有

$$F_{NBD}+F_{NBE}\times\cos2\theta-20\times\sin\theta-F_{NBA}=0$$

解出

$$F_{NBD}/kN=-F_{NBE}\times(\cos^2\theta-\sin^2\theta)+20\times\sin\theta+F_{NBA}=$$
$$22.4\times(0.894^2-0.447^2)+20\times0.447+22.4=44.8(拉力)$$

答:　$F_{NAB}=22.4\ kN(拉力),F_{NAC}=-20\ kN(压力)$

$F_{NCB}=0,F_{NBE}=-22.4\ kN(压力)$

$F_{NBD}=44.8\ kN(拉力)$

【例5.2】 试用结点法计算图5.6(a)所示桁架中各杆的内力。

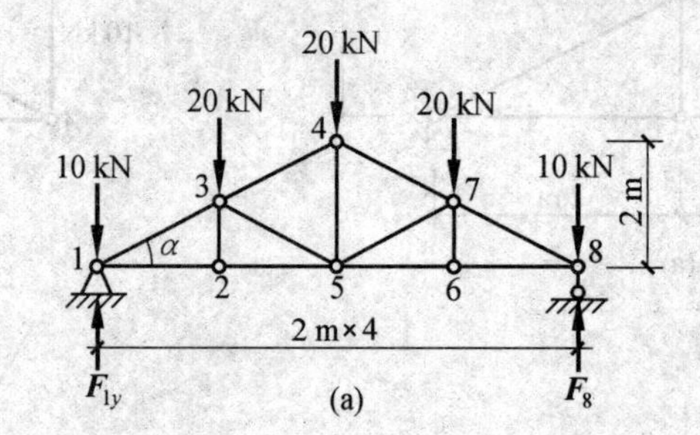

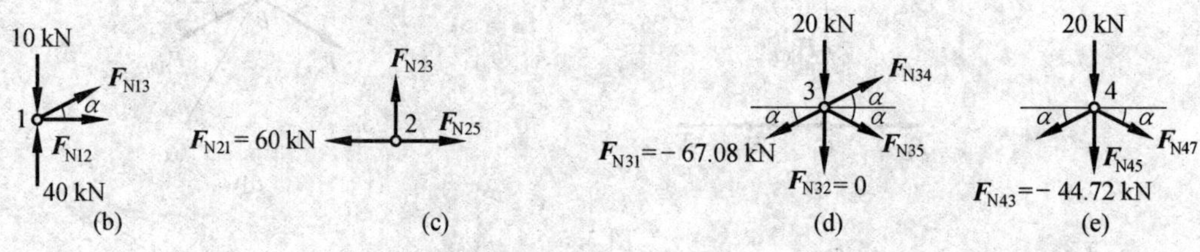

图5.6

解:首先求出支座反力。

由$\sum M_8=0$,得

$$(F_{1y}-10)\times8-20\times6-20\times4-20\times2=0$$

$$F_{1y}=40\ kN$$

再由 $\sum F_y = 0$，得

$$40 - 10 - 20 - 20 - 20 - 10 + F_8 = 0$$

$$F_8 = 40\ \text{kN}$$

求出反力后，截取结点计算各杆的内力。分析只包含两个未知力的结点有 1 和 8 两个结点，现在从 1 开始，然后依次 2、3、4… 次序进行计算。

在计算时，通常假定杆件内力为拉力，如所得结果为负，则为压力。现在用结点法计算各杆内力如下：

(1) 取结点 1 为隔离体(图 5.6(b))。

$$\sum F_y = 0, F_{N13} \times \frac{1}{\sqrt{5}} - 10 + 40 = 0$$

得

$$F_{N13} = -67.08\ \text{kN}$$

$$\sum F_x = 0, F_{N13} \times \frac{2}{\sqrt{5}} + F_{N12} = 0$$

得

$$F_{N12} = 60\ \text{kN}$$

(2) 取结点 2 为隔离体(图 5.6(c))。

$$\sum F_y = 0,\ F_{N23} = 0$$

$$\sum F_x = 0,\ F_{N25} - F_{N21} = 0$$

得

$$F_{N25} = F_{N21} = 60\ \text{kN}$$

(3) 取结点 3 为隔离体(图 5.6(d))。

$$\sum F_x = 0, -F_{N31} \times \frac{2}{\sqrt{5}} + F_{N34} \times \frac{2}{\sqrt{5}} + F_{N35} \times \frac{2}{\sqrt{5}} = 0$$

$$\sum F_y = 0, -20 + F_{N34} \times \frac{1}{\sqrt{5}} - F_{N35} \times \frac{1}{\sqrt{5}} - F_{N31} \times \frac{1}{\sqrt{5}} = 0$$

可得

$$F_{N34} = -44.72\ \text{kN}, F_{N35} = -22.36\ \text{kN}$$

(4) 取结点 4 为隔离体(图 5.6(e))。

由 $\sum F_x = 0$ 得

$$F_{N47} = -44.72\ \text{kN}$$

$\sum F_y = 0$ 得

$$F_{N45} = 20\ \text{kN}$$

由于对称可得其他各杆的内力。至此，桁架中各杆件的内力都已求得。

例题 5.1 中的 CB 杆和例题 5.2 中的 23,67 杆内力均为零，这种内力为零的杆件称为零杆。值得指出，在桁架中常有一些特殊形状的结点，掌握了这些特殊结点的平衡规律，可给计算带来很大的方便。现列举几种特殊结点如下：

(1)L 形结点。这是两杆结点(图 5.7(a))，当结点上无荷载时两杆内力皆为零。

(2)T 形结点。这是三杆汇交的结点而其中两杆在一直线上(图 5.7(b))，当结点上无荷载时，第三杆(又称单杆)必为零杆，而共线两杆内力相等且符号相同(即同为拉力或同为压力)。

(3)X 形结点。这是四杆结点且两两共线(图 5.7(c))，当结点上无荷载时，则共线两杆内力相等且符号相同。

(4)K 形结点。这是四杆结点,四杆中两杆共线,而另外两杆在此直线同侧且交角相等(图 5.7(d))。结点上如无荷载,则非共线两杆内力大小相等而符号相反(一为拉力,则另一为压力)。

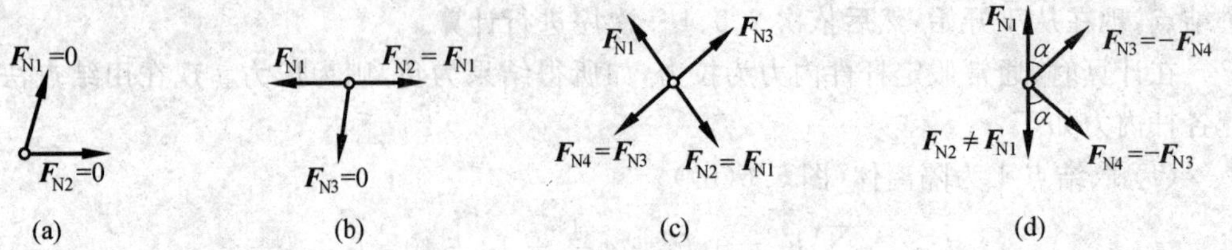

(a) (b) (c) (d)

图 5.7

上述各条结论,均可根据适当的投影平衡方程得出,读者可自行证明。

【例 5.3】 判别图 5.8 所示桁架的零杆。

解:根据法则 1 可判定 12 和 13 两杆为零杆,可在图中标出,根据法则 2 可判定 65 与 *BC* 杆应为零杆,同样标出,由于这 4 根杆为零杆,因此可暂时视为没有此 4 杆。那么继续应用法则 2,不难判断 35 杆与 2*C* 杆也应为零杆,在此基础上进一步考查 *C* 结点,只剩 *C*4 杆与竖向支承链杆,根据法则 1 这两杆也应为零杆,根据结论 3 可知 34 杆内力为 $\boldsymbol{P}_2$(压力),24 杆内力为 $\boldsymbol{P}_3$(拉力)。

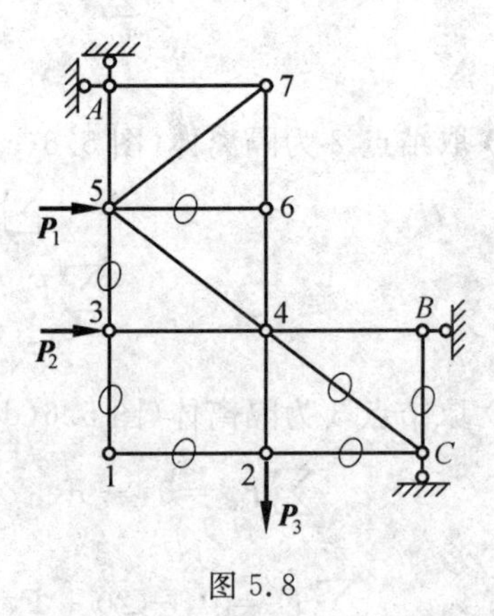

图 5.8

读者可能有疑问,既然有些杆件为零杆又何必设此杆件呢?回答是,零杆是与某种特定荷载相对应的,当荷载位置有所变化时,零杆可能随之改变,如图 5.8 中,若 1 结点有水平与铅垂荷载作用,则此桁架明显能判定的零杆将减少为两个。因此,在求解桁架内力时,若先能将零杆判别清楚,将使解题得到一定程度简化。

5.3 截面法

简单桁架采用结点法,通过每个结点求解两个未知量,可以逐次得到所有杆的内力,但联合桁架以及复杂桁架单纯用结点法将会遇到某些困难。以图 5.9 所示联合桁架(或称芬克氏桁架)为例,当反力求出后,按照结点法可以自 *A* 点开始逐次解 *F* 点与 *E* 点,此后结点法将遇到一定困难,因为继续下去 *G* 点与 *D* 点都存在三个未知量。若从右边做起也会遇到同样困难。不过这并不表明这种桁架不能全部用结点法求解,只是要求解就要解更多的联立方程。为了解决这种困难可采用下面介绍的截面法(the method of sections)先求出某一杆的未知力,例如 *DJ* 杆,然后用结点法可继续求解下去。用图 5.9 所示的 *mm* 截面将桁架截为左右两部分,显然此截面将截断 *HC*、*IC*、*DJ* 三根杆件,取出任一部分(左或右) 绘受力图。现绘出左面的受力图(见图 5.10),三个未知力均假设为拉力,该受力图中各力组成平面任意力系,可建立起三个平衡方程,因此可解出三个未知力。为减少不必要的联立求解,一般常取对两个未知力交点的力矩平衡方程,从而求出第三个未知力。

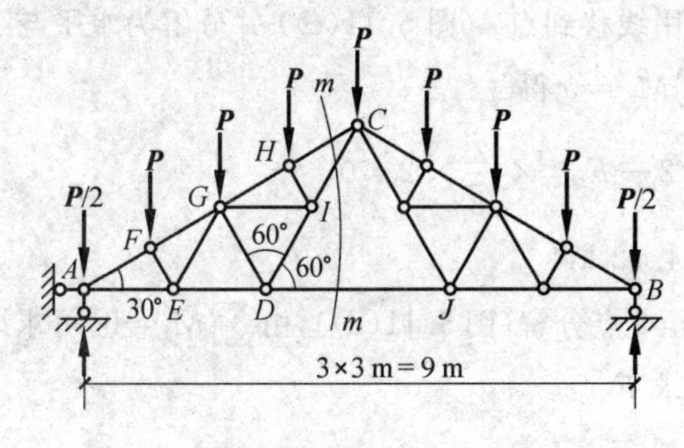

图 5.9

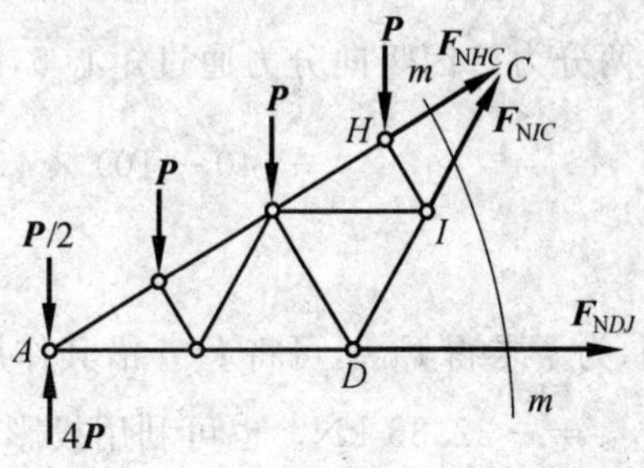

图 5.10

例如取
$$\sum M_C = 0$$
有
$$F_{NDJ} \times 4.5 \times \tan 30° + P\left(\frac{4.5}{4} + \frac{4.5}{2} + \frac{3}{4} \times 4.5\right) + \frac{P}{2} \times 4.5 - 4P \times 4.5 = 0$$
解得
$$F_{NDJ} = 3.46P \text{（拉力）}$$
若需求另外两力,可取
$$\sum M_D = 0$$
有
$$-F_{NHC} \times 1.5 - P\left(1.5 - \frac{4.5}{4}\right) + P\left(\frac{4.5}{2} - 1.5\right) + P\left(\frac{4.5}{4} \times 3 - 1.5\right) +$$
$$\frac{P}{2}(4.5 - 1.5) - 4P \times 3 = 0$$
解得
$$F_{NHC} = -5.5P\text{（压力）}$$
取 $\sum M_A = 0$,有
$$F_{NIC} \times \cos 30° \times 3 - P\left(\frac{4.5}{4} + \frac{4.5}{2} + \frac{4.5}{4} \times 3\right) = 0$$
解得
$$F_{NIC} = 2.6P\text{（拉力）}$$

本题用截面法求得 F_{NDJ} 后,还可以继续用结点法沿 D、G、H、I 等结点求解出左半跨全部杆件内力。

【例 5.4】　试求图 5.11(a) 所示桁架中 25、34、35 三杆的内力。

解:首先求出支座反力。
$$F_{1y} = 40\ \text{kN}, F_8 = 40\ \text{kN}$$

然后设想用截面 Ⅰ－Ⅰ 将 34、35、25 杆截断,取桁架左边部分为隔离体(图

5.11(b))。为求得 F_{N25},可取 F_{N34} 和 F_{N35} 两未知力的交点 3 为矩心,由 $\sum M_3 = 0$ 得

$$-(40-10)\times 2 + F_{N25}\times 1 = 0$$

$$F_{N25} = 60\ \text{kN}$$

为了求得 F_{N34},可取 F_{N35} 和 F_{N25} 两未知力的交点 5 为矩心,不过,这时需要算出 F_{N34} 的力臂,不是很方便。为此,可将 F_{N34} 沿其作用线移到点 4(图 5.11(c))并分解为水平与竖向两分力。因竖向分力通过矩心 5,故由 $\sum M_5 = 0$ 得

$$-(40-10)\times 4 + 20\times 2 - F_{N34}\times\frac{2}{\sqrt{5}}\times 2 = 0$$

$$F_{N34} = -44.72\ \text{kN}$$

同理,为了求得 F_{N35},可将 F_{N35} 沿其作用线移至 5 点分解(图 5.11(d)),由 $\sum M_1 = 0$,可求得 $F_{N35} = -22.36\ \text{kN}$。也可利用投影方程来求 F_{N35}。

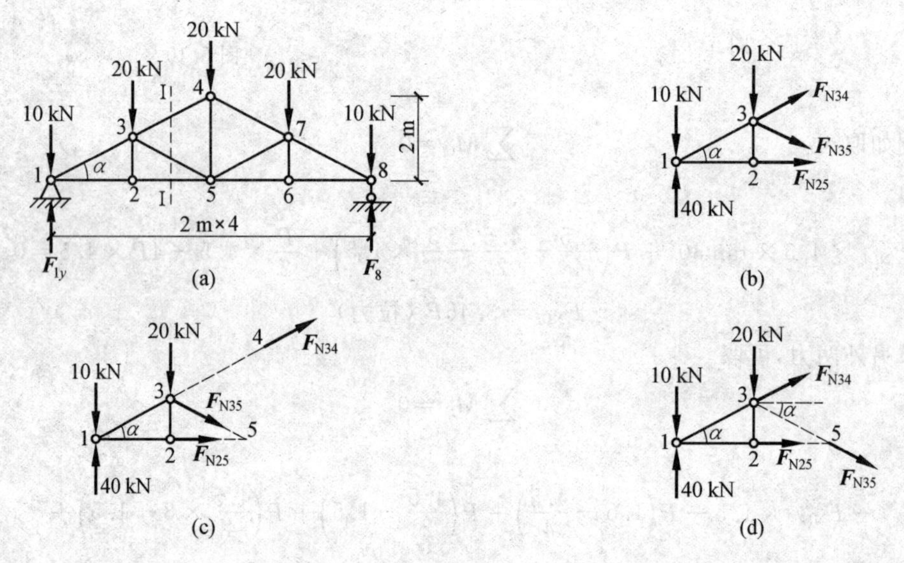

图 5.11

一般截面法截断的杆件个数不超过三根可以直接求得杆的内力,但有一些特殊情况虽然截开的杆件个数超过三个,但对于某一个杆件可以直接求解,例如图 5.12 所示。图 5.12(a) 中除 a 杆外截断的其他杆件交于一点 K,则取隔离体对 K 点取矩,可以直接求得 a 杆轴力;图 5.12(b) 中除 b 杆外截断的其他杆件都相互平行,则取隔离体,利用 $\sum F_x = 0$,可以直接求得 b 杆轴力。

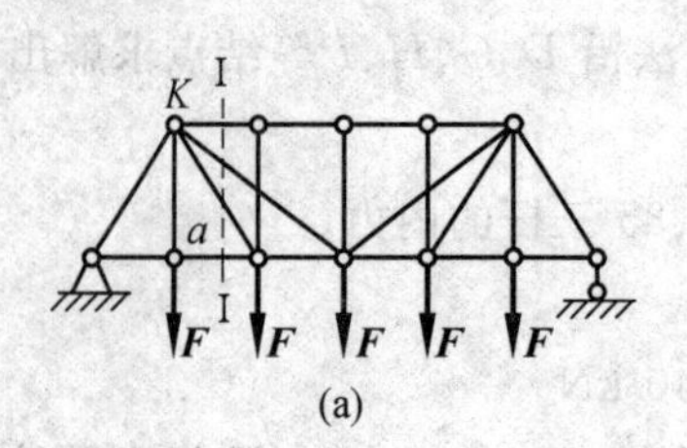

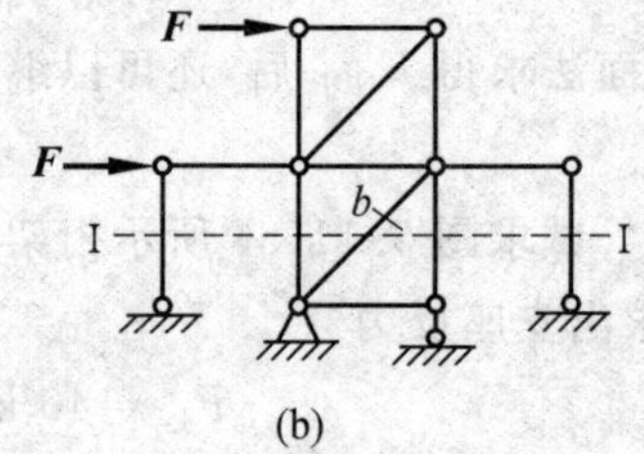

图 5.12

5.4　截面法与结点法的联合应用——对称性利用

以上几节已指出，截面法和结点法各有所长，应根据具体情况选用。在有些情况下，则将两种方法联合使用更为方便。另外，有时候采用荷载的对称性来解决桁架各杆件的内力也是很方便的，下面举例说明。

【例5.5】　求图5.13(a)所示桁架指定杆的内力值。

解：为了求得1杆内力，可取Ⅰ—Ⅰ截面，为简化计算可取右侧为隔离体，设未知力均为拉力。按截面法的一般原则，为求 F_{N1}，应对另外两力的交点取矩，但本题中另外两力平行，交点在无穷远处，因此无法取力矩方程。显而易见，此时取 $\sum F_y=0$ 将避开另外两力，这就是截面法中的投影法，有

$$-F_{N1}-P=0,\ F_{N1}=-P(\text{压力})$$

为了求解杆2中的轴力，采用截面法时总要截3个以上杆件。但如取图中所示Ⅱ—Ⅱ截面(并非唯一)，虽然截断的是4个杆件，但除掉所要求内力的2杆以外，另3个力均交于 F 点，取Ⅱ—Ⅱ右侧为隔离体，利用 $\sum M_F=0$ 的平衡条件有

$$-P\times 4+F_{N2}\times 3=0,\ F_{N2}=\frac{4}{3}P(\text{拉力})$$

为了求解杆3中的轴力有几种方法，例如先通过截面法求出 AC 杆内力，然后再用Ⅲ—Ⅲ截面(这样仅剩下三个未知量)，通过力矩方程解出，但对于 L 结点(称为K字形结点)而言，尚可通过结点法找到 F_{NLA} 与 F_{NLB} 的关系，然后再进一步用截面法。图5.13(b)绘出了 L 结点的受力图。由于这种结点的几何图形与 x 轴对称，且 F_{NLC} 与 F_{NLD} 又与 x 轴垂直，故取 $\sum F_x=0$，有

$$-F_{NLA}\cos\theta-F_{NLB}\cos\theta=0$$

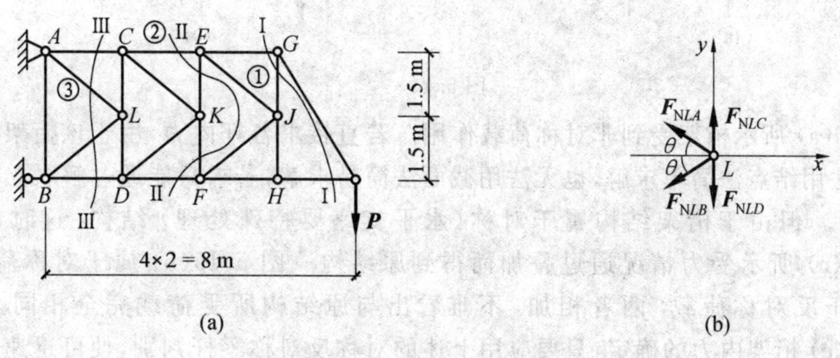

图5.13

因此有 $F_{NLA}=-F_{NLB}$，即两力值相等但拉压相反。考虑此因素后，取Ⅲ—Ⅲ截面右侧为隔离体，利用 $\sum F_y=0$，有

$$F_{N3}\sin\theta-F_{NLB}\sin\theta-P=0$$

$$F_{N3}\sin\theta+F_{N3}\sin\theta-P=0$$

$$F_{N3}=\frac{P}{2\sin\theta}=\frac{P}{1.2}=0.83P$$

此处讲述的方法可称为结点法与截面法的联合应用。

*【例 5.6】 研究图 5.14 所示桁架在对称荷载与反对称荷载作用下的内力特点。

图 5.14(a) 属于对称结构受对称荷载作用,因此对称杆件的内力应相等,且拉压性质应相同。在这种条件下考虑结点 C 的受力。由于 F_{NCD} 与 F_{NCE} 相等又具有相同的拉压性,因此若两力不为零,其合力必与 AB 垂直,显然 C 结点无法平衡,因此 F_{NCD} 与 F_{NCE} 必均为零,属于零杆。相继 F_{NFE} 与 F_{NFD} 根据零杆判别法也应为零杆,这时剩余各杆内力用结点法可迅速解出。

图 5.14(b) 所示桁架,考虑约束反力在内属于对称结构受反对称荷载作用,其内力应呈现反对称特性(即对称杆件内力值应相等,但拉压性应相反),根据这一特性,考虑结点 G 的平衡,由于 F_{NGA} 与 F_{NGB} 两杆内力必相等但拉压性相反,若此二力不为零,其合力必垂直 GF,显然结点 G 无法平衡,因此二力必均为零,属于零杆。同理 F_{NFD} 与 F_{NFE} 也必为零。显然 FG 为零杆,剩余杆件内力很容易求出。

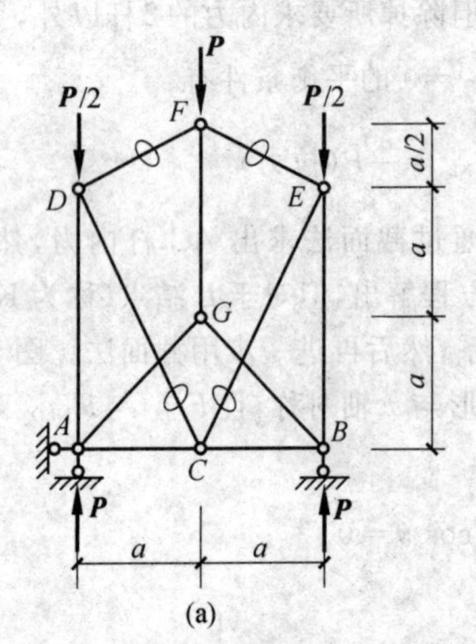

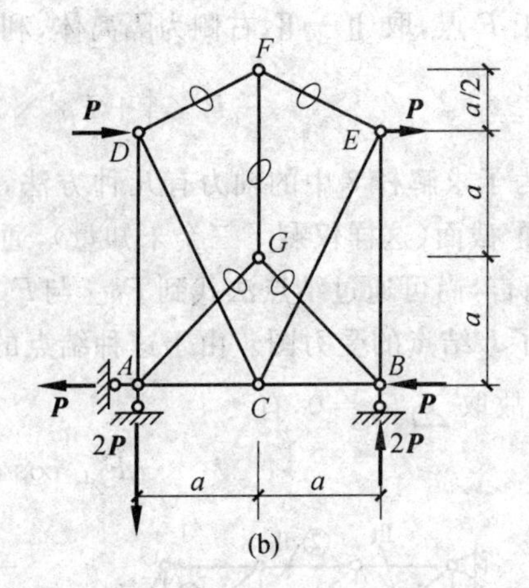

图 5.14

图 5.15(a) 所示桁架受到非对称荷载作用。若直接求各杆内力,由于该桁架属于复杂桁架,无法用结点法简单求解,也无法用截面法简易求解,若求只能通过解联立方程的方法去计算。但由于桁架结构属于对称(水平支座要特殊处理)结构,这时可按图 5.15(b) 与 (c) 所示受力情况通过叠加而得到原结构。图 5.15(b) 属于对称荷载,图 5.15(c) 属于反对称荷载,两者相加,不难看出与原结构所受荷载完全相同。而图 5.15(b) 与 (c) 桁架内力的确定,只要应用上述的对称反对称零杆判别,便可迅速求得。而叠加后即为原结构内力。这里需要说明的是,将非对称荷载化为对称与反对称的途径是,取荷载的一半保留,然后在对称点上人为地加上与此对称的荷载,形成整体对称荷载;再取荷载的另一半,然后在对称点上人为地加上与此反对称的荷载,形成整体反对称荷载。本来属于对称的荷载(如 P_1)只留在对称图形中不取一半。为了使水平支座形成反对称荷载,在对称图形中要人为加上一水平力$\dfrac{Q}{2}$。

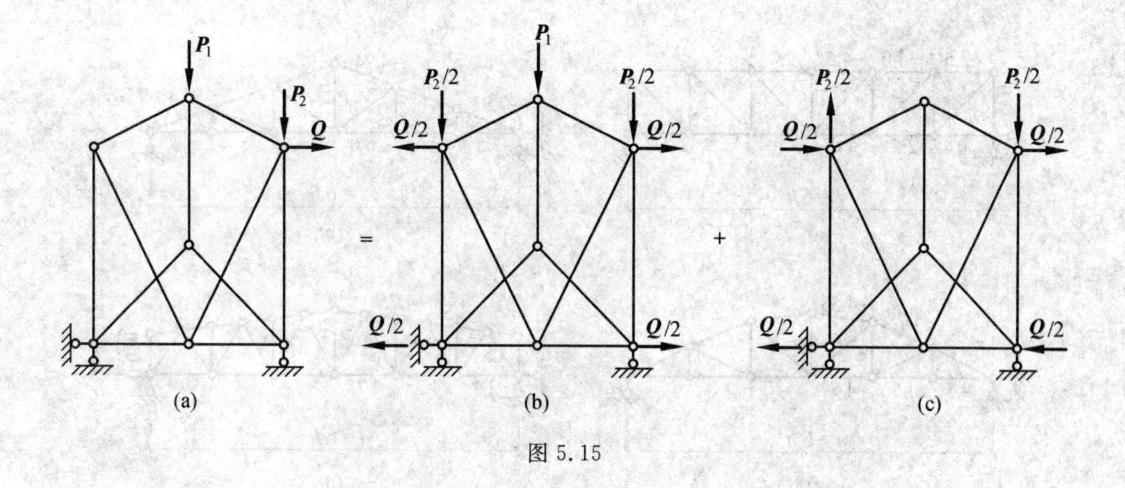

图 5.15

5.5　各式桁架受力性能比较

图 5.16 给出了建筑结构中经常使用的六种形式的桁架。它们在标准荷载作用下的各杆内力系数及拉压性质均标注于图中。这些数据表示出不同形式桁架的受力特征。下面结合这些特征简要说明它们的使用情况。

在平行弦桁架(见图 5.16(a))中,弦杆的力臂是一常数,故弦杆内力与弯矩的变化规律相同,即两端小中间大。至于腹杆内力,由投影法可知,竖杆内力与斜杆的竖向分力各等于相应简支梁上对应节间的剪力,故它们的大小分别由两端向中间递减。

在三角形桁架(见图 5.16(b))中,弦杆所对应的力臂是由两端向中间按直线变化递增的,其增加速度要比弯矩的增加来得快,因而弦杆的内力就由两端向中间递减。至于腹杆内力,由结点法的计算不难看出,各竖杆及斜杆的内力都是由两端向中间递增的。

在抛物线形桁架(见图 5.16(c))(上弦各结点在抛物线上)中,各下弦杆内力及各上弦杆的水平分力对其矩心的力臂,即为各竖杆的长度。而竖杆的长度与弯矩一样都是按抛物线规律变化的,故可知各下弦杆内力与各上弦杆水平分力的大小都相等,从而各上弦杆的内力也近于相等。根据截面法由 $\sum F_x = 0$ 可知各斜杆内力均为零,并可推知各竖杆内力也都一样,均等于相应下弦结点上的荷载。

梯形桁架(图 5.16(d))是平行弦桁架与三角形桁架中间的一种形式,它的弦杆受力介于这两者之间,相对较为合理。适用于屋面坡度平缓的无檩屋盖结构。由于这种屋架便于与柱组成刚性结合,因此在全钢结构厂房中广泛采用。

图 5.16(e) 所示三角形桁架是一种腹杆改进后的桁架,它的腹杆中长杆受拉、短杆受压,适合于制成钢屋架。这种钢屋架适用于屋面坡度较陡的有檩屋盖结构。

折线形桁架(图 5.16(f))是三角形桁架与抛物线形桁架的一种中间形式,内力特别是端弦杆的内力比三角形桁架有所减少,同时结点又不像抛物线桁架那么多。这种桁架广泛用于钢筋混凝土屋架中,特别是用于中等跨度(18 − 24 m) 的厂房屋架中。

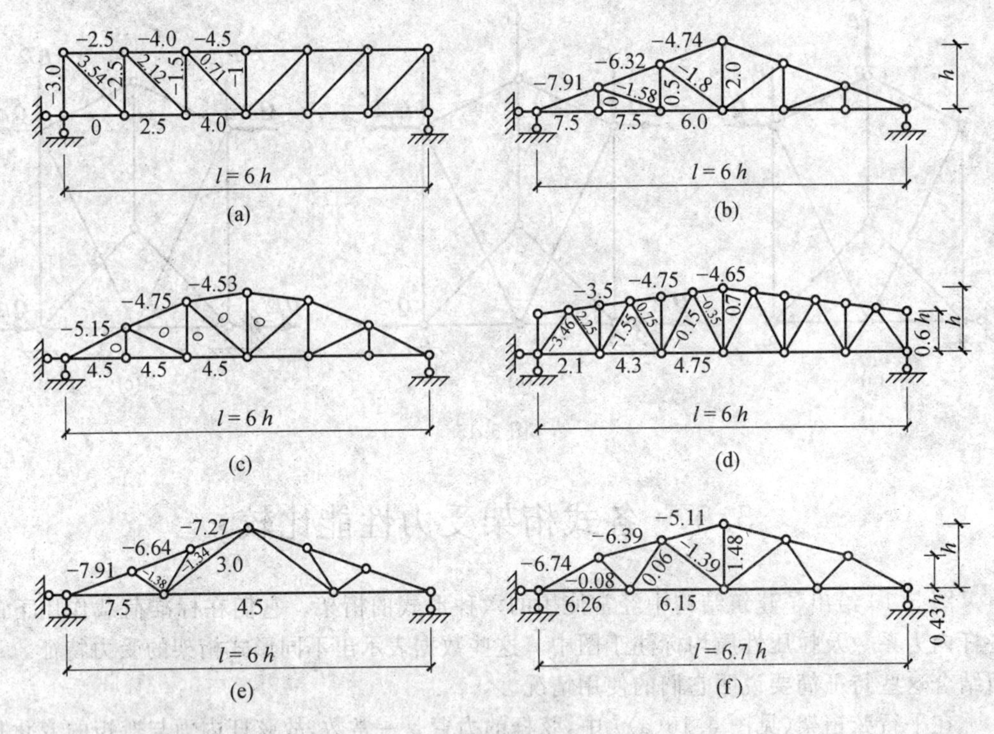

图 5.16

由上所述可得如下结论：

(1) 平行弦桁架的内力分布不均匀，弦杆内力向跨中递增，若每一节间改变截面，则增加拼接困难；如采用相同的截面，又浪费材料。但是，平行弦桁架在构造上有许多优点，结点构造统一，如所有弦杆、斜杆、竖杆长度都分别相同，所有结点处相应各杆交角均相同等，因而利于标准化。平行弦桁架用于轻型桁架时，可采用截面一致的弦杆而不致有很大浪费。厂房中多用于 12 m 以上的吊车梁。铁路桥梁中，由于平行弦桁架给构件制作及施工拼装都带来很多方便，故较多采用。

(2) 三角形桁架的内力分布也不均匀，弦杆内力在两端最大。且端结点处夹角甚小，构造布置较为困难。但是，其两斜面符合屋顶构造需要，故这种桁架主要用于木屋架和钢木屋架。由于支座处弦杆内力值最大且结点夹角很小，所以端部结点设计要给予特别注意，斜杆受压可用木料，竖杆受拉可用钢材。

(3) 抛物线形桁架的内力分布均匀，因而在材料使用上最为经济。但是构造上有缺点，上弦杆在每一结点处均转折而需设置接头，故构造和施工较复杂。不过在大跨度桥梁(例如 100 ～ 150 m) 及大跨度屋架(18 ～ 30 m) 中，节约材料意义较大，故常采用。

5.6 轴 力 图

5.2 节中已经讲述了杆件轴力的概念。就桁架而言，由于每根杆件均为二力杆，且杆轴为直线，当桁架中某杆件 AB 所受力 $\boldsymbol{P}$ 求得后(见图 5.17(a))，任取一距 A 端 x 远的 nn 横截面，将杆截开，取左部受力图(见图 5.17(b))，根据平衡条件不难得到 nn 横截面上内

力总和 $F_N=P$，并沿杆轴方向，就 AB 杆而言 $\boldsymbol{P}$ 可视为外力，而 $\boldsymbol{F}_N$ 应为内力，并称为截面上的轴力。这一结论也可从研究 nn 截面右侧隔离体平衡中得出。当横截面位置随 x 改变时，根据平衡条件，轴力 $\boldsymbol{F}_N$ 始终保持不变，且有 $F_N=P$。图 5.17 中轴力 $\boldsymbol{F}_N$ 的指向背离所取的隔离体，有使杆件伸长的趋势，称为拉力，并以正号代表，否则称为压力，并以负号表示。取如图 5.17(c) 所示坐标系，横坐标代表横截面位置，纵坐标代表轴力 $\boldsymbol{F}_N$ 的值，所作函数图像称为轴力图。轴力图的具体作法是，取平行于轴线的直线（称为基线）为截面位置坐标，与基线垂直的坐标表示截面的轴力，正的轴力画在基线的上方，负的轴力画在基线的下方，并标上正负号。由于 AB 杆各截面轴力 $\boldsymbol{F}_N$ 均为定值 P，故轴力图为与坐标轴 x 相平行的直线，按一定比例尺将 P 标出，图中 + 号表示拉力。

【例 5.7】　施工中一杆件受到如图 5.18(a) 所示的力作用而处于平衡状态，已知 $P_1=1.5\ \text{kN}$，$P_2=2\ \text{kN}$，$P_3=2.5\ \text{kN}$，$P_4=2\ \text{kN}$，试作 AB 杆的轴力图，并确定最大轴力值。

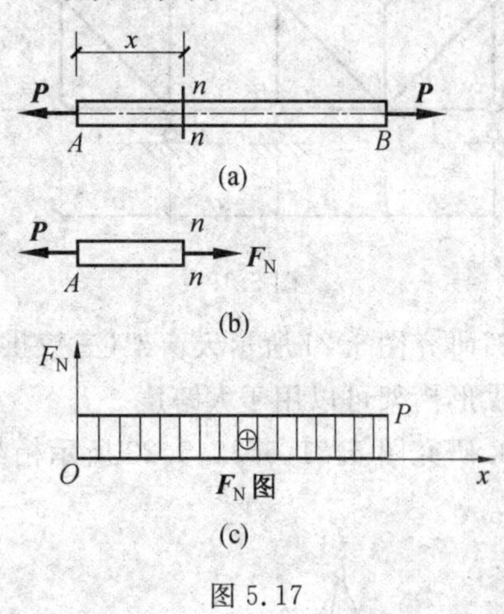

图 5.17

解：由于四力分别作用于 A、C、D、B 四点处，将杆件分为三段，各段轴力均不相同，因此要分段求解。首先自 AC 段中任取 Ⅰ—Ⅰ 截面，研究图 5.18(b) 所示隔离体，根据平衡条件得到 $F_{N1}=P_1=1.5\ \text{kN}$（拉力），这一结果适用于 AC 段间的所有截面；研究 CD 段时取 Ⅱ—Ⅱ 截面，自图 5.18(c) 隔离体中利用平衡条件可得 $F_{N2}/\text{kN}=P_1-P_2=1.5-2=-0.5$（压力）。因为图 5.18(e) 中 $\boldsymbol{F}_{N2}$ 假设为拉力，而所得结果为负值，表明 $\boldsymbol{F}_{N2}$ 实际为压力，这一结果适用于 CD 间所有截面；确定 DB 段时，为了简化计算取 Ⅲ—Ⅲ 截面后讨论图 5.18(d) 所示的右侧隔离体，根据平衡条件 $F_{N3}=P_4=2\ \text{kN}$(拉力)，此结果适用于 DB 间所有截面（取 Ⅲ—Ⅲ 截面左侧平衡条件可以得到同样结果）。将各段轴力按其大小和正负分别绘入图 5.18(e) 中，即得到杆 AB 的轴力图，自图中不难发现最大轴力为 $F_{N\max}=2\ \text{kN}$(拉力)。

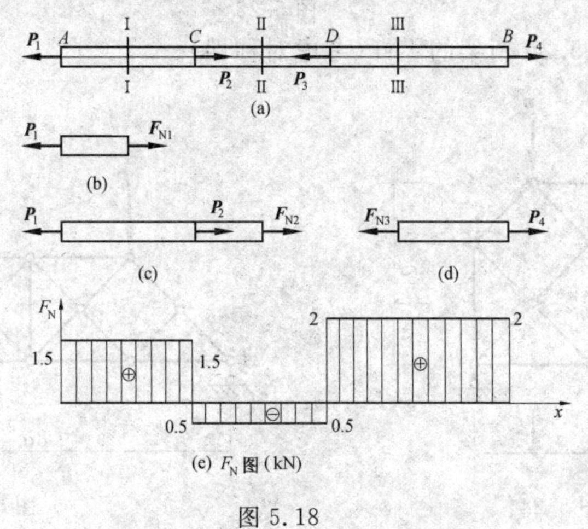

图 5.18

习题课选题指导

1. 对图 5.19 所示桁架进行零杆判别和确定杆件轴力。指出桁架的基本部分和附属部分,说明支座反力的求法。

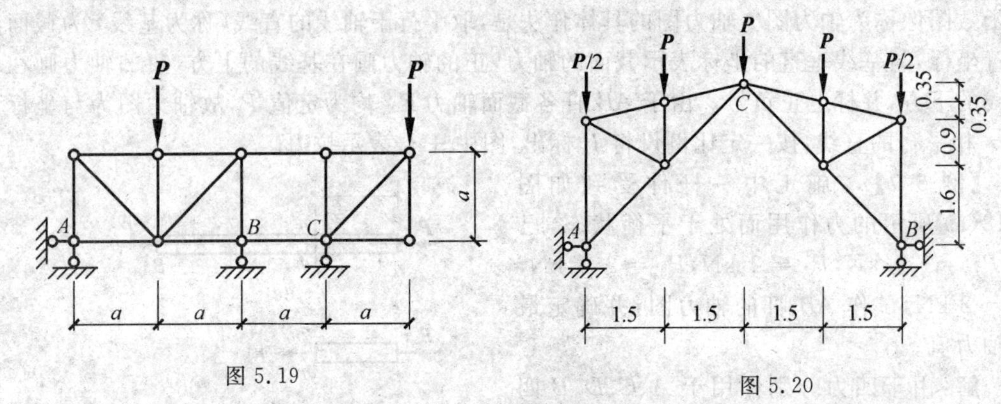

图 5.19　　图 5.20

2. 研究图 5.21 所示天窗架(三铰拱形桁架)的解题要点,说明必须先求解约束反力。指出拱形桁架可以用于大跨度。

3. 研究图 5.21、5.22、5.23 所示桁架截面法的特征,注意与桁架的组成相联系。

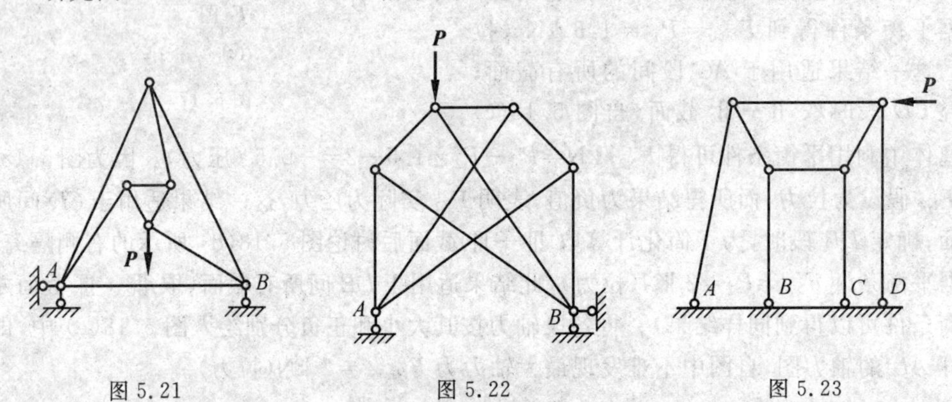

图 5.21　　图 5.22　　图 5.23

4. 确定图 5.24、5.25 桁架的零杆(考虑对称性)。

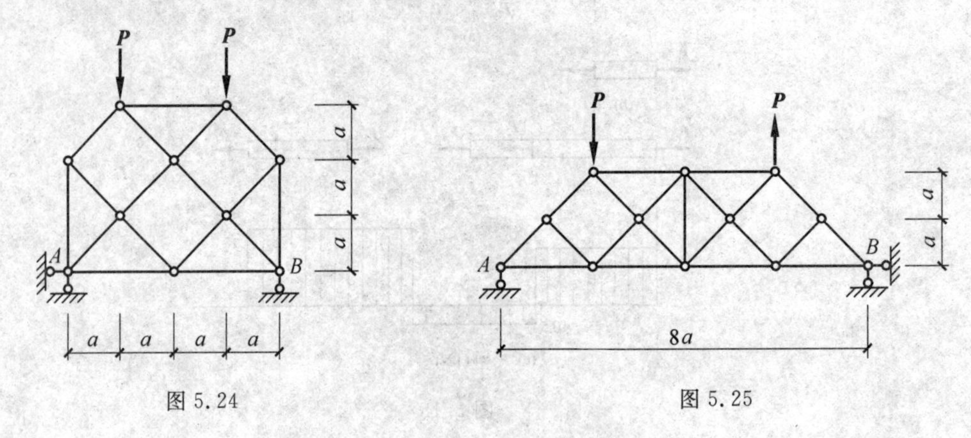

图 5.24　　图 5.25

第6章

静定梁

工程中经常遇到像桥式起重机的大梁(图 6.1(a))、火车轮轴(图 6.1(b))等杆件,它们的受力特点是:作用于杆件上的外力都垂直于杆件的轴线(有时还有力偶)。变形特点是:使原为直线的轴线变形后成为曲线,相邻两横截面之间产生垂直轴线的相对转动。这种形式的变形称为弯曲变形。工程上习惯把以弯曲为主要变形的杆称为梁(beam)。梁是一种常见的构件,在各类工程结构中都占有重要地位。

在建筑结构中梁是最常见的构件,阳台、雨篷可以看成悬臂梁(图 6.1(c)),钢筋混凝土肋梁楼盖中与柱连接的主梁(图 6.1(d))、主梁上的次梁显然都是梁。而次梁上的板,一般在计算时只要满足一定条件,也按梁考虑。柱子在风载、吊车偏心力作用下也按梁的基本理论进行计算。屋架上的檩条(图 6.1(e))要按梁计算。门窗过梁当然更是梁。高层建筑中框架结构的横梁与柱力学上均属受弯构件,都视为梁。剪力墙自身也是梁的一种。施工中的模板以及木肋,在施工荷载作用下也要考虑为不同形式的梁。由此不难看出,梁的理论在建筑中占有非常重要的地位。

6.1 平面弯曲与梁的分类

建筑工程中梁的截面多是规则形状。为使研究简化,先限定所研究的梁截面至少有一个对称轴(参看图 6.2(a)),因此这种梁必定有一个纵向对称面(参看图 6.2(b))。当荷载及支座反力均位于此平面内,且梁的轴线弯曲变形后也位于这个平面内,这种弯曲称为平面弯曲(plane bending)。这是弯曲中最简单也是最基本的内容。

梁根据其支座反力能否用静力平衡条件唯一确定,分为静定梁与超静定梁两类。支座反力均可由静力平衡方程完全确定,统称为静定梁(statically beam)(图 6.1(a)、(b)、(c)、(e))。至于支座反力不能完全由静力平衡方程确定的梁,称为超静定梁(图 6.1(d))。本章只讲述静定梁。静定梁可分为单跨静定梁(图 6.1(a)、(b)、(c))与多跨静定梁(图 6.1(e))。

单跨静定梁按其支座情况的不同与是否有外伸端又可分为:

(1) 简支梁(simply support beam):梁的一端为固定铰支座,另一端为滚动支座或单链杆支座(图 6.1(a))。

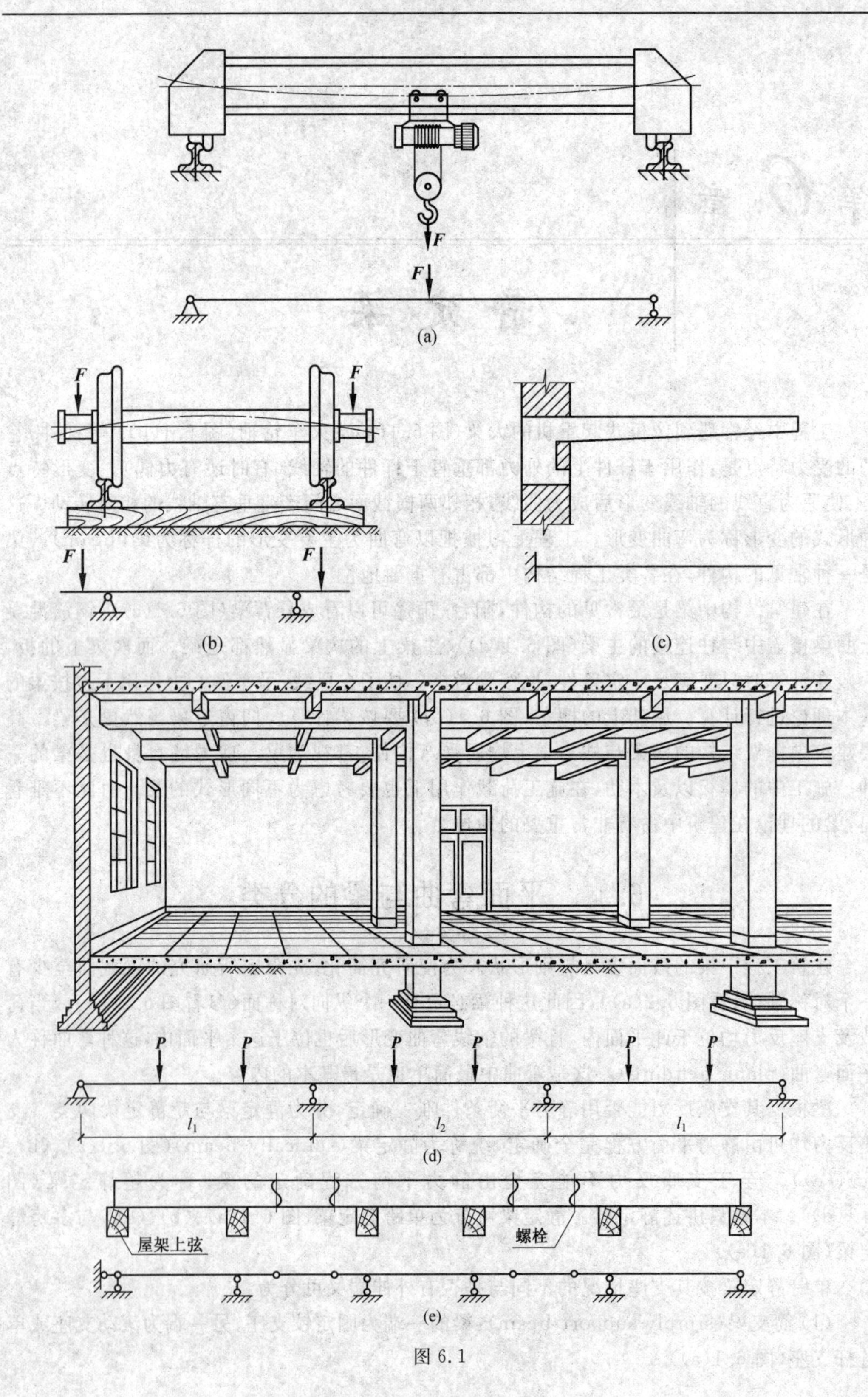

图 6.1

(2) 外伸梁(over hanging beam):有伸出端的简支梁(图 6.1(b))。

(3) 悬臂梁(cantilever beam):梁的一端为固定端支座,另一端为自由端(图 6.1(c))。

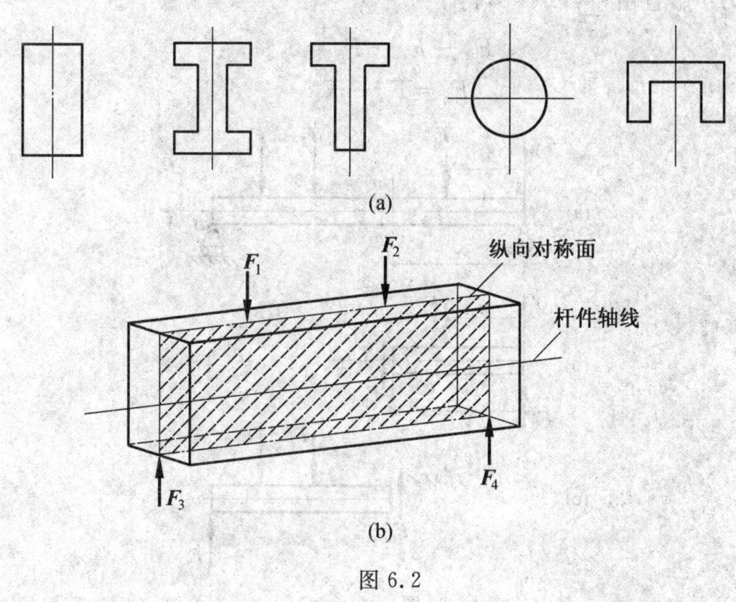

图 6.2

6.2 梁的内力——剪力和弯矩

图 6.3 给出一简支梁受均布荷载 q 作用。当 q 值逐渐增大后将发生破坏。由日常生活经验可以直接判断,其破坏位置一般均在梁中部所在截面。什么力会使梁中部破坏?从外部讲当然是荷载 q,但 q 是均布的,所以真正使中部截面破坏的原因是由外力 q 而引起的梁的内力。只有明确了梁中有何种内力且这些内力沿梁长是如何分布的,才能正确解释这种现象。因此研究梁的内力将是研究梁的强度与刚度问题的基础。

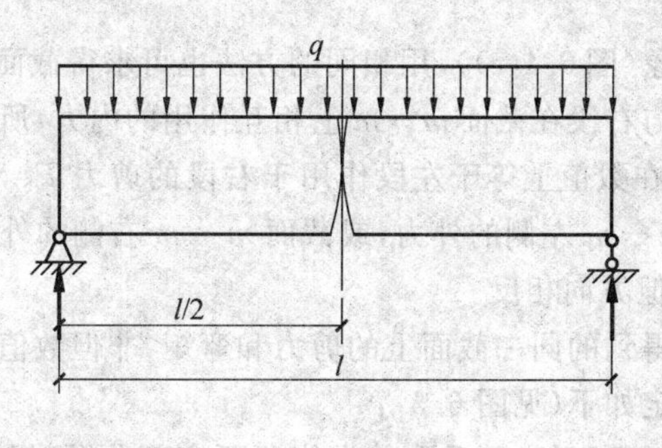

图 6.3

现以图 6.4(a) 所示简支梁为例,F_1、F_2 和 F_3 为作用于梁上的荷载,F_A 和 F_B 为两端的支座反力。为了显示出横截面上的内力,沿截面 $m-m$ 假想地把梁分成两部分,并以左段为研究对象(图 6.4(b))。由于原来的梁处于平衡状态,所以梁的左段仍应处于平衡状态。作用于左段上的力,除外力 $\boldsymbol{F}_A$ 和 $\boldsymbol{F}_1$ 外,在截面 $m-m$ 上还有右段对它的作用力。把这些内力和外力投影于 y 轴,其总和应等于零。一般说,这就要求 $m-m$ 截面上有一个与截面相切的内力 F_S,且由 $\sum F_y=0$,得

$$F_A-F_1-F_S=0$$

$$F_S=F_A-F_1 \tag{6.1}$$

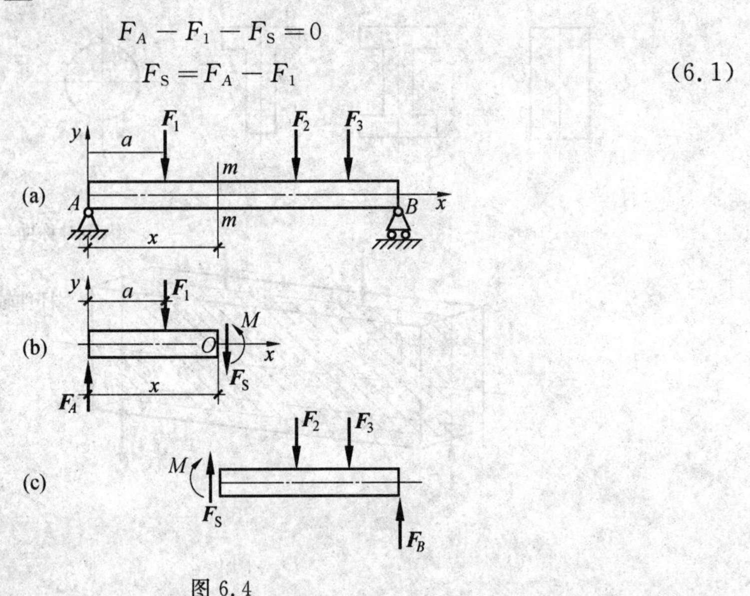

图 6.4

F_S 称为横截面 $m-m$ 上的剪力(shearing force),它是与横截面相切的分布内力系的合力。若把左段上的所有外力和内力对截面 $m-m$ 的形心取矩,其力矩的总和应等于零。一般说,这就要求在截面 $m-m$ 上有一个内力偶矩 M,由 $\sum M_O=0$,得

$$M+F_1(x-a)-F_Ax=0$$

$$M=F_Ax-F_1(x-a) \tag{6.2}$$

M 称为横截面 $m-m$ 上的弯矩(bending moment),它是与横截面垂直的分布内力系的合力偶矩。剪力和弯矩同为梁横截面上的内力。上面的讨论表明,它们都可由梁段的平衡方程来确定。

如取右段为研究对象(图 6.4(c)),用相同的方法也可求得截面 $m-m$ 上的 F_S 和 M。因为剪力和弯矩是左段与右段在截面 $m-m$ 上相互作用的内力,所以,右段作用于左段的剪力 F_S 和弯矩 M,必然在数值上等于左段作用于右段的剪力 F_S 和弯矩 M,但是方向相反。亦即,无论用截面 $m-m$ 左侧的外力,或截面 $m-m$ 右侧的外力来计算剪力 F_S 和弯矩 M,其数值是相等的,但方向相反。

为使上述两种算法得到的同一截面上的剪力和弯矩,非但数值相等而且符号也一致,对梁弯曲内力符号的规定如下(见图 6.5):

由于分左右上下不便于记忆,可采取剪力绕所研究部分顺时针转者为正,反之为负;弯矩以使下部受拉为正,反之为负,这样比较简单。按上述关于符号的规定,一个截面上的剪力和弯矩无论用这个截面的左侧或右侧的外力来计算,所得结果的数值和符号都是一致的。

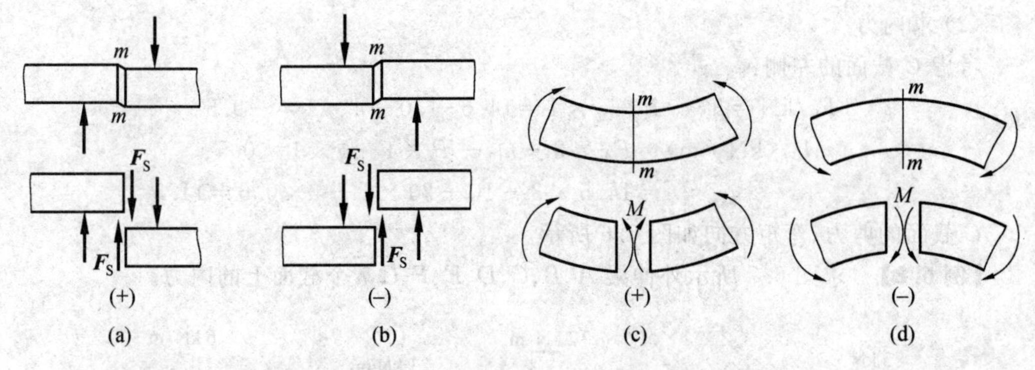

图 6.5

上述解法是求梁截面内力的基本方法，但这种方法每次都要取隔离体、画受力图、建立平衡方程，然后才能得到内力，这样很不方便。能否根据外力直接确定内力呢？

从式(6.1)可以看出，剪力 F_S 等于截面 $m-m$ 一侧（现为左）所有外力在梁轴线的垂线（y 轴）上投影的代数和。但此时每一项外力引起剪力的正负号必须有明确规定，如仍以使所研究对象顺时针转为正，反之为负的符号规定为准，则内外力符号规则将完全统一。从式(6.2)可以看出，弯矩 M 等于截面 $m-m$ 一侧（现为左）所有外力对于截面形心之矩的代数和。如以外力或力偶使所研究截面下部受拉为正，反之为负的符号规定为准，则内外力符号规则将完全统一。这样将最终得到剪力与弯矩的计算法则为：

剪力值＝梁截面一侧所有外力的代数和

弯矩值＝梁截面一侧所有外力对截面形心力矩的代数和

符号规定：外力绕所研究截面顺时针转产生正剪力，反之为负；外力使下部受拉产生正弯矩，反之为负。

【例 6.1】 试计算图 6.6(a) 所示简支梁 C 截面的内力。

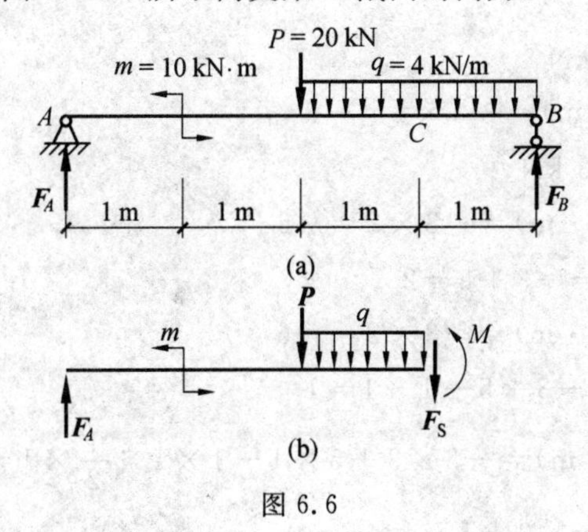

图 6.6

解：(1) 求支座反力

取 $\sum M_B = 0$，得 $F_A = 14.5\ \text{kN}$

取 $\sum M_A = 0$，得 $F_B = 13.5\ \text{kN}$

(2) 求内力

考虑 C 截面的左侧：

$$F_S/\text{kN}=F_A-P-q\times1=14.5-20-4\times1=-9.5$$

$$M_C/(\text{kN}\cdot\text{m})=F_A\times3-m_0-P\times1-q\times1\times0.5$$
$$=14.5\times3-10-20\times1-4\times0.5=11.5$$

C 截面的剪力、弯矩方向如图 6.6 所示。

【例 6.2】 求图 6.7 所示外伸梁 A、B、C、D、E、F、G 7 个截面上的内力。

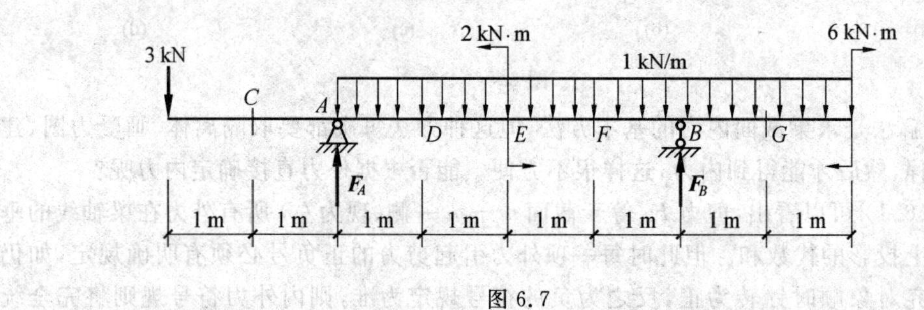

图 6.7

解:(1) 求支座反力

取 $\sum m_B=0$，有 $3\times6+1\times6\times1+2-6-F_A\times4=0$，解得 $F_A=5$ kN

取 $\sum m_A=0$，有 $3\times2+2-1\times6\times3-6+F_B\times4=0$，解得 $F_B=4$ kN

检验 $\sum F_y=5+4-3-1\times6=0$

(2) 求内力

根据计算法则直接计算各截面内力，C、A、D、E 截面计算内力时取左侧；F、B、G 截面计算内力时取右侧得出：

$$C\text{截面}\begin{cases}F_{SC}=-3\text{ kN}\\M_C/(\text{kN}\cdot\text{m})=-3\times1=-3\end{cases}$$

$$A\text{左截面}\begin{cases}F_{SA}^{L}=-3\text{ kN}\\M_A^{L}/(\text{kN}\cdot\text{m})=-3\times2=-6\end{cases}$$

$$A\text{右截面}\begin{cases}F_{SA}^{R}/\text{kN}=-3+5=2\\M_A^{R}/(\text{kN}\cdot\text{m})=-3\times2=-6\end{cases}$$

$$D\text{截面}\begin{cases}F_{SD}/\text{kN}=-3+5-1\times1=1\\M_D/(\text{kN}\cdot\text{m})=-3\times3+5\times1-1\times1\times\dfrac{1}{2}\times1=-4.5\end{cases}$$

$$E\text{左截面}\begin{cases}F_{SE}^{L}/\text{kN}=-3+5-1\times2=0\\M_E^{L}/(\text{kN}\cdot\text{m})=-3\times4+5\times2-1\times2\times\dfrac{1}{2}\times2=-4\end{cases}$$

$$E\text{右截面}\begin{cases}F_{SE}^{R}/\text{kN}=-3+5-1\times2=0\\M_E^{R}/(\text{kN}\cdot\text{m})=-3\times4+5\times2-1\times2\times\dfrac{1}{2}\times2-2=-6\end{cases}$$

$$F\text{截面}\begin{cases}F_{SF}/\text{kN}=1\times 3-4=-1\\ M_F/(\text{kN}\cdot\text{m})=-6-1\times 3\times\dfrac{1}{2}\times 3+4\times 1=-6.5\end{cases}$$

$$B\text{左截面}\begin{cases}F_{SB}^{L}/\text{kN}=1\times 2-4=-2\\ M_B^{L}/(\text{kN}\cdot\text{m})=-6-1\times 2\times\dfrac{1}{2}\times 2=-8\end{cases}$$

$$B\text{右截面}\begin{cases}F_{SB}^{R}/\text{kN}=1\times 2=2\\ M_B^{R}/(\text{kN}\cdot\text{m})=-6-1\times 2\times\dfrac{1}{2}\times 2=-8\end{cases}$$

$$G\text{截面}\begin{cases}F_{SG}/\text{kN}=1\times 1=1\\ M_G/(\text{kN}\cdot\text{m})=-6-1\times 1\times\dfrac{1}{2}\times 1=-6.5\end{cases}$$

仔细考查上述各截面内力的关系，可以发现，在紧靠集中力的两侧截面剪力值要发生突然变化，例如 $F_{SA}^{L}=-3$ kN 而 $F_{SA}^{R}=2$ kN，其突变值为 $F_{SA}^{R}-F_{SA}^{L}=5$ kN$=F_A$ 恰好为集中反力值。因此在集中力处求剪力时，一般要给出力左或力右两截面剪力。类似情况还可发现集中力偶处弯矩要有突变，而突变总值也恰好等于集中力偶的值，例如 $M_E^{L}=-4$ kN・m，$M_E^{R}=-6$ kN・m 而 $M_E^{R}-M_E^{L}=-2$ kN・m 恰好等于该处集中力偶值。所以集中力偶处的弯矩也要给出左右两截面的值。

6.3　单跨静定梁的内力图

梁受横向荷载作用后，每一截面都将产生剪力与弯矩（可能有的截面值为零）。在进行强度与刚度计算时，都需要了解内力沿梁长的变化规律，特别是何处剪力最大，何处弯矩最大（绝对值），因为梁的破坏往往从这些截面先发生。将梁的内力沿梁长的变化规律以图的形式表达是最直观的方法，这种图就是梁的内力图。绘制梁的内力图从数学上讲必须首先建立剪力方程（剪力与截面位置的函数关系）与弯矩方程（弯矩与截面位置的函数关系），然后根据函数作图的方法分别绘出剪力图与弯矩图（shear force and bending moment diagrams）。需要说明的是，$F_S(x)$ 的正方向与数学上的正方向相同，$M(x)$ 的正方向与数学上的正方向相反。之所以如此规定，仅是为了使弯矩图均画在梁受拉的一侧，以便与将来刚架弯矩图协调统一。这一作法仅是建筑工程中的一种规定，而在机械工程中将无此规定。

下面通过实例说明剪力图与弯矩图的作图方法。

【例 6.3】　绘制图 6.8(a) 所示悬臂梁的内力图。

解：(1) 建立剪力方程与弯矩方程

任取一 x 截面，有

$$F_S(x)=P\quad(0<x<l)$$

$$M(x)=-P(l-x)\quad(0<x\leqslant l)$$

此处剪力在两端点无定义，弯矩在 $x=0$ 处无定义。

(2) 画剪力图与弯矩图

由于剪力为定值,故图形为水平线(图6.8(b))。画弯矩图时由于方程为1次式,故取 $x=0$,得 $M(0)=-Pl$,取 $x=l$,得 $M(l)=0$(严格讲应为 $x\to l$) 将此两点标在图中(图6.8(c)),连接两点间的直线,即得到弯矩图。

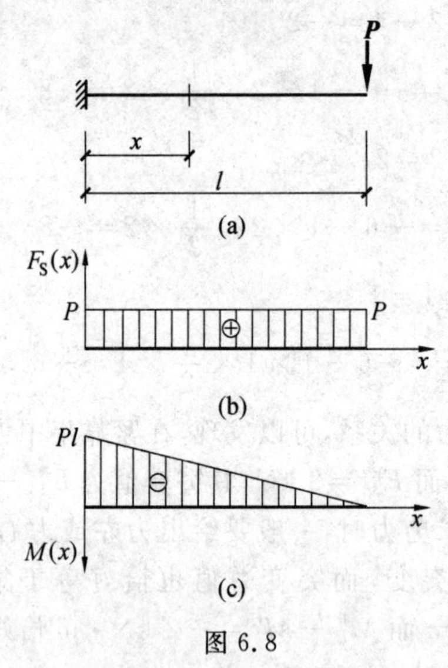

图 6.8

【例 6.4】 绘制图6.9(a)所示简支梁的内力图。

解:(1) 求支座反力

$$F_A=F_B=\frac{ql}{2}$$

(2) 建立剪力与弯矩方程

任取 x 截面,有

$$F_S(x)=\frac{ql}{2}-qx \quad (0<x<l)$$

$$M(x)=\frac{ql}{2}x-qx\frac{x}{2}=\frac{ql}{2}x\left(1-\frac{x}{l}\right) \quad (0\leqslant x\leqslant l)$$

(3) 画剪力图与弯矩图

为简化作图,可将图中坐标系去掉,但必须在图侧标清 F_S 图和 M 图。剪力图为1次式,属斜直线,确定两点。

$$x=0, F_S(0)=\frac{ql}{2}, x=l$$

有

$$F_S(l)=-\frac{ql}{2}$$

将此两点标在图上连直线得剪力图(见图6.9(b))。由于弯矩方程为二次抛物线,画图时可直接确定三点坐标,连一光滑曲线即可。取

$x=0, M(0)=0$,取 $x=\frac{l}{2}$,有 $M\left(\frac{l}{2}\right)=\frac{ql^2}{8}$,取 $x=l, M(l)=0$,过此三点作图为一向下凸的光滑曲线(见图6.9(c))。不难证明图中弯矩最大的值就是$\frac{ql^2}{8}$,取弯矩的一阶导数

为零，有

$$\frac{\mathrm{d}M(x)}{\mathrm{d}x}=\frac{ql}{2}-qx=0$$

解出 $x=\frac{l}{2}$，这表明极值确系发生在梁中点处且 $M_{\max}=\frac{ql^2}{8}$。进一步取弯矩的二阶导数，有

$$\frac{\mathrm{d}^2M(x)}{\mathrm{d}x^2}=-q<0$$

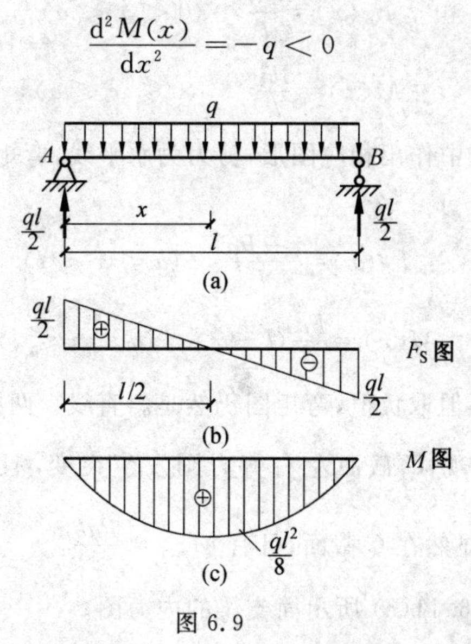

图 6.9

该结论一方面说明所取极值为极大值，同时又说明弯矩图是向下凸的（注意弯矩纵坐标与数学规定不同），上述讨论中还可发现，弯矩取极值时恰好剪力为零，这一关系对确定弯矩极值十分有用。

【例 6.5】　绘制图 6.10(a) 所示简支梁的内力图。

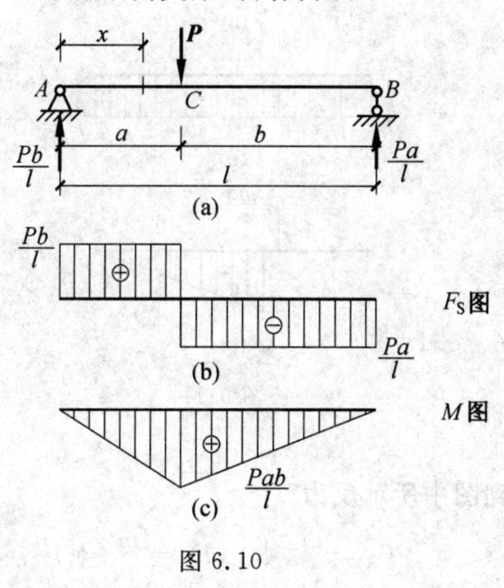

图 6.10

解：(1) 求支座反力

根据平衡条件有

$$F_A=\frac{Pb}{l},F_B=\frac{Pa}{l}$$

(2) 建立不同段的内力方程与画图

由于梁上 AC 段与 CB 段的内力方程将有所不同,因此必须分段进行。首先研究 AC 段的方程,考虑截面左侧,有

$$F_S(x)=\frac{Pb}{l}\quad (0<x<a)$$

$$M(x)=\frac{Pb}{l}x\quad (0\leqslant x\leqslant a)$$

在图 6.10(b) 和(c) 中作出相应图形,剪力为水平线,弯矩为斜直线。进一步研究 CB 段,考虑截面右侧,有

$$F_S(x)=\frac{-Pa}{l}\quad (a<x<l)$$

$$M(x)=\frac{Pa}{l}(l-x)\quad (a\leqslant x\leqslant l)$$

剪力图仍为水平线,但取负值,弯矩图仍然是斜直线。两图示于图 6.10(b)、(c) 中。

自剪力图中不难发现,C 截面左右剪力图发生突变,且突变值总和为 $\frac{Pb}{l}+\frac{Pa}{l}=P$(集中力)。最大弯矩显然在 C 截面,且有 $M_{\max}=\frac{Pab}{l}$。

【例 6.6】 绘制图 6.11(a) 所示简支梁的内力图。

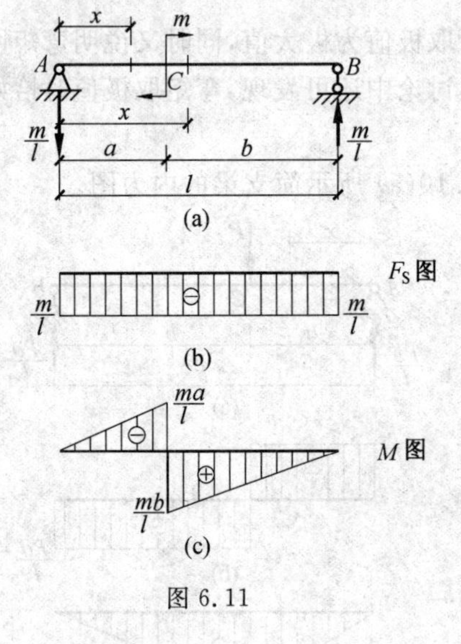

图 6.11

解:(1) 求支座反力

根据平衡条件,得到图中所示反力

$$F_A=\frac{m}{l}(\downarrow),F_B=\frac{m}{l}(\uparrow)$$

(2) 列方程画内力图

本例中剪力方程在全跨中只有一个,即

$$F_S(x)=-\frac{m}{l}\quad (0<x<l)$$

剪力图如图 6.11(b) 所示。然而弯矩方程却需分作两段

AC 段，有 $$M(x)=-\frac{m}{l}x\quad (0\leqslant x<a)$$

CB 段，有 $$M(x)=\frac{m}{l}(l-x)\quad (a<x\leqslant l)$$

两段弯矩图均为斜直线(如图 6.11(c) 所示)，但在 $x=a$ 处为间断点。此处依然发现在集中力偶作用处 M 图有突变，且其总和为 $\frac{ma}{l}+\frac{mb}{l}=m$（集中力偶）。

【例 6.7】 绘制图 6.12(a) 所示简支梁的内力图。

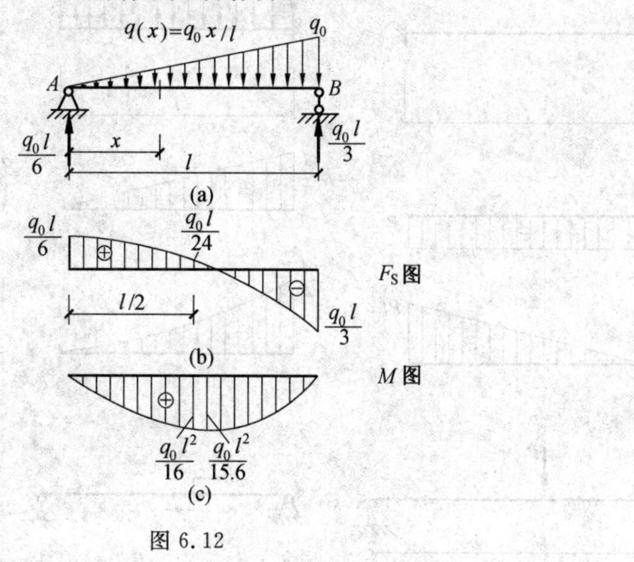

图 6.12

解：(1) 求支座反力

根据平衡条件求得 $$F_A=\frac{q_0 l}{6},F_B=\frac{q_0 l}{3}$$

(2) 建立剪力与弯矩方程

任取 x 截面，三角形线荷载 $q(x)=q_0\frac{x}{l}$，根据内力计算法则，有

$$F_S(x)=\frac{q_0 l}{6}-\frac{1}{2}q_0\frac{x^2}{l}=\frac{q_0 l}{6}\left(1-3\frac{x^2}{l^2}\right)\quad (0<x<l)$$

$$M(x)=\frac{q_0 l}{6}x-\frac{1}{2}q_0\frac{x^2}{l}\times\frac{x}{3}=\frac{q_0 l}{6}x\left(1-\frac{x^2}{l^2}\right)\quad (0\leqslant x\leqslant l)$$

(3) 作 F_S 图与 M 图

剪力方程为二次曲线。取三点作图，有 $x=0,F_S(0)=\frac{q_0 l}{6};x=\frac{l}{2},F_S(\frac{l}{2})=\frac{q_0 l}{24}$；$x=l,F_S(l)=-\frac{q_0 l}{3}$，剪力图如图 6.12(b) 所示，研究曲线的凹凸性可取 $\frac{d^2F_S(x)}{dx^2}=-\frac{q_0}{l}<0$，因此曲线为上凸的。弯矩方程为三次曲线，取三点，有 $x=0,M(0)=0;x=\frac{l}{2}$，

$M(\frac{l}{2})=\frac{q_0 l^2}{16}$；$x=l$，$M(l)=0$，根据这三点虽然可作出弯矩的大致图形，但尚需求出 $M_{\max}$。

取 $\frac{\mathrm{d}M(x)}{\mathrm{d}x}=\frac{q_0 l}{6}\left(1-3\frac{x^2}{l^2}\right)=0$，解得 $x=\frac{1}{\sqrt{3}}$，得 $M_{\max}=\frac{q_0 l^2}{9\sqrt{3}}=\frac{1}{15.6}q_0 l^2$，将上述四点连成光滑曲线得图 6.12(c) 所示的弯矩图。由弯矩的求导再次发现，M 取极值的截面剪力恰好为零。

图 6.13 汇集了一些最基本的剪力图与弯矩图，从这些图中可以找到荷载集度、剪力、弯矩之间的某些规律性的结论。不难发现，当 $q=0$ 时，F_S 图为水平线，M 图为斜直线。当 $q=$定值时，F_S 图为斜直线，M 图为二次曲线。

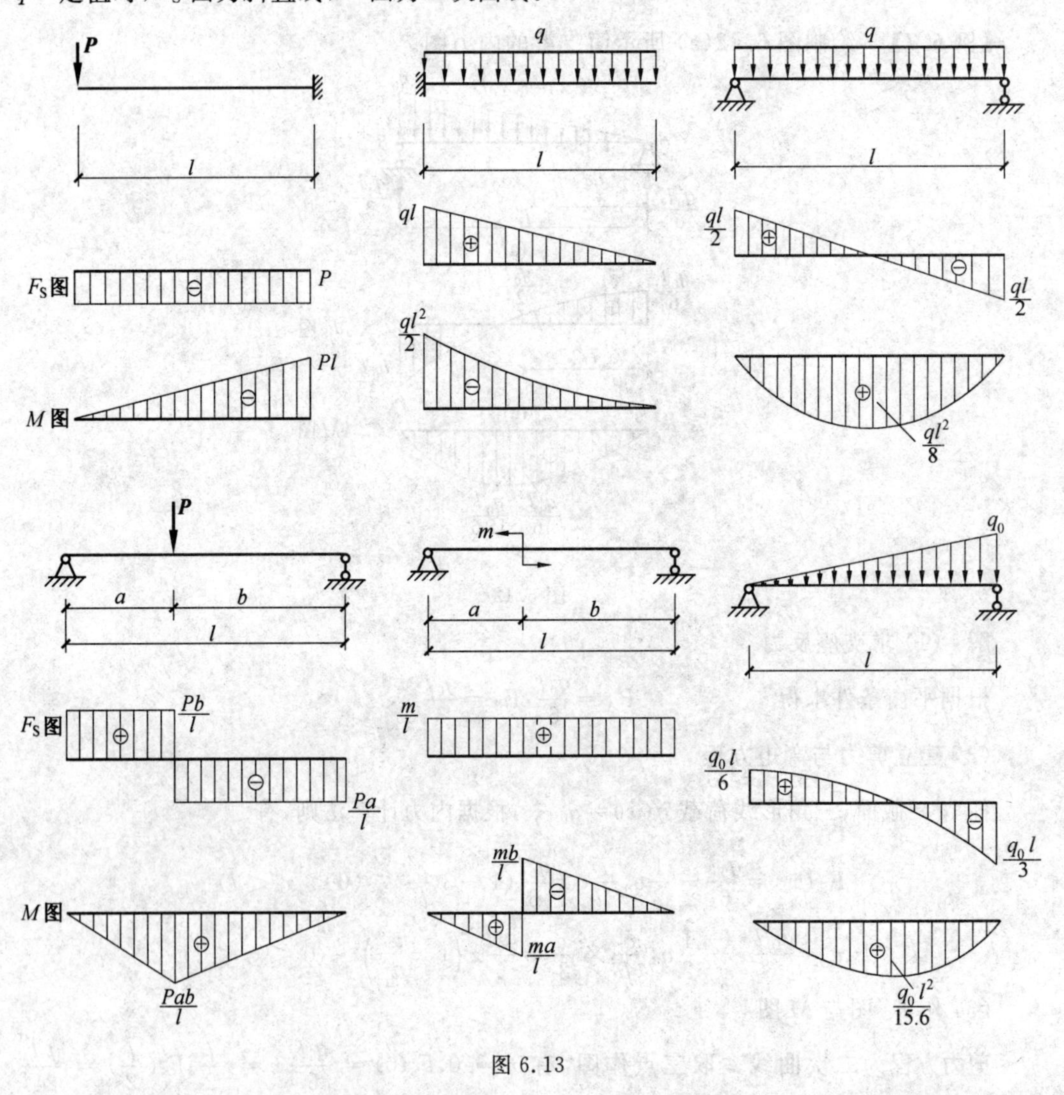

图 6.13

当 q 为三角形分布时，F_S 图为二次曲线，M 图为三次曲线。这些由例题中总结出的结论如果能够被证明是普遍规律，再加上集中力处剪力图有突变和集中力偶处弯矩图有突变的规律，将使绘制梁的内力图变得相当简捷。

6.4　弯矩、剪力与荷载集度的关系

为了揭示梁的荷载集度、剪力和弯矩间的本质关系，我们来研究如图6.14(a)所示的梁。以轴线为 x 轴，向右为正，y 轴向上为正。梁上分布荷载的集度 $q(x)$ 是 x 的连续函数，且规定 $q(x)$ 向上（与 y 轴方向一致）为正。从梁中取出长为 $\mathrm{d}x$ 的微段，并放大为图6.14(b)。微段左侧截面上的剪力和弯矩分别是 $F_S(x)$ 和 $M(x)$，当坐标 x 有一增量 $\mathrm{d}x$ 时，$F_S(x)$ 和 $M(x)$ 的增量分别是 $\mathrm{d}F_S(x)$ 和 $\mathrm{d}M(x)$。所以，微段右侧截面上剪力和弯矩分别是 $F_S(x)+\mathrm{d}F_S(x)$ 和 $M(x)+\mathrm{d}M(x)$。微段上的这些内力都取正值，且设微段内无集中力和集中力偶作用。由微段的平衡方程 $\sum F_y=0$ 和 $\sum M_C=0$，得

$$F_S(x)-[F_S(x)+\mathrm{d}F_S(x)]+q(x)\mathrm{d}x=0$$

$$-M(x)+[M(x)+\mathrm{d}M(x)]-F_S(x)\mathrm{d}x-q(x)\mathrm{d}x\cdot\frac{\mathrm{d}x}{2}=0$$

省略第二式中的高阶微量 $q(x)\mathrm{d}x\cdot\dfrac{\mathrm{d}x}{2}$，整理后得出

$$\frac{\mathrm{d}F_S(x)}{\mathrm{d}x}=q(x)\tag{6.3}$$

$$\frac{\mathrm{d}M(x)}{\mathrm{d}x}=F_S(x)\tag{6.4}$$

这就是直梁微段的平衡方程。如将式(6.4)对 x 取导数，并利用式(6.3)，又可得出

$$\frac{\mathrm{d}^2M(x)}{\mathrm{d}x^2}=\frac{\mathrm{d}F_S(x)}{\mathrm{d}x}=q(x)\tag{6.5}$$

上述三式即为荷载集度、剪力、弯矩三者的微分关系。式(6.3)表明，任一点剪力的切线斜率等于该点荷载集度的大小；式(6.4)表明，任一点弯矩切线的斜率等于该点剪力的代数值。式(6.5)直接将弯矩与荷载集度建立了微分关系，表明荷载集度即为弯矩的二阶变化率。

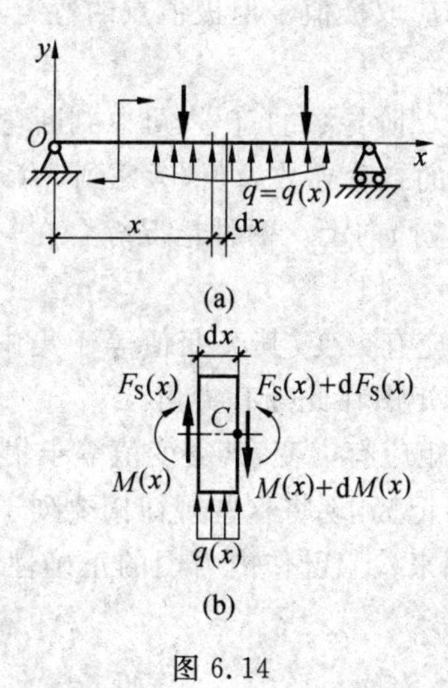

图6.14

根据高等数学中导数对曲线研究的应用,不难发现,前面总结出有关荷载集度、剪力图、弯矩图间相互关系的规律基本上都是公式(6.3)、(6.4)和(6.5)的体现。现归纳如表6.1所示。

表6.1　简单荷载作用下剪力图与弯矩图的特征

某段梁上外力作用情况	无荷载	向下的均布荷载	集中力	集中力偶
		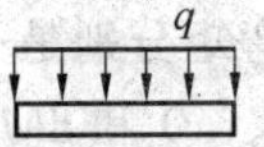	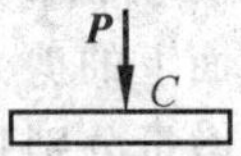	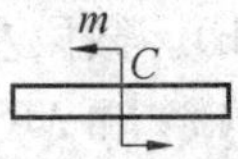
剪力图上的特征	一般为水平直线 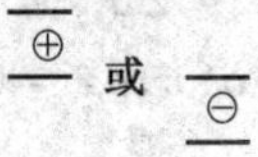	向下方倾斜的直线 	在 C 处有突变 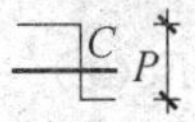	在 C 处无变化
弯矩图上的特征	一般为斜直线 	下凸的二次抛物线 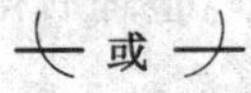	在 C 处有尖角 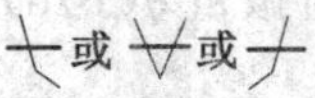	在 C 处有突变 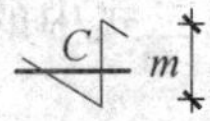
最大弯矩所在截面的可能位置		在 $F_S=0$ 的截面	在剪力变号的截面	在紧靠 C 点的某一侧的截面

(1) 当 $q(x)=0$ 时,根据式(6.3)可判定 $F_S(x)$ 应为定值。因此剪力图应呈水平直线图形,此时根据式(6.4)可判定 $M(x)$ 应为一次函数,故应呈斜直线图形。当 $F_S(x)$ 取正值时,$M(x)$ 的坐标以向下为正,此时 $M(x)$ 图形应呈向下斜的直线(自左向右),当 $F_S(x)$ 取负值时,$M(x)$ 应斜向上。

(2) 当 $q(x)$=常量(均布荷载)时,式(6.4)表明 $F_S(x)$ 应为一次式,因此剪力图应为斜直线,此时根据式(6.4)又可断定 $M(x)$ 应为二次式,故弯矩图应为二次抛物线。

(3) 当 $q(x)$ 为斜直线时,$F_S(x)$ 必为二次曲线,$M(x)$ 将呈三次曲线。

(4) $F_S(x)=0$ 的点 $M(x)$ 应取极值。但极值点的弯矩其绝对值并不一定都是最大弯矩。

(5) 从式(6.5)出发,根据二阶导数的符号,可以判断弯矩图的凹凸性。当 $q(x)$ 向下作用时(最常见的情况)$M(x)$ 的二阶导数为负,考虑到 $M(x)$ 以向下为正,故 $M(x)$ 曲线应凸向下;反之则 $M(x)$ 曲线应凸向上。两种情况综合在一起,可以下结论说,$q(x)$ 指向何方,$M(x)$ 就凸向何方。

(6) 在集中力作用处剪力应有突变,其突变值等于集中力的大小。此截面处弯矩连续,但斜率将发生突变,因而弯矩图在此处有尖角。

(7) 在集中力偶作用处弯矩应有突变,其突变值等于集中力偶矩的大小,此处剪力图无变化。为了清晰了解和便于记忆,现将这些规律摘要列于表6.1中。

上述这些结论不仅可以用来检验已作内力图的正确性,而且更重要的是以它为依据寻求作内力图的简捷法。

6.5　简捷法绘制梁的内力图

绘制梁内力图的简捷法是一种可以不列内力方程，直接计算控制截面内力，然后根据荷载集度、剪力、弯矩三者间的内在关系，直接进行画图的一种方法。下面举例说明。

【例6.8】　用简捷法作图6.15所示梁的内力图。

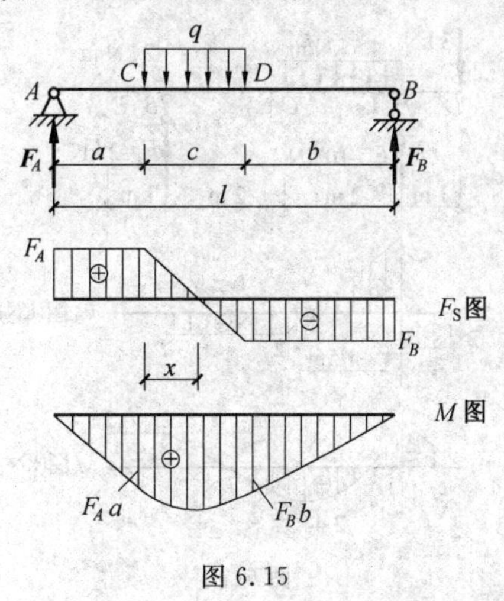

图6.15

解：(1) 求支座反力

$$F_A=q\frac{c}{l}\left[l-\left(a+\frac{c}{2}\right)\right],F_B=q\frac{c}{l}\left(a+\frac{c}{2}\right)$$

(2) 按荷载特点将梁分为若干段，使每一段中只含一个内力方程(不列)。本题分为AC、CD、DB三段。

(3) 按规则直接作剪力图，AC段无荷载，剪力应为水平线，其值可在AC段中任选一截面，有$F_S=F_A$，将此图绘出；CD段有均布荷载，剪力应为斜直线，可取两点，有$F_{SC}=F_A$和$F_{SD}=-F_B$，连斜线即为此段剪力图，同样可得DB段剪力图，观察本题剪力图可以发现，只要求出C与D截面剪力即可绘剪力图，因此C与D为控制截面。

(4) 按规则直接作弯矩图，AC段无荷载，弯矩应为斜直线，取两点$M_A=0$，$M_C=F_Aa$，CD段弯矩应为抛物线，一般取3个点，$M_C=F_Aa$，$M_D=F_Bb$，由于本段中有$F_S=0$的点，故$M(x)$应有极值。令$F_S(x)=0$，$F_A-qx=0$，得$x=F_A/q$，因此

$$M_{\max}=F_A(a+x)-\frac{1}{2}qx^2$$

DB段弯矩图为斜直线，已知$M_D=F_Ab$和$M_B=0$，连线即得本段弯矩图。本图中A、C、D、B和剪力为零的截面是控制截面，只要这些截面弯矩已知，根据性质可得出M图。

本题中若令$c\rightarrow 0$且保持$q\times c=P$为常量，则将转化成前面图6.10所示图形，此时反力将转化为

$$F_A=\frac{P}{l}(l-a)=\frac{Pb}{l},\quad F_B=\frac{Pa}{l}$$

其剪力图与弯矩图将退化为图6.10。通过这两题之间的联系，可以帮助理解集中力

作用下剪力突变的意义。实际上任何集中力都是分布在有限区段上的分布力，如果以图6.15为图6.10的原始受力状态，则在 c 段上的剪力是连续变化的，并没有真正的突变，而且在中间某点剪力尚且为零。但是当 c 无限趋近于零，且 $q\times c=P$ 保持常量时，便出现理想的集中力，而从数学上讲，剪力将有突变产生。

集中力偶的作用问题也可类似说明，建议读者自己去探讨。

【例 6.9】 用简捷法作图 6.16 所示外伸梁的内力图。

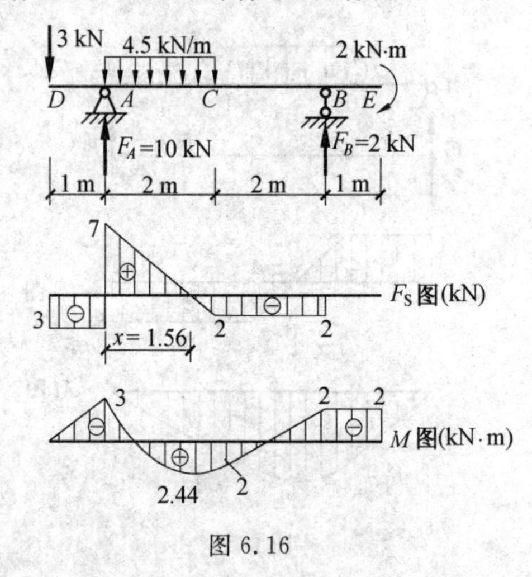

图 6.16

解:(1) 求支座反力

利用平衡条件得 $F_A=10\ \text{kN}(\uparrow)$， $F_B=2\ \text{kN}(\uparrow)$

(2) 根据荷载将梁分为 4 段

(3) 作剪力图

DA 为水平线，其值为 -3 kN，遇到反力 F_A，剪力向上突变10 kN，使 A 右截面剪力为 7 kN；AC 段剪力为斜直线，$F_{SC}/\text{kN}=-3+10-4.5\times2=-2$，连接此两点得该段剪力图；$CB$ 段剪力图为水平线，其值为 -2 kN；BE 段剪力全为零。

(4) 作弯矩图

$M_D=0$，$M_A/(\text{kN}\cdot\text{m})=-3\times1=-3$，$DA$ 为斜直线，AC 段为二次曲线，$M_A=-3\ \text{kN}\cdot\text{m}$，$M_C/(\text{kN}\cdot\text{m})=-2+2\times2=2$，剪力为零处可自剪力图中按比例求出，有 $\dfrac{7}{2}=\dfrac{x}{2-x}$，$9x=14$ 解得：$x=1.56$ m，因此

$$M_{\max}/(\text{kN}\cdot\text{m})=-3\times2.56+10\times1.56-4.5\times1.56\times\frac{1.56}{2}=2.44$$

CB 段为斜直线，$M_C=2\ \text{kN}\cdot\text{m}$，$M_B=-2\ \text{kN}\cdot\text{m}$；$BE$ 段为水平线(因 $F_S(x)=0$)，其值有 $M=-2\ \text{kN}\cdot\text{m}$。

(5) 危险截面危险内力值

危险内力一般指绝对值最大的内力。本题绝对值最大的剪力即 $|F_S|_{\max}=7$ kN 位于 A 的右侧截面处；绝对值最大的弯矩即 $|M|_{\max}=3\ \text{kN}\cdot\text{m}$，位于 A 截面处。此梁极值点的弯矩为 2.44 kN·m，但并非绝对最大。在研究钢筋混凝土梁的配筋问题时，需要用到梁

的最大正弯矩与最大负弯矩的概念，就本例而言，最大正弯矩应为 2.44 kN·m；最大负弯矩为 3 kN·m。

【例 6.10】 用简捷法作图 6.17 悬臂柱的剪力图与弯矩图。

解：本题可不求反力。根据荷载作用位置可知，AB 段剪力图为斜直线，有 $F_{SA}^{下}=10$ kN，$F_{SB}^{下}/\text{kN}=10+1\times2=12$；$BC$ 段剪力图仍为斜直线，且 B 截面有集中力作用，因此剪力有突变，故 $F_{SB}^{下}/\text{kN}=F_{SB}^{上}-20=12-20=-8$，$F_{SC}=F_{SB}^{下}+1\times8=-8+8=0$。弯矩图 AB 段为二次曲线，$M_A=0$，$M_B^{上}/(\text{kN}\cdot\text{m})=-10\times2-1\times2\times1=-22$，$M_{AB}^{中}/(\text{kN}\cdot\text{m})=-10\times1-1\times1\times0.5=-10.5$，$BC$ 段也为二次曲线，因 B 还有集中力偶作用，故 M 图有突变，$M_B^{下}/(\text{kN}\cdot\text{m})=M_B^{上}-4=-22-4=-26$，$M_C/(\text{kN}\cdot\text{m})=-10\times10-1\times10\times5+20\times8-4=6$，$M_{BC}^{中}/(\text{kN}\cdot\text{m})=-10\times6-1\times6\times3+20\times4-4=-2$。

F_S 图和 M 图见图 6.17。

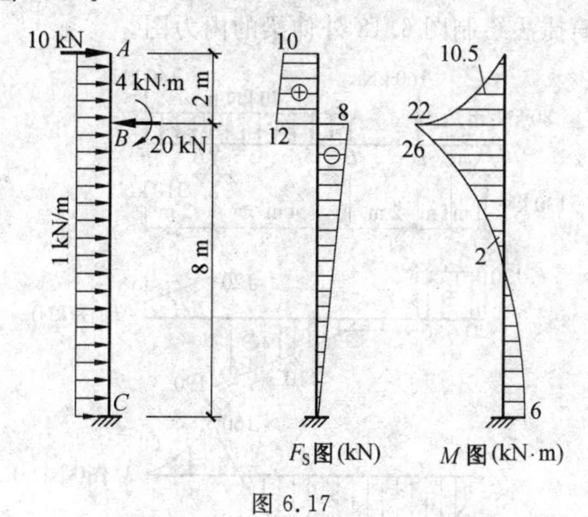

图 6.17

本题危险截面剪力为 12 kN，位于 B 的上截面，危险截面弯矩为 26 kN·m，位于 B 的下截面处。此柱 C 点剪力为零，因此弯矩在此有极值为 6 kN·m，但并不是绝对最大弯矩。

本例由于轴线位于竖直方向，剪力图正值可画在轴线任意一侧，但符号必须标清；弯矩图仍画在受拉的一侧。

荷载集度、剪力、弯矩三者间的微分关系已经使绘制梁的内力图变得简捷，而三者间的积分关系会进一步使绘图简化。

将公式(6.3)与(6.4)取定积分的形式，有

$$F_S(x_2)-F_S(x_1)=\int_{x_1}^{x_2}q(x)\,dx$$

$$M(x_2)-M(x_1)=\int_{x_1}^{x_2}F_S(x)\,dx$$

这两式的几何意义表明，梁上任意两截面间剪力的差值等于荷载集度的面积，而梁截面间弯矩的差值等于该段剪力图的面积。将此二式变为

$$F_S(x_2)=F_S(x_1)+\int_{x_1}^{x_2}q(x)\,dx \tag{6.6}$$

$$M(x_2)=M(x_1)+\int_{x_1}^{x_2}F_S(x)\,dx \tag{6.7}$$

可用来直接确定某点的剪力和弯矩。但需指出的是，用公式(6.6)时，x_1 与 x_2 间应不存在集中力，如有集中力应考虑它的影响；同样用公式(6.7)时，x_1 与 x_2 间应不存在集中力偶，如有也需同样考虑其对弯矩的影响。还需说明的是，上述公式坐标系均以 x 向右为正，如反之则符号应有所变化。

以图 6.16 为例，当极值点位置 $x=\dfrac{14}{9}$ 求出后，为了确定弯矩极值可利用式(6.7)，有

$$M_{max}/(\text{kN}\cdot\text{m})=M_A+7\times\frac{14}{9}\times\frac{1}{2}=-3+5.44=2.44$$

在图 6.17 中，已知 $M_C/(\text{kN}\cdot\text{m})=6$，则 $M_B^{下}/(\text{kN}\cdot\text{m})=6-8\times8\times\dfrac{1}{2}=-26$。

【例 6.11】 用简捷法绘制图 6.18 外伸梁的内力图。

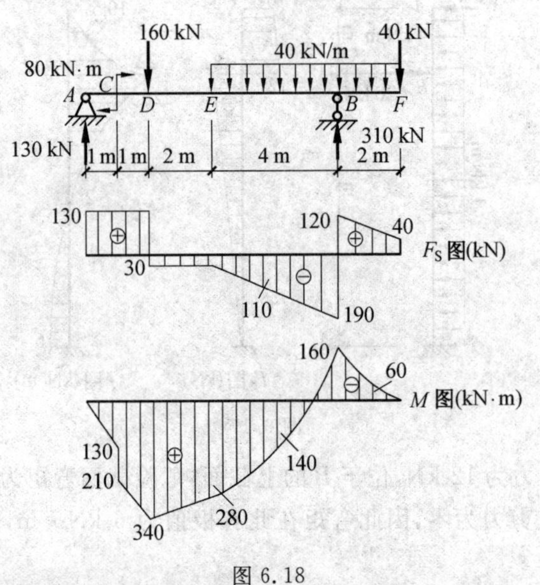

图 6.18

解：(1) 求支座反力

$F_A=130\ \text{kN}(\uparrow)$，$F_B=310\ \text{kN}(\uparrow)$

(2) 求控制截面剪力

$F_{SA}^{R}/\text{kN}=F_{SD}^{L}=130$

$F_{SD}^{R}/\text{kN}=130-160=-30=F_{SE}$

$F_{SB}^{L}/\text{kN}=130-160-40\times4=-190$

$F_{SB}^{R}/\text{kN}=40+40\times2=120$

$F_{SF}^{L}=40\ \text{kN}$。

根据各段特性即可得到剪力图。

(3) 求控制截面弯矩

$M_A=0$

$M_C^{L}/(\text{kN}\cdot\text{m})=130\times1=130$

$M_C^R/(\text{kN}\cdot\text{m})=130\times1+80=210$

$M_D/(\text{kN}\cdot\text{m})=130\times2+80=340$

$M_E/(\text{kN}\cdot\text{m})=130\times4+80-160\times2=280$

$M_{EB}^{中}/(\text{kN}\cdot\text{m})=310\times2-40\times4-40\times4\times2=140$

$M_B/(\text{kN}\cdot\text{m})=-40\times2-40\times2\times1=-160$

$M_{BF}^{中}/(\text{kN}\cdot\text{m})=-40\times1-40\times1\times0.5=-60$

$M_F=0$，根据各段特性即可得到弯矩图。

此梁危险截面剪力 $|F_S|_{max}=190$ kN，发生在 B 的左截面，危险截面弯矩 $|M|_{max}=340$ kN·m，发生在 D 截面。

6.6　叠加法绘制梁的弯矩图

图 6.19(a) 所示梁由三种简单荷载组成，而每一种荷载所引起的弯矩图又是相当简单(见图 6.19(b)、(c)、(d))，其中图 6.19(b) 是 M_a 引起的，图 6.19(c) 是 M_b 引起的，而图 6.19(d) 是 q 引起的，因此可以将三种简单图形的纵坐标相叠加而得到最后弯矩图。所谓弯矩图叠加，并非是三个简单图形的凑合，而是每一根纵坐标的代数和。例如 6.19(e) 图中的梯形是 6.19(b) 图与 6.19(c) 图的叠加，但并非是将 6.19(c) 图原封不动的落到 6.19(b) 图上，而是一根一根的纵坐标保持铅垂方向不变的叠加到 6.19(b) 图上。对比 6.19(e) 图中的抛物线与 6.19(d) 图的抛物线，两者纵坐标是相等的，但基线一个为水平，另一个为斜线。

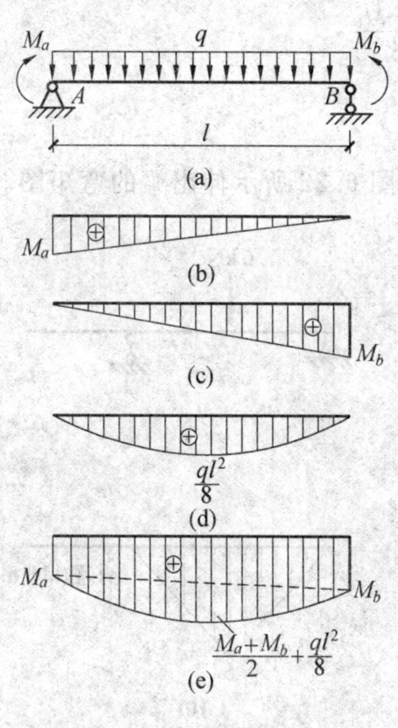

图 6.19

单独荷载作用下引起的弯矩图，通过纵坐标的叠加而得到总的弯矩图，这就是叠加法。但叠加法是有条件的，其一就是弯矩这个物理量是荷载的线性函数(反力、剪力也是荷载的线性函数),没有这个条件是不能叠加的,例如物理中的弹性势能就不能任意叠加,因为它是力的二次函数;其二是小变形条件,当我们将构件视为刚体时当然就不存在这个问题,但实际结构又是变形的,如果变形过大,加荷载前与加荷载后结构产生很大的位置变化,那么平衡方程就将受到变形的影响,因此内力计算就会变得相当复杂,所以小变形这个条件也是不可缺少的。图 6.20 与图 6.21 给出了与图 6.19 类似的叠加法,均是先叠加两个直线图然后再叠加曲线图,与图 6.19 不同的是,这些图中叠加后的弯矩图有正有负,这些图形是今后作更复杂弯矩图的基础。还需说明的是,在以上三图中弯矩都有可能出现极值(视剪力是否为零),且极值点并不一定在梁的中点,因此如果以中点弯矩代替极值弯矩这将是近似的,某些情况下会出现较大的差值。

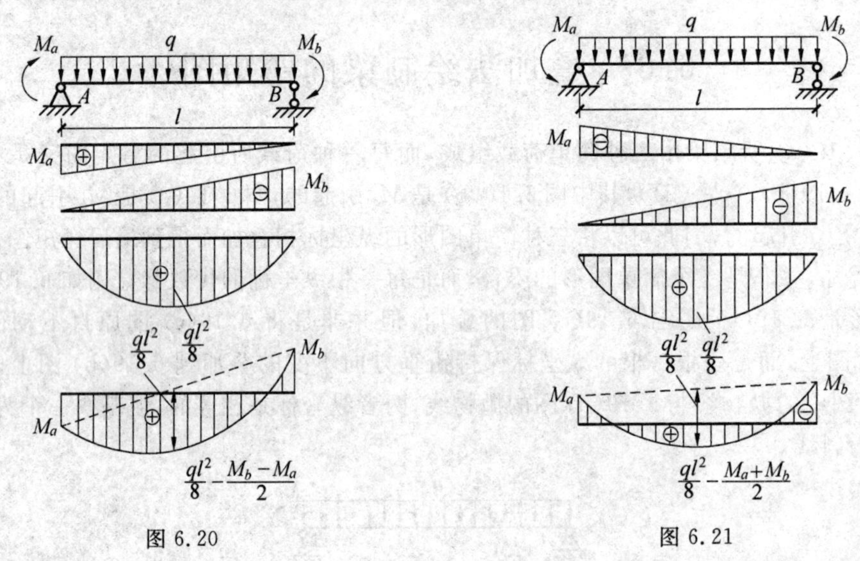

图 6.20　　　　图 6.21

【例 6.12】 用叠加法作图 6.22 所示伸出梁的弯矩图。

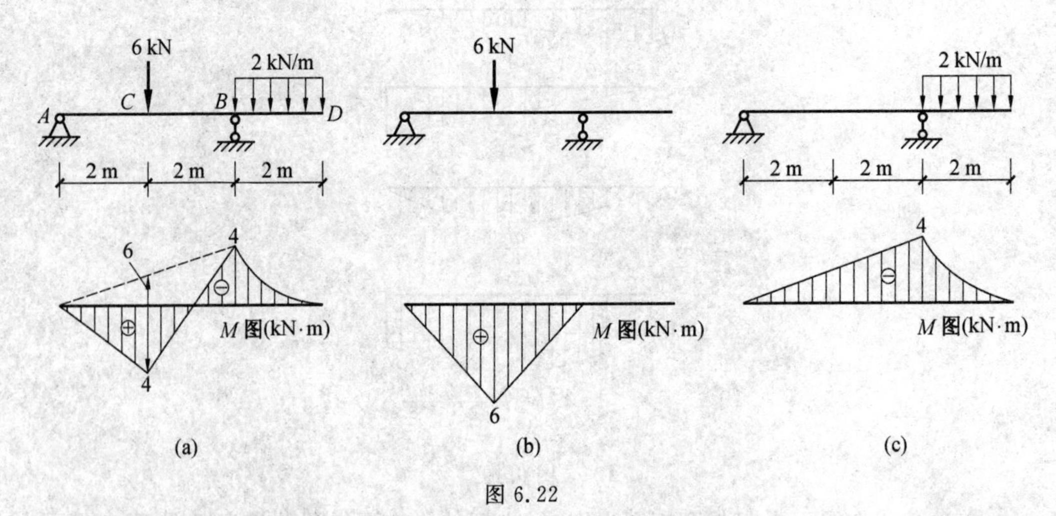

图 6.22

解:首先将单独荷载作用下的简单弯矩图作出,如图 6.22(b)、(c) 所示。在此基础上，将图6.22(b)中点正6叠加到图6.22(c)中点负2上，得到图6.22(a)中的弯矩图。连接0和4、4和－4，消去两图正负重叠部分，即得阴影线所示弯矩图。如先将控制截面A、C、B、D的弯矩计算出来，然后连线也可得同样的弯矩图。

6.7　区段叠加法

在绘制梁或其他结构较复杂的弯矩图时，经常采用区段叠加法。所谓区段叠加法，就是将结构任一直线区段取出，用简支梁代替，通过叠加法作出该区段弯矩图。以图6.23为例求作JK区段的弯矩图，将梁中JK区段取出画受力图，除承受均布荷载q以外，在J、K两截面分别还应有相应弯矩和剪力(图6.23(b))。现以JK为跨作一简支梁(图6.23(c))，其上除作用均布荷载q外，在两支座处分别作用与JK区段上的弯矩相同的力偶M_J与M_K，则此简支梁必定要产生反力$\boldsymbol{F}_J$与$\boldsymbol{F}_K$。从平衡条件出发，不难判定$F_J=F_{SJ}$；而$F_K=-F_{SK}$。对比图6.23(b)与图6.23(c)可以发现两者受力情况完全相同，因此图6.23(c)与(b)应具有完全相同的弯矩图。由于图6.23(c)所对应的弯矩图可以采用叠加法得出(见图6.19)，其最后结果示于图6.23(d)中。掌握这一作法后，任一区段的弯矩图均可先将两端弯矩绘出(即M_J与M_K)，连一虚直线，然后叠加一相应简支梁仅受外荷载的弯矩图，最终便是该区段最后弯矩图。

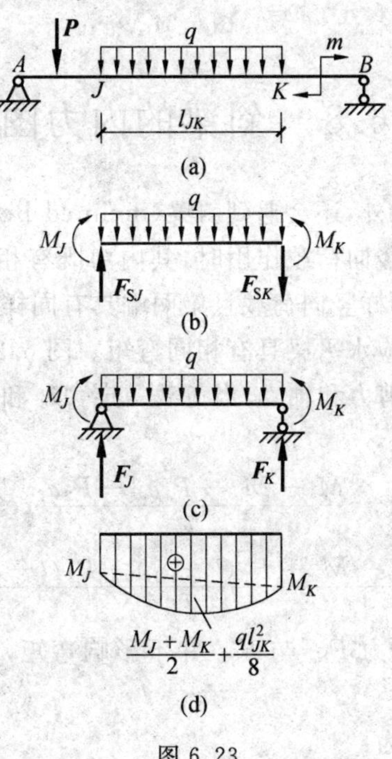

图6.23

【例6.13】　用区段叠加法作例6.11的弯矩图。

解：先将控制截面A、D、E、B、F截面弯矩求出，绘于图6.24(b)中，凡两点间尚有荷载者分别连虚直线，无荷载者连斜直线。连虚直线的各段分别以虚线为基线叠加由荷载引起的相应简支梁的弯矩，这样的区段有AD、EB、BF三段，见图6.24(c)，叠加时消去正

负重叠部分,最后得到带阴影线的弯矩图,以 $M_{EB}^{中}$ 为例,其值为

$$M_{EB}^{中}/(\text{kN}\cdot\text{m})=\frac{280-160}{2}+\frac{40\times4^2}{8}=140$$

其余均类似。

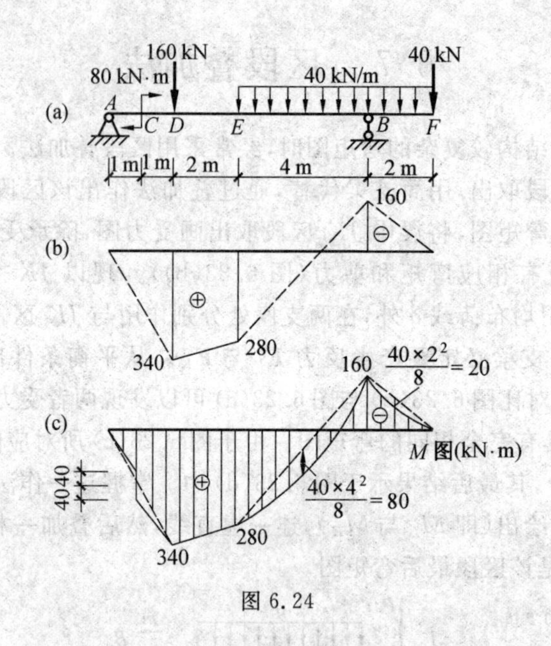

图 6.24

6.8 斜梁的内力图

在工程实际中,除水平梁外,还会遇到斜梁(inclined beam),比如楼梯梁(图 6.25)。斜梁与水平梁在受到相同的竖向荷载作用时,其内力既有相同之处又有区别。首先证明这样一个重要结论,即受到同样竖向荷载且梁两端具有同样弯矩时,不论梁端支承情况如何,弯矩图是相同的,且与相应水平梁具有相同弯矩。图 6.26 所示为一斜梁和一水平梁,其 A、B 两端分别作用弯矩、剪力和轴力,当荷载一定,M_a 和 M_b 一定时,根据平衡条件可得

$$F_{Sb}=\frac{M_b-M_a-P_1a_1-P_2a_2}{l}\cos\theta$$

$$F_{Sa}=\frac{M_b-M_a+P_1(l-a_1)+P_2(l-a_2)}{l}\cos\theta$$

两端剪力既已确定,且轴力 F_{Na} 与 F_{Nb} 并不影响弯矩,故斜梁的弯矩图是完全确定的。

水平梁的反力不难求得为:

$$F_A=\frac{M_b-M_a+P_1(l-a_1)+P_2(l-a_2)}{l}=\frac{F_{Sa}}{\cos\theta}$$

$$F_B=\frac{M_b-M_a-P_1a_1-P_2a_2}{l}=\frac{F_{Sb}}{\cos\theta}$$

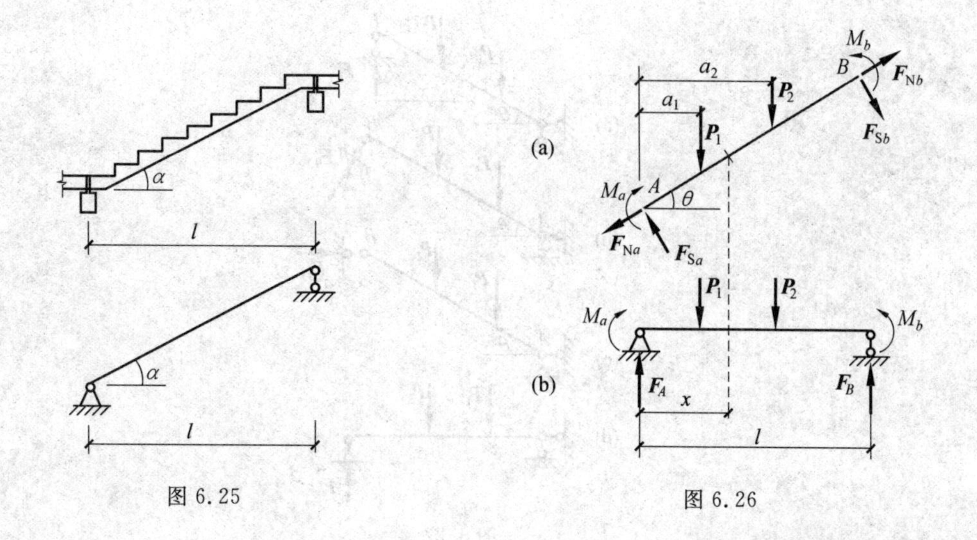

图 6.25　　　　图 6.26

现考查水平梁任一 x 截面弯矩(M_x^0)与对应斜梁相应截面弯矩(M_x)的关系,从弯矩计算法则出发,有

$$M_x^0 = M_a + F_A x - P_1(x - a_1)$$

$$M_x = M_a + F_{Sa} x / \cos\theta - P_1(x - a_1) = M_a + F_A x - P_1(x - a_1) = M_x^0$$

此式表明斜梁与受同样荷载且梁两端具有同样弯矩时的简支水平梁有相同弯矩。基于上述结论,并考虑到简支梁的区段叠加法,因此斜梁的弯矩图可采用叠加原理。

进一步研究图 6.26(a) 所示斜梁与图 6.26(b) 所示水平梁剪力的关系。以 F_{Sx}^0 表示水平梁 x 截面的剪力,以 F_{Sx} 表示斜梁对应截面剪力,根据剪力计算法则,有

$$F_{Sx}^0 = F_A - P_1$$

而 $F_{Sx} = F_{Sa} - P_1\cos\theta$(斜梁剪力计算法则应为:截面一侧所有外力在横截面方向投影代数和),将前边所述 F_A 与 F_{Sa} 的关系代入,有

$$F_{Sx} = F_A\cos\theta - P_1\cos\theta = (F_A - P_1)\cos\theta = F_{Sx}^0\cos\theta$$

此式表明,斜梁剪力是对应水平梁剪力的 $\cos\theta$ 倍,由于 θ 为定值所以只差常数倍,因此剪力图应为相似的。

上述有关弯矩和剪力的结论与斜梁的支承方式无关。但斜梁中的轴力将与梁端支承有密切关系。图 6.27 所示三种斜梁,在相同荷载下 B 支座反力由于方向不同,其值也不一样,但前边已经证明,三个反力引起的剪力却是相同的。然而该三力引起的梁的轴力却是很不相同的。F_{B1} 在 B 截面引起的轴力属于拉力,F_{B2} 在 B 截面引起的轴力为零,F_{B3} 在 B 截面引起的轴力为压力。若取图 6.27(a) 与图 6.27(d) 对比,由于 $F_B = F_{B1}$,因此图 6.27(a) 梁中 x 截面轴力(截面一侧所有外力在轴线方向投影的代数和,拉为正,压为负)为

$$F_{Nx} = F_{B1}\sin\theta - P_2\sin\theta = (F_B - P_2)\sin\theta = -F_{Sx}^0\sin\theta$$

这表明当斜梁取图 6.27(a) 所示支承方式时,斜梁中的轴力也可用简支梁的剪力表示,但差一 $\sin\theta$ 倍。

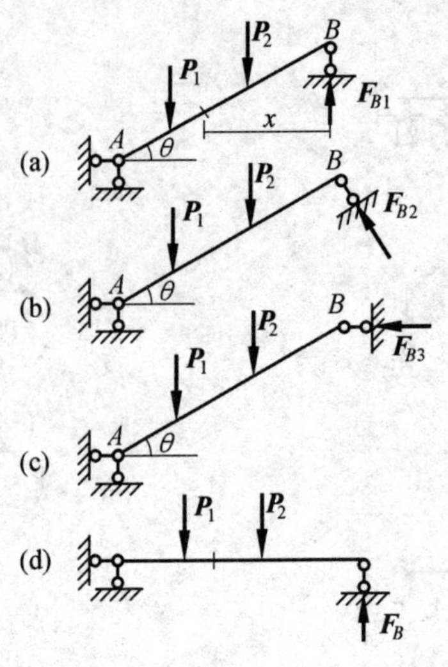

图 6.27

【例 6.14】 绘制图 6.28(a) 所示斜梁内力图。

解:由图中几何关系可得:

$$\cos\theta=\frac{4}{5}=0.8,\quad \sin\theta=\frac{3}{5}=0.6$$

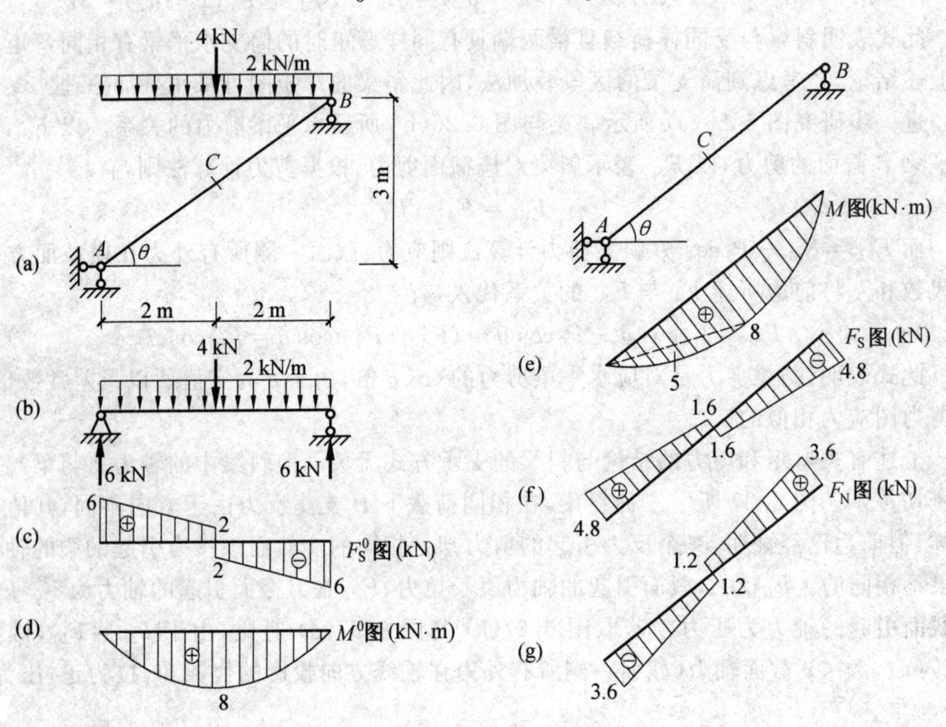

图 6.28

取斜梁对应的水平梁(图 6.28(b)),作其剪力 F_S^0 图与弯矩 M^0 图。根据前面论证,斜梁弯矩图与 M^0 图相同,但习惯画法是弯矩坐标垂直斜梁轴线,如图 6.28(e) 所示,斜梁剪力图应将水平梁剪力 F_S^0 乘以 $\cos\theta=0.8$,并垂直斜轴线,如图 6.28(f) 所示。至于轴力

图，在本题这种支承方式下有

$$F_{Nx}=-F_{Sx}^{0}\sin\theta=-0.6F_{Sx}^{0}$$

其图示于6.28(g)中，坐标仍与斜轴线垂直。

根据斜梁弯矩区段叠加原理，斜梁(图6.28(e))

$$M_{AC}^{中}/(\mathrm{kN}\cdot\mathrm{m})=\frac{0+8}{2}+\frac{2\times2^{2}}{8}=5$$

6.9　多跨静定梁的内力图

6.9.1　多跨静定梁的形式与分层图

多跨静定梁有两种基本形式，第一种如图6.29(a)所示，其特点是无铰跨和双铰跨交替排列；第二种如图6.29(b)所示，其特点是第一跨没有铰，其他各跨均有一个铰，它实际上是由几个外伸梁联合组成的，后一梁支承在前一梁的外伸端上。有时也可以将两种基本形式合并，组成混合式的结构，图6.29(c)即为混合式多跨静定梁的一例。

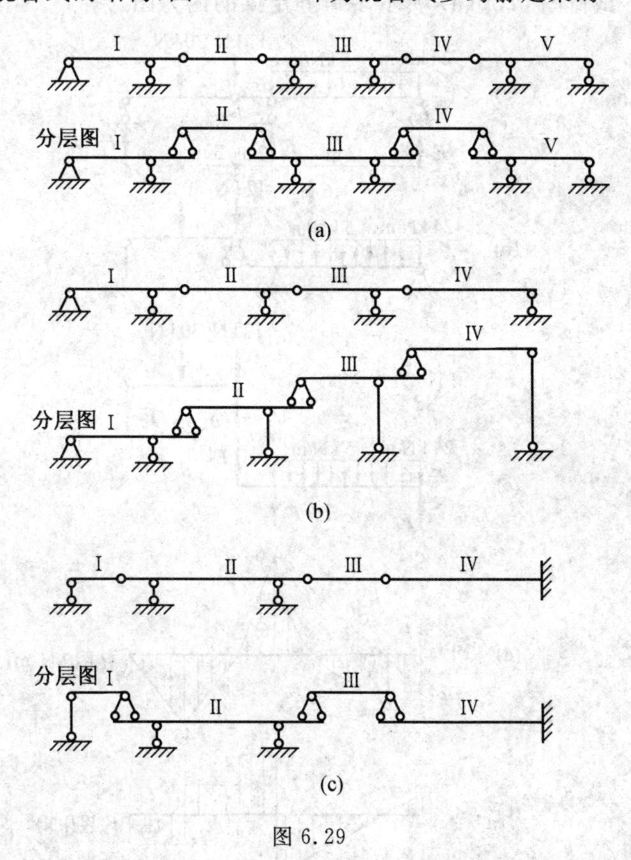

图6.29

通过几何组成分析，可以判定上述几种类型的多跨静定梁均为无多余联系的几何不变体系，因此都是静定的。根据计算自由度的公式可以求出，梁内所加中间铰的个数一定等于支座链杆数减3。

在物体系统的受力分析中，强调基本部分与附属部分的区别，此处仍然需要这样划分，如图 6.29(a) 所示多跨静定梁，其中 Ⅰ、Ⅲ、Ⅴ 为基本部分，Ⅱ、Ⅳ 为附属部分。为了便于搞清受力关系，可采用分层图的方式将基本部分与附属部分分开，由于附属部分受力要传给基本部分，而基本部分受力不影响附属部分，故分层图中将附属部分置于基本部分之上，并约定力只由上往下传，而不由下往上传，这样图 6.29(a) 的分层图为两层。图 6.29(b) 的分层图为 4 层。图 6.29(c) 的分层图为 2 层。

需要指出的是，上述结构均是指梁承受竖向荷载而言，如有水平荷载作用，其轴力传递须另作讨论，在不计水平反力的条件下，图 6.29(a) 中的 Ⅱ、Ⅳ 与图 6.29(c) 中的 Ⅲ 均可视为简支梁。

6.9.2 多跨静定梁的计算

通过画分层图，多跨静定梁可以拆成若干个单跨梁，按照先计算附属梁后计算基本梁的程序，可以绘出各单跨梁的内力图，然后将内力图连在一起即为多跨静定梁的内力图。需要特别注意的是，附属梁与基本梁相连处的支座反力必须反方向作为基本梁的荷载。

【例 6.15】 试作图 6.30(a) 所示多跨静定梁的内力图。

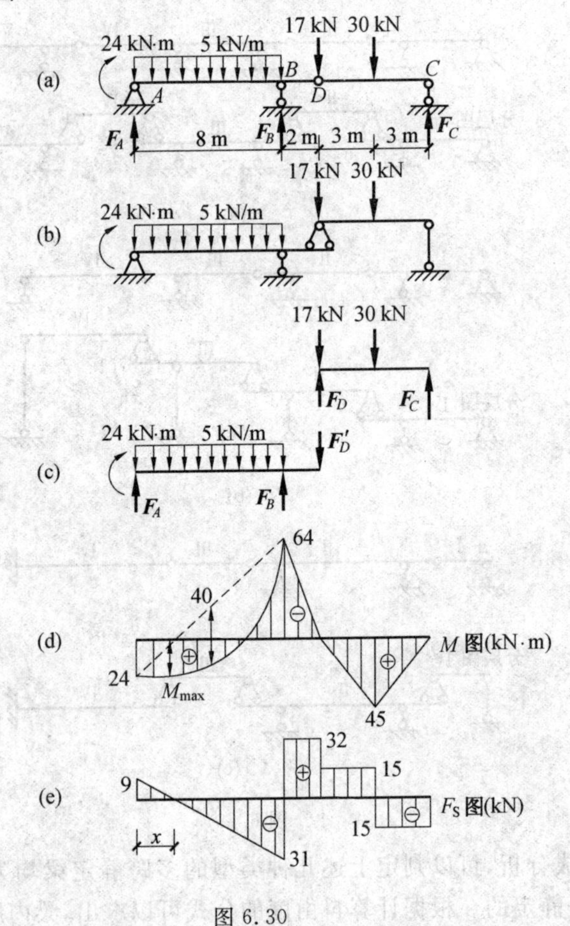

图 6.30

解:先画该梁的分层图(见图 6.30(b)),D 铰上的 17 kN 集中力可视为作用在附属梁上。画各梁的受力图,注意 F_D 的反作用力 F'_D 应为基本梁的荷载。第一步作 DC 梁的弯矩图,跨中弯矩

$$M_{DC}^{中}/(\text{kN}\cdot\text{m})=\frac{30\times6}{4}=45$$

由于 $F_D/\text{kN}=17+15=32$,故 F'_D 为向下的 32 kN,作 AD 梁的弯矩图时可采用区段叠加法,先求出

$$M_A^{R}=24\ \text{kN}\cdot\text{m}$$

$$M_B/(\text{kN}\cdot\text{m})=-F'_D\times2=-64$$

$M_D=0$,BD 间连斜直线,AB 间连虚斜线,自虚斜直线中点向下 $\frac{ql^2}{8}/(\text{kN}\cdot\text{m})=\frac{5\times8^2}{8}=40$,作出抛物线,消去正负重叠处得如图 6.30(d) 所示的 M 图。注意到上述计算过程中并未应用 F_A 与 F_B 的值,这是由于应用区段叠加的结果。如果还要求作剪力图,则必须求出 $F_A=9$ kN,$F_B=63$ kN,然后整个多跨静定梁的剪力图可以自左至右顺次绘出(见图 6.30(e))。由于 AB 段中剪力有零点,因此弯矩有极值。通过比例可先求出 $x=1.8$ m,最后可得

$$M_{\max}/(\text{kN}\cdot\text{m})=24+\frac{1}{2}\times9\times1.8=32.1$$

【例 6.16】　在设计多跨静定梁时,若适当布置中间铰(intermediate hinge) 的位置,可使梁的弯矩分布均匀,从而达到节省材料的目的。试确定图 6.31 中铰的位置 x,以使 $|M_B|=M_{BC}^{中}(M_2)$。

解:由于结构对称,荷载对称,因此只需计算一侧。AE 段为附属部分,其支座反力为 $\frac{1}{2}q(l-x)$,该力的反作用力为基本部分 EF 的荷载。基本部分 B 支座弯矩为

$$M_B=-\frac{1}{2}q(l-x)x-\frac{1}{2}qx^2$$

根据区段叠加原理并考虑对称性,BC 中点弯矩为

$$M_2=\frac{ql^2}{8}-|M_B|$$

令 $|M_B|=M_2$,有 $\frac{ql^2}{8}-|M_B|=|M_B|$ 或 $2|M_B|=\frac{ql^2}{8}$,将 M_B 代入,得

$$q(l-x)x+qx^2=\frac{ql^2}{8}$$

解出

$$x=\frac{l}{8}=0.125l$$

铰的位置确定后,即可作出全梁的弯矩图(见图 6.31(c)),其中

$$|M_B|=|M_C|=M_2=\frac{ql^2}{16}=0.062\ 5ql^2$$

$$M_1=M_3=\frac{q\ (l-x)^2}{8}=0.095\ 7ql^2$$

如果取 $x=0$,则多跨静定梁变为图 6.31(d) 所示的三个简支梁,其最大弯矩将等于

$0.125ql^2$。对比上述两种结果,从减少最大弯矩观点看,多跨静定梁要优于三跨简支梁,但多跨静定梁的构造由于铰的增加而变得复杂。

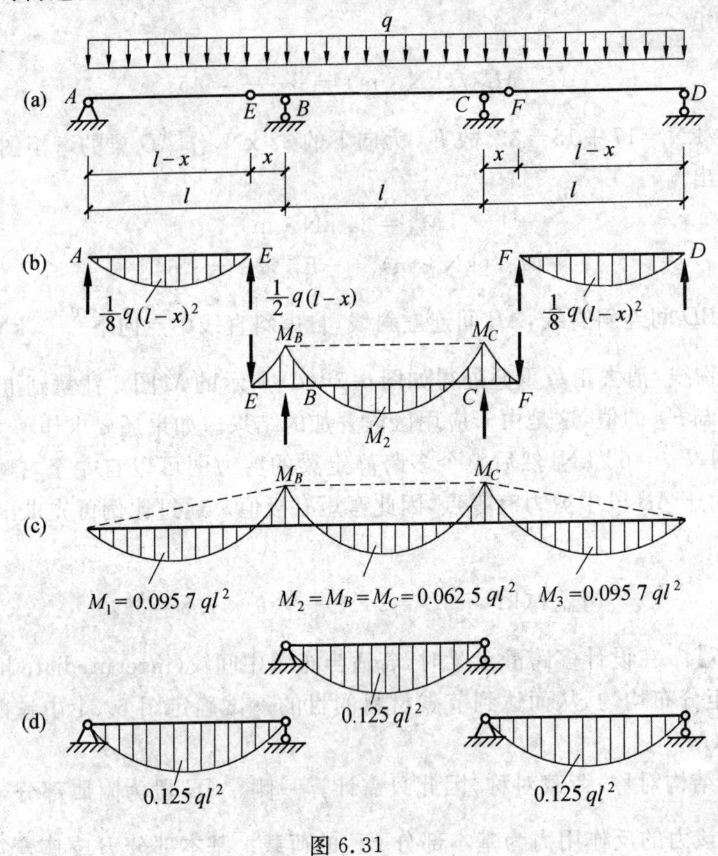

图 6.31

习题课选题指导

1. 用简捷法快速画出图 6.32 所示梁的弯矩图。

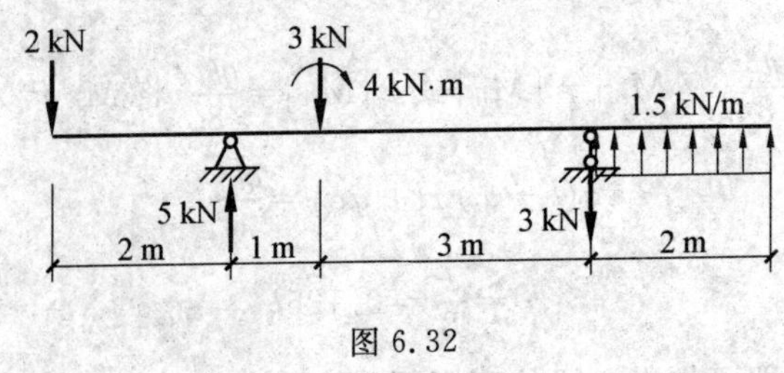

图 6.32

(1) 注意反力方向;

(2) 突变的方向;

(3) 从右侧算起剪力的正负号;

(4) 曲线的凹凸向。

2. 绘出图 6.33 所示牛腿柱的内力图。

(1) 取计算简图；

(2) 用简捷法作剪力图与弯矩图；

(3) 指出危险截面的内力。

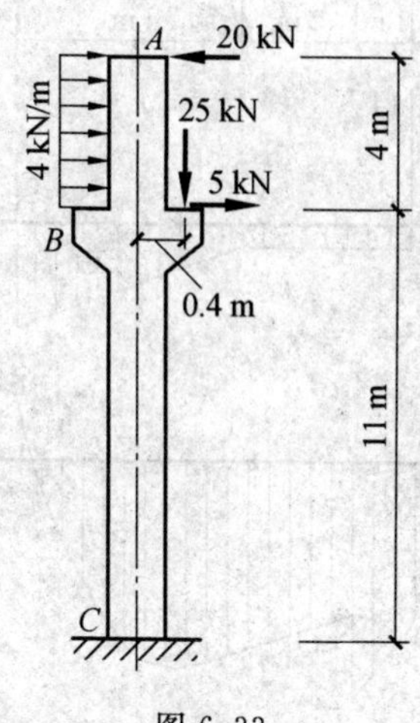

图 6.33

3. 如图 6.34 所示，已知剪力图求作荷载图与弯矩图(梁上无集中力偶作用)。

(1) 利用微分关系作荷载图；

(2) 利用积分关系作弯矩图。

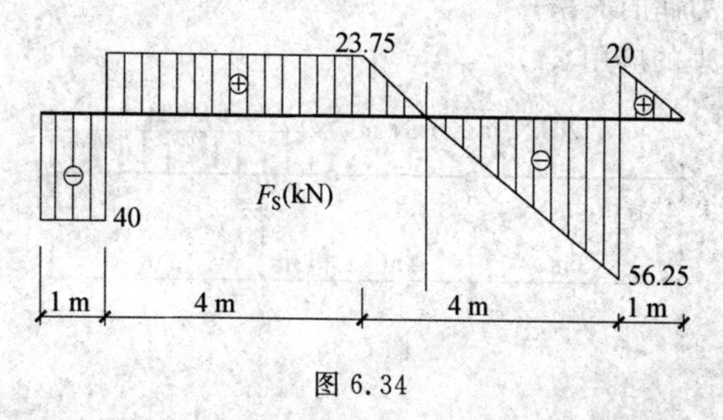

图 6.34

4. 图 6.35 给出梁的荷载图、剪力图和弯矩图，已知剪力图完全正确，试改正弯矩图中的错误。

(1) 注意曲线的凹凸；

(2) 注意集中力偶的突变方向；

(3) 注意弯矩有极值的特征。

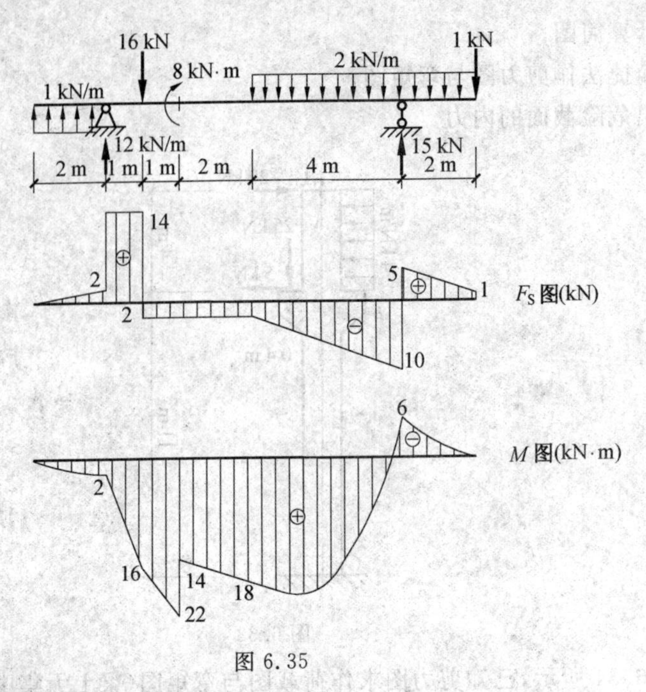

图 6.35

5. 作图 6.36 所示多跨静定梁的内力图。

(1) 作分层图;

(2) B 点左右两力偶的关系;

(3) 区段叠加原理的应用。

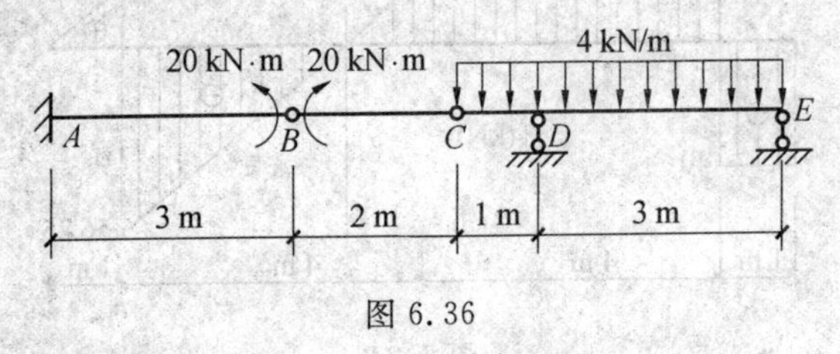

图 6.36

第 7 章 平面静定刚架

7.1 静定刚架的分类及绘制刚架内力图的要求

平面刚架是由梁和柱组成的平面结构。梁和柱用刚结点或部分铰结点组成的无多余联系的几何不变体系称为静定刚架(statically-determinate rigid-jointed frame)。如图7.1(a)所示为站台上用的"T"形刚架,它由两根横梁和一根立柱组成。梁与柱的连接处在构造上为刚性连接,即当刚架受力而变形时,汇交于连接处的各杆端之间的夹角始终保持不变。这种结点称为刚结点。具有刚结点是刚架的特点。图7.1(a)所示刚架柱子的下端用细石混凝土填缝而嵌固于杯形基础中,可以看做是固定端支座。又因横梁倾斜坡度不大,可近似的以水平直杆代替,故其计算简图如图7.1(b)所示。若在刚架上加上荷载,则刚架受荷载作用后的变形图如图7.1(c)所示,汇交于刚结点 A 的各杆端都转动了同一角度 φ_A。

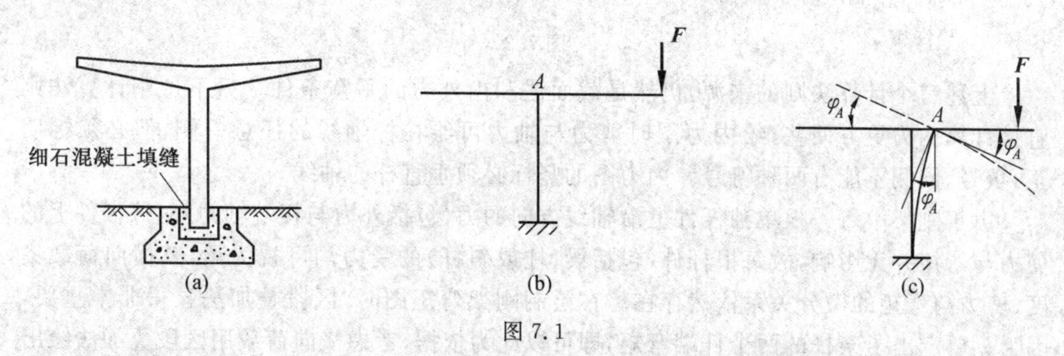

图 7.1

在工程实际中,刚架特别是超静定刚架有着广泛的应用。绘制静定刚架的内力图是研究超静定刚架的基础,因此必须熟练掌握静定刚架在各种荷载作用下内力图特别是弯矩图的绘制方法。刚架结构多数是由钢筋混凝土或钢结构组成,因此构件的承载力一般远远大于砌体结构或木结构,加上刚结点的控制作用,往往可以跨越较大空间,使房间布置灵活。在现代的多层及高层中是离不开刚架这种结构形式的。静定刚架按其支座约束的不同,基本上可以分为简支刚架(图7.2(a))、悬臂刚架(图7.2(b))和三铰刚架(图7.2(c))三种。图7.2(d)、(e)是这三种刚架的复合或组合。图7.2(f)并非属于刚架,它是由受弯柱与部分桁架组合而成。这种由刚架和桁架两部分形成的结构,称为组合结构。

静定刚架内力计算方法与梁大体相同,就弯矩和剪力的计算法则而言基本上一样。但剪力要稍有区别。

弯矩计算法则:某截面弯矩值等于该截面一侧所有外力对截面形心力矩的代数和,弯矩绘于受拉的一侧。

剪力计算法则:某截面剪力值等于该截面一侧所有外力在沿截面方向投影的代数和。外力引起的剪力顺时针转为正号,反之为负号。

刚架与一般梁不同之处在于有轴力(axial force)出现,轴力计算法则:某截面轴力值等于该截面一侧所有外力在沿该截面轴线方向投影的代数和,外力使该截面受拉取正号、受压取负号。

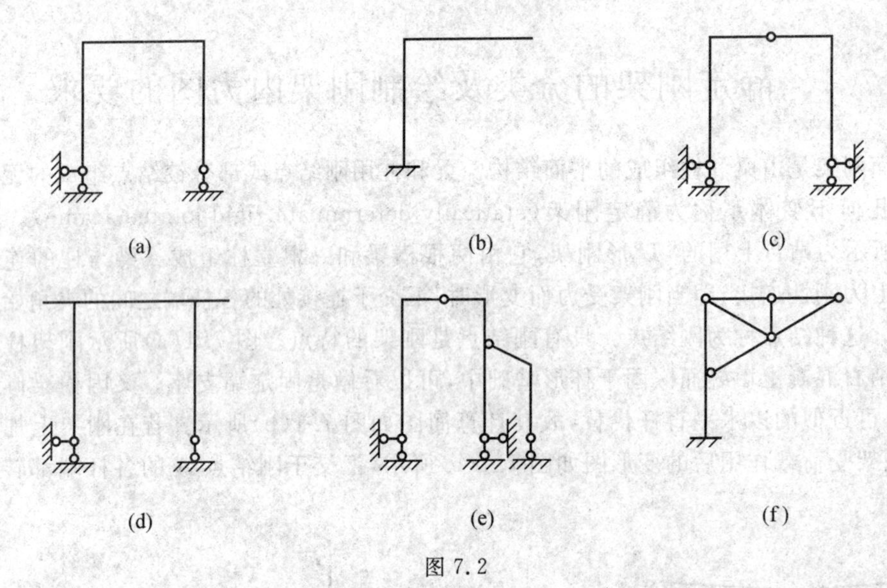

图 7.2

上述三个计算法则的来源,仍然是截面法和内外力的平衡条件。只不过用计算法则直接计算内力更方便些,绘内力图时剪力与轴力可绘在杆轴线的任意一侧,但必须标明正、负号,同侧不能有两种符号。内力图的竖标必须垂直杆的轴线。

由于刚架中每一根单独杆件上沿轴线方向的力(包括外力与杆端轴力)对该杆件上的剪力与弯矩并无影响,故每根杆件(包括梁、柱或斜杆)的受力均可视为梁,其横向荷载集度、剪力与弯矩的微分关系依然存在。在绘制刚架弯矩图时,区段叠加法显得非常重要,因为只要定出了某杆的两个杆端弯矩,即可以此为依据,考虑横向荷载用区段叠加法绘出弯矩图。由此不难看出,刚架各结点处的弯矩将成为主要控制截面的弯矩,而结点处的截面将成为主要控制截面。

在作刚架内力图时,不仅绘图要按一定比例尺进行,而且绘图后必须标注图名、数值、符号和单位。一段杆的内力为常数时仅标注一个数值即可。

7.2　刚架的内力图

7.2.1　简支刚架

【例7.1】 绘制图7.3(a)所示简支刚架(simply supported rigid-jointed frame)的内力图。

简支刚架端部均有支座约束存在,求内力时至少要考虑截面一侧外力,故须先确定支座反力。

解:(1)求支座反力

取整体平衡,有

$\sum F_x = 0$,有 $4 - F_{Ax} = 0$, 得 $F_{Ax} = 4$ kN

$\sum M_A = 0$,有 $F_{Dy} \times 6 - 10 \times 6 \times 3 - 4 \times 3 = 0$,得 $F_{Dy} = 32$ kN

$\sum M_D = 0$,有 $10 \times 6 \times 3 - 4 \times 3 - F_{Ay} \times 6 = 0$,得 $F_{Ay} = 28$ kN

(2) 作 M 图

本刚架可按三根杆件考虑。先讨论 CD 杆,该杆 D 端弯矩用 M_{DC} 表示,根据计算法则 $M_{DC} = 0$,C 端弯矩用 M_{CD} 表示,由于 C 截面一侧(CD 侧)只有 $\boldsymbol{F}_{Dy}$ 一个力,且此力通过 C 截面形心,因此 $M_{CD} = 0$,由于 CD 杆上无荷载,M 图应为斜直线,而两端弯矩均为零,故此杆不受弯矩作用。现在讨论 BC 杆,C 端弯矩用 M_{CB} 表示,截面一侧仍取 CD,按计算法则 $M_{CB} = 0$,B 端弯矩用 M_{BC} 表示,如取右侧,则 $M_{BC}/(\text{kN}\cdot\text{m}) = 32 \times 6 - 10 \times 6 \times 3 = 12$(内侧受拉),将此两点弯矩绘于图7.3(d)中的 BC 杆上,连虚线,根据区段叠加法,将简支梁 BC 在均布荷载10 kN/m作用下的弯矩图叠加,即得刚架 BC 杆的弯矩图。

进一步讨论 AB 杆,A 端弯矩用 M_{AB} 表示,显然有 $M_{AB} = 0$,B 端弯矩用 M_{BA} 表示,取截面左下侧,有 $M_{BA}/(\text{kN}\cdot\text{m}) = F_{Ax} \times 6 - 4 \times 3 = 4 \times 6 - 12 = 12$(内侧受拉),将两点弯矩绘于图7.3(c)的 AB 柱旁受拉的一侧,连虚线,叠加简支梁在集中力作用下的弯矩图,即得刚架 AB 杆(柱)的弯矩图。将三杆弯矩图集中绘在图7.3(b)中,便得到刚架的 M 图。上述过程熟练后,可直接绘整体 M 图。M 图中由于梁柱交接,因此有重叠部分,画弯矩图时,一定要看与轴线垂直的坐标值。这里所讲述的绘 M 图的方法并不是唯一的,也可以不采用区段叠加法而直接作图。如 AB 杆的弯矩图,当 $M_{AB} = 0$ 确定后,可直接用左下侧求 $M_{BA}/(\text{kN}\cdot\text{m}) = M_{BC} = 4 \times 3 = 12$,由于 AE 段无均布荷载。故连接两点间直线即为 AE 段弯矩图。

(3) 作 F_S 图

AB 杆上,由于集中力作用,剪力应分两段,根据 M 和 F_S 的微分关系,两段剪力均为常量,利用剪力计算法则,考虑左下侧,有 $F_{SAE} = F_{SEA} = 4$ kN 和 $F_{SEB} = F_{SBE} = 4 - 4 = 0$,将此结果绘于图7.3(e)中。$BC$ 杆剪力应为斜直线,求 F_{SBC},利用左侧,只有 F_{Ay} 在此截面上有投影且产生正剪力,故 $F_{SBC} = 28$ kN;求 F_{SCB},取右侧,有 $F_{SCB} = -32$ kN,将此两值绘于图7.3(e),连斜直线即为 BC 杆剪力图。根据计算法则不难看出 CD 杆无剪力。

(4) 作 F_N 图

根据轴力计算法则,AB 杆上任意横截面均受到 $\boldsymbol{F}_{Ay}$ 的压力作用(考虑截面的左下侧),因此该杆的轴力为定值,$F_{NAB}=F_{NBA}=-28\ \text{kN}$ (负号代表压力)。BC 杆的轴力,如取左侧研究,$F_{NBC}=F_{NCB}=4-4=0$,若取右侧也得同样结果。CD 杆的轴力取截面右下侧,有 $F_{NCD}=F_{NDC}=-32\ \text{kN}$。将相应轴力图绘于图 7.3(f) 中,必须注明+、一号。

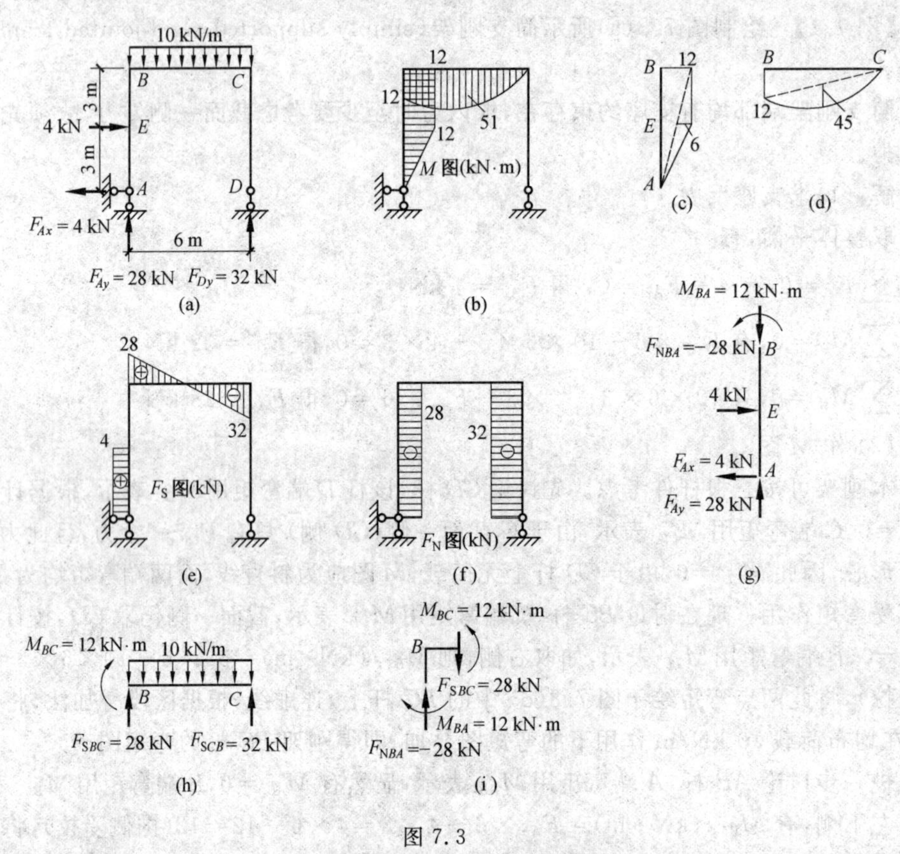

图 7.3

(5) 校核

按计算法则所作内力图是否正确,可通过各局部受力是否平衡而得到检验,图7.3(i)是将 B 结点取隔离体,每一被截断截面上作用有 M、F_S、F_N,根据内力图的结果,按符号规定把所受到的内力绘出。例如 F_{SBC} 由剪力图中查得为正号 28 kN,按符号规定,此剪力应使结点顺时针转动,故该剪力应指向下,其余内力均按此要求绘到图 7.3(i) 上。$\sum M_B=M_{BC}-M_{BA}=12-12=0$,$\sum F_y=28-28=0$。通过上述结点平衡条件研究可以发现,当结点无集中力偶作用时,结点两侧弯矩必相等相反,就 B 点而论有 $M_{BC}=M_{BA}$ 且内侧受拉均内侧受拉,同样若外侧受拉则均外侧受拉。这一规律将加速刚架弯矩图的绘制。图 7.3(g) 给出杆 AB 的实际受力图,有 $\sum F_x=4-4=0$,$\sum F_y=28-28=0$,$\sum M_B=M_{BA}+4\times3-4\times6=12+12-4\times6=0$。图 7.3(h) 给出了 BC 杆的受力图,读者可自行检验。

【例 7.2】　绘制图 7.4(a) 所示简支刚架的内力图。

解:(1) 求支座反力

取整体平衡,$\sum F_x=0$,有 $-F_B+4\times 4=0$,得 $F_B=16$ kN

$$\sum M_B=0,有\ 4\times 4\times 6-8-F_C\times 4=0,得\ F_C=22\ \text{kN}$$

$$\sum F_y=0,有\ F_A-F_C=0\ 得\ F_A=F_C=22\ \text{kN}$$

(2) 作 M 图

BE 杆,有 $M_{BE}=0$,$M_{EB}/(\text{kN}\cdot\text{m})=16\times 4=64$(右侧受拉),$BE$ 弯矩图应为斜直线。EC 杆,有 $M_{CE}=0$,$M_{EC}/(\text{kN}\cdot\text{m})=22\times 4+8=96$(上侧受拉),连虚线,叠加简支梁在集中力偶下的弯矩图得 EC 杆最后的 M 图(见图 7.4(b))。AE 杆,有 $M_{AE}=0$ 和 $M_{EA}/(\text{kN}\cdot\text{m})=4\times 4\times 2=32$(左侧受拉),连虚线,叠加简支梁在均布荷载作用下的 M 图,得最后 AE 杆的 M 图。由于 F_A 与作 AE 杆弯矩图无关,此杆弯矩图也可用类似悬臂梁受均布荷载作用下的弯矩图代替,而不用区段叠加。

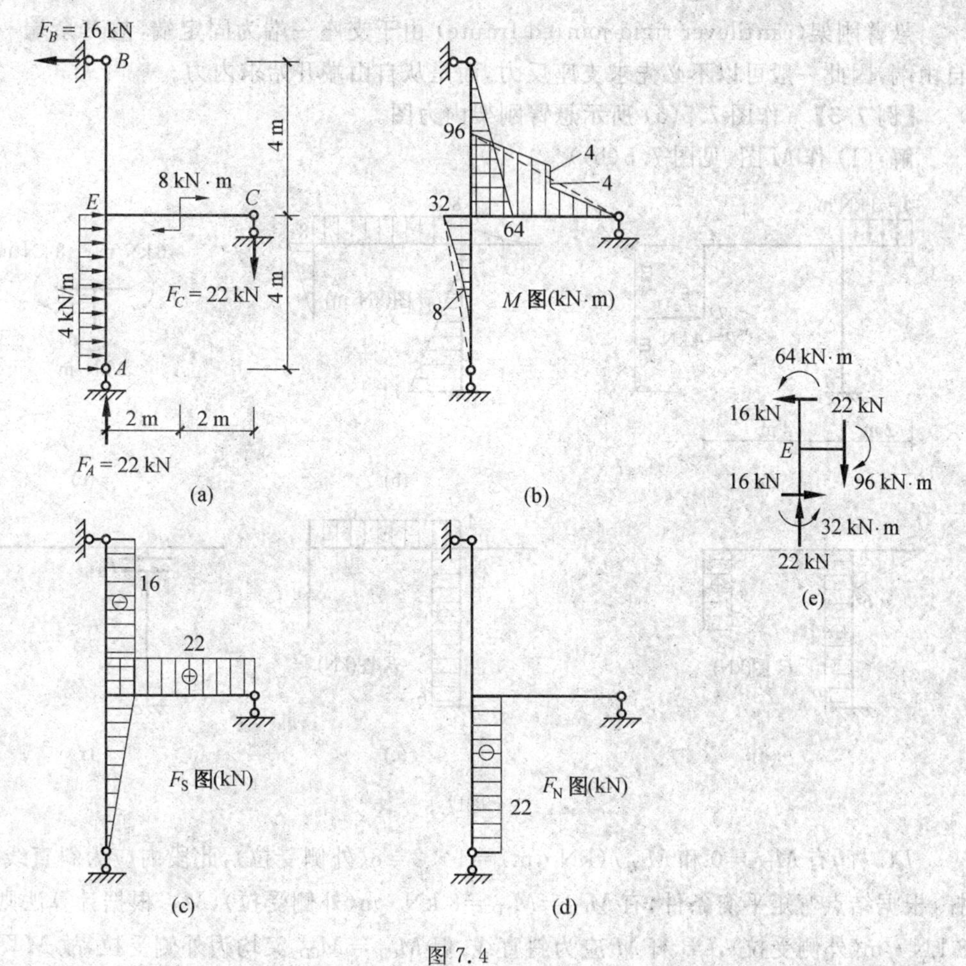

图 7.4

(3) 作 F_S 图

BE 杆剪力应为定值等于 -16 kN,EC 杆的剪力应为定值等于 $+22$ kN,AE 杆剪力应为斜直线,有 $F_{SAE}=0$,$F_{SEA}/\text{kN}=-4\times4=16$。剪力图示于图 7.4(c)。

(4) 作 F_N 图

BE 与 EC 杆均无轴力,AE 杆的轴力为定值等于 -22 kN。轴力图示于图 7.4(d)。

(5) 校核

图 7.4(e) 绘出了 E 结点的受力图,其中 $M_{EB}=64$ kN·m(右侧受拉),$M_{EC}=96$ kN·m(上侧受拉),$M_{EA}=32$ kN·m(左侧受拉),$F_{SEB}=-16$ kN,$F_{SEC}=22$ kN,$F_{SEA}=-16$ kN,$F_{NEB}=0$,$F_{NEC}=0$,$F_{NEA}=-22$ kN。不难看出此结点受力满足三个平衡方程。需要指出的是:当刚结点由两个以上杆件组成时,两杆端弯矩相等的结论一般不再成立,而是所有杆端弯矩代数和为零。

7.2.2 悬臂刚架

悬臂刚架(cantilever rigid-jointed frame)由于支座一端为固定端,故其余端一定为自由端,因此一般可以不必先求支座反力,而是从自由端开始求内力。

【例 7.3】 作图 7.5(a) 所示悬臂刚架内力图。

解:(1) 作 M 图(见图 7.5(b))

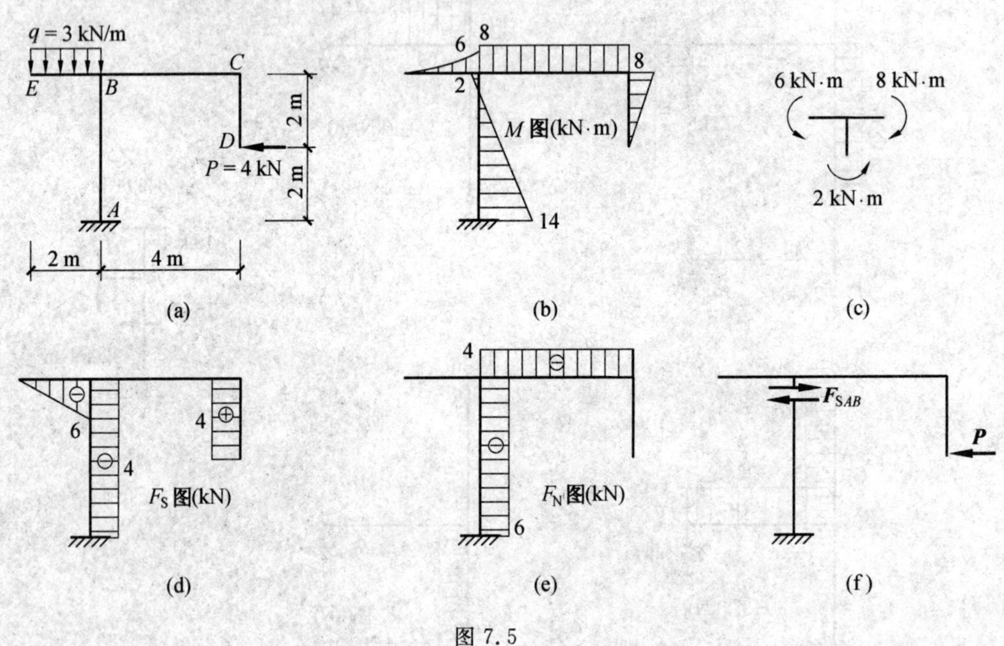

图 7.5

DC 杆,有 $M_{DC}=0$ 和 $M_{CD}/(\text{kN}\cdot\text{m})=4\times2=8$(外侧受拉),此段内应为斜直线。$CB$ 杆,根据结点弯矩平衡条件,有 $M_{CB}=M_{CD}=8$ kN·m(外侧受拉),M_{BC} 根据计算法则应为 8 kN·m(外侧受拉),CB 杆 M 应为斜直线,但 $M_{CB}=M_{CD}$ 又均为外侧受拉,故 M 图为水平线。EB 杆,有 $M_{EB}=0$,$M_{BE}/(\text{kN}\cdot\text{m})=3\times2\times1=6$(上侧受拉),弯矩图应为抛物线。$BA$ 杆,根据结点平衡(见图 7.5(c)),应有 $M_{BA}/(\text{kN}\cdot\text{m})=M_{BC}-M_{BE}=8-6=2$(左侧

受拉)。A 点弯矩,根据计算法则应有 $M_{AB}/(\text{kN}\cdot\text{m})=4\times2+3\times2\times1=14$(右侧受拉),左右连斜直线得 AB 杆 M 图。

(2) 作 F_S 图(见图 7.5(d))

DC 杆剪力应为定值,有 $F_{SDC}=F_{SCD}=4$ kN,CB 杆剪力为零。EB 杆剪力应为斜直线,有 $F_{SEB}=0$,$F_{SBE}/\text{kN}=-3\times2=-6$。$BA$ 杆剪力应为定值,但其符号确定要引起注意,如果按外力绕截面顺时针转为正,反之为负的原则,则会出现"$F_{SBA}=4$ kN"和"$F_{SAB}=-4$ kN"的结果。前者是错误的。造成这种错误的原因在于,此处考虑的是截面的上侧,但外力作用线却位于截面的下侧,这样直接用外力的转向定剪力的符号将出现错误,如遇这种情况,应按图 7.5(f) 所示方法确定剪力符号。

(3) 作 F_N 图(见图 7.5(e))

DC 杆轴力为零,CB 杆轴力为 -4 kN,EB 杆轴力为零,BA 杆轴力为 -6 kN。

7.2.3　三铰刚架

计算三铰刚架(three-pinned rigid-jointed frame)内力必须先求反力,求反力时必须整体平衡与局部平衡联合应用。

【例 7.4】　作图 7.6 所示三铰刚架内力图。

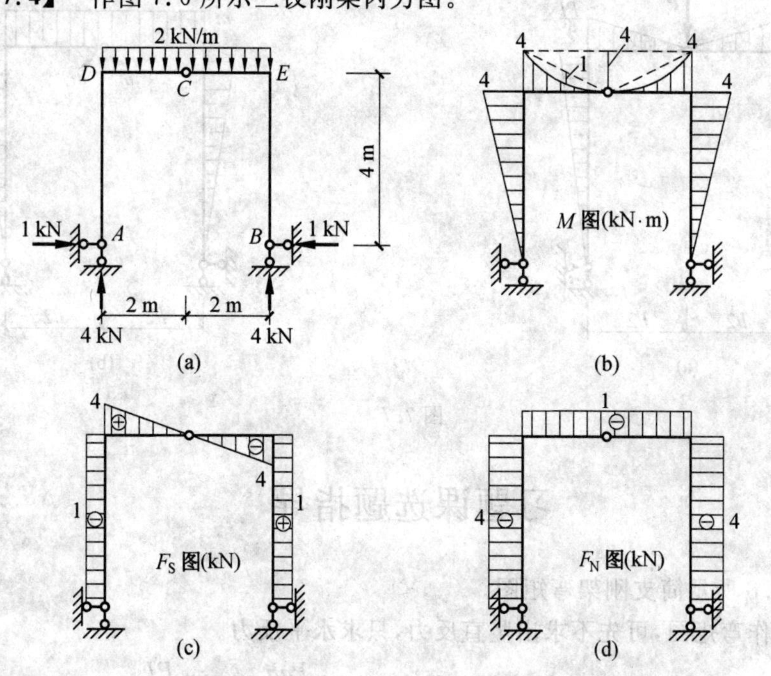

图 7.6

解:(1) 求支座反力

取整体平衡,$\sum M_A=0$,$F_{By}\times4-2\times4\times2=0$,得 $F_{By}=4$ kN,根据对称性得 $F_{Ay}=4$ kN。为了求得水平反力,应将物体系拆开,取局部平衡。但也可采取如下方法,两者等价。铰 C 处无集中力偶作用时弯矩必须为零,利用此条件,取 C 铰一侧(如右侧),有 $M_C=4\times2-F_{Bx}\times4-2\times2\times1=0$,得 $F_{Bx}=1$ kN。读者可自行验证其正确性,根据对称性得

$F_{Ax}=1\ \text{kN}$。

(2) 作 M 图

AD 杆,有 $M_{AD}=0$,$M_{DA}/(\text{kN}\cdot\text{m})=1\times4=4$(外侧受拉),连斜直线,$BE$ 杆有同样对称图形。DE 杆 M 图有两种作法,一种是在 DC 和 CE 段利用 C 点弯矩为零分别用叠加法,一种是 $M_{DC}=4\ \text{kN}\cdot\text{m}$(外侧受拉)与 $M_{EC}=4\ \text{kN}\cdot\text{m}$(外侧受拉)连虚线(水平线),然后在整个 DE 区段叠加,两种方法结果一样。

(3) 作 F_S 图

AD 杆剪力为 $-1\ \text{kN}$,BE 杆剪力为 $1\ \text{kN}$。$F_{DE}=4\ \text{kN}$,$F_{ED}=-4\ \text{kN}$,连直线即为 DE 杆的剪力图见图 7.6(c)。

(4) 作 F_N 图

AD 杆轴力为 $-4\ \text{kN}$,BE 杆轴力也为 $-4\ \text{kN}$。DE 杆轴力为 $-1\ \text{kN}$(见图 7.6(d))。观察本题的内力图可以发现,对称结构在对称荷载作用下,弯矩图与轴力图为对称图形,而剪力图为反对称图形。在对称轴截面上反对称图形坐标值(剪力)为零。根据这一特点读者可不用求反力而判断下面两弯矩图(见图 7.7(a)、(b))的正确性(取半结构研究)。

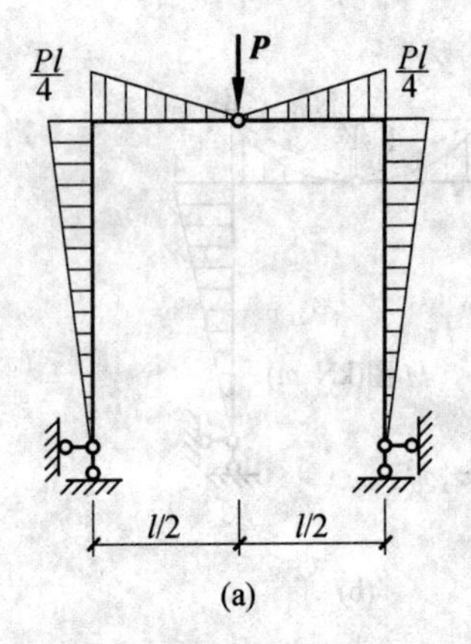

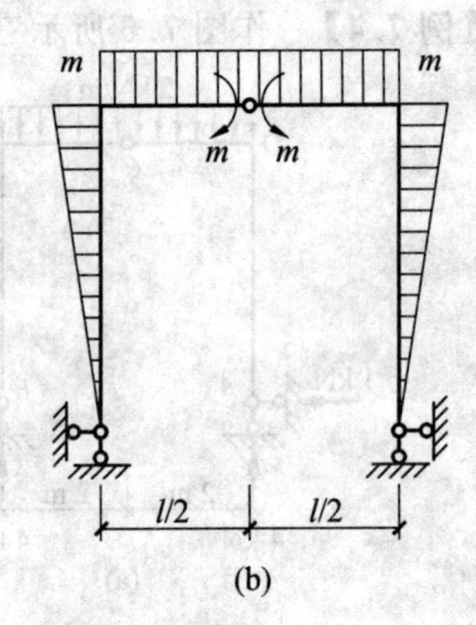

图 7.7

习题课选题指导

1. 作图 7.8 所示简支刚架弯矩图。

(1) 如只作弯矩图,可先不求出竖直反力,只求水平反力。

(2) BD 杆区段叠加时,注意简支梁的最大弯矩为 $\dfrac{Pab}{l}$ 而不是 $\dfrac{Pl}{4}$。

(3) ED 杆可不用区段叠加,而按悬臂梁直接绘图。

(4) 若将 A 支座水平链杆置于 E 点,M 图将有何变化。

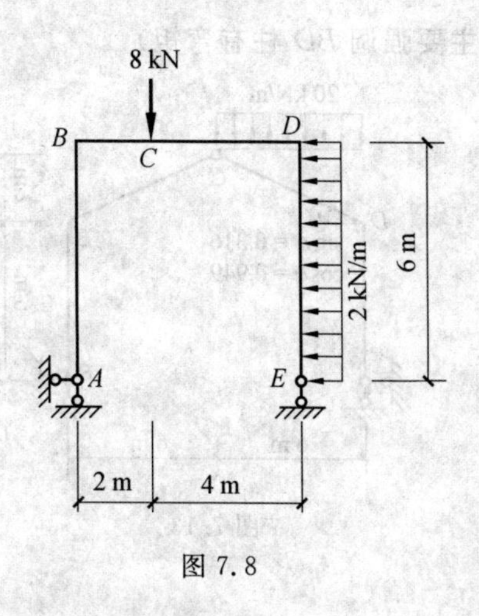

图 7.8

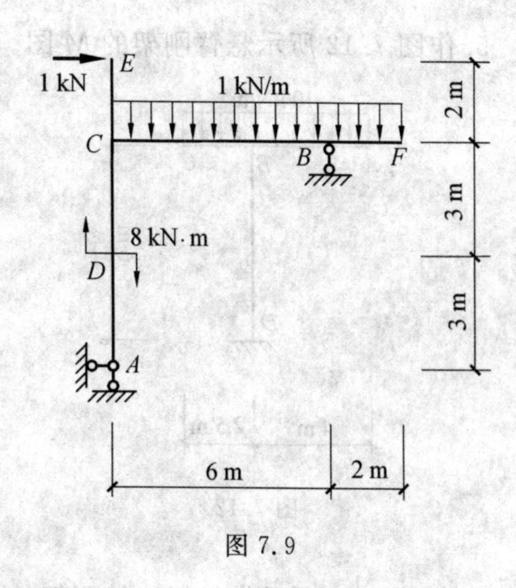

图 7.9

2.作图 7.9 所示刚架内力图。

(1) 注意悬臂端的处理。

(2) 结点 C 的平衡条件。

(3) 力偶在 M 图中的跳跃方向。

(4) 注意本题轴力图的特点。

3.作图 7.10 所示开口刚架的弯矩图。

(1) 熟悉没有支座反力时弯矩图的作法。

(2) 外荷载应自动平衡。

(3) 区段叠加 M 图的方向。

(4) 对称性利用。

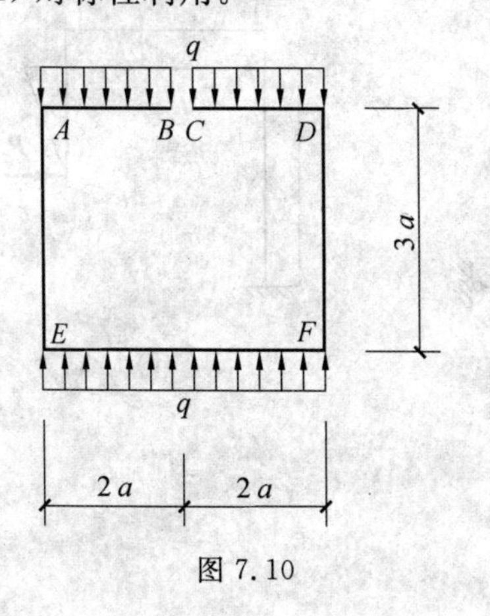

图 7.10

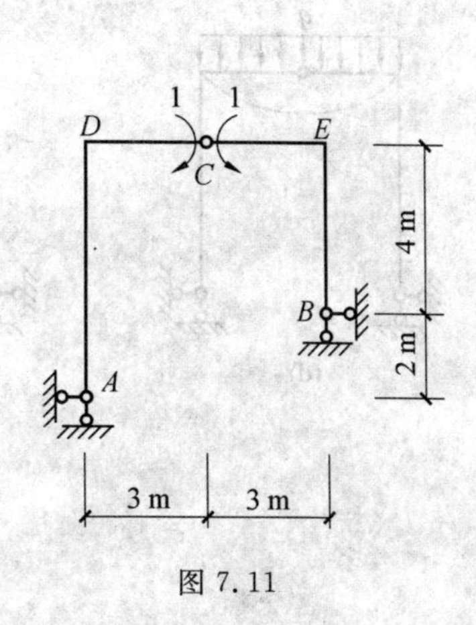

图 7.11

4.作图 7.11 所示三铰刚架的弯矩图。

(1) 不等高三铰刚架求支座反力时的处理方法,联立或不联立的作法。

(2)DE 段 M 图应为一条斜直线。

(3) 如果只加右侧一力偶,弯矩图形将有何变化。

5. 作图 7.12 所示悬臂刚架的 M 图。(本题主要强调 BD 柱有弯矩)

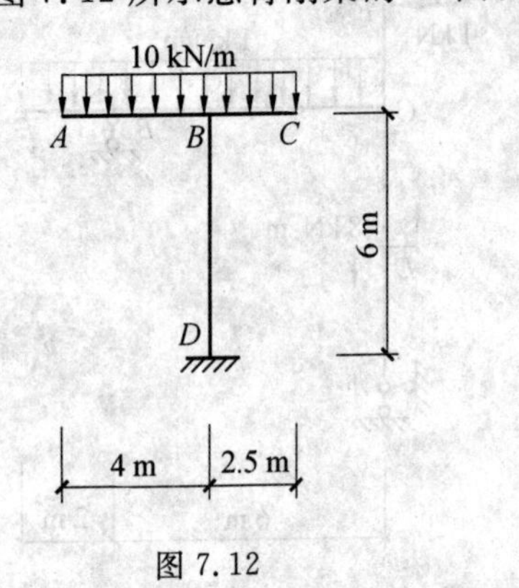

图 7.12

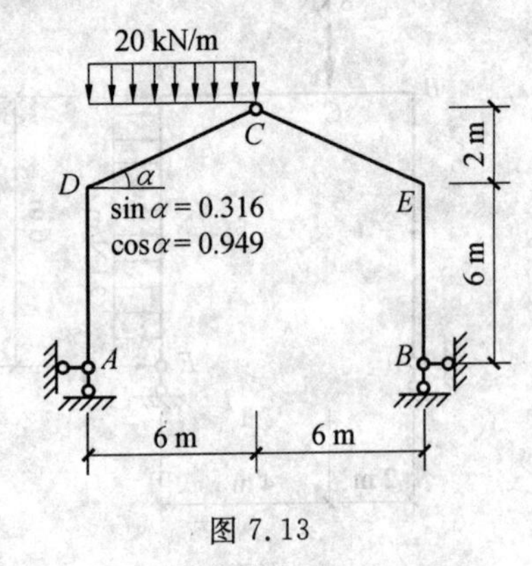

图 7.13

6. 作图 7.13 所示带斜杆三铰刚架的内力图。

(1) 作斜杆 DC 弯矩图时说明 D 点的弯矩平衡关系。

(2) 着重说明斜杆剪力与轴力的求解方法。

7. 判断图 7.14 所示刚架 M 图是否正确,不正确应如何改正?

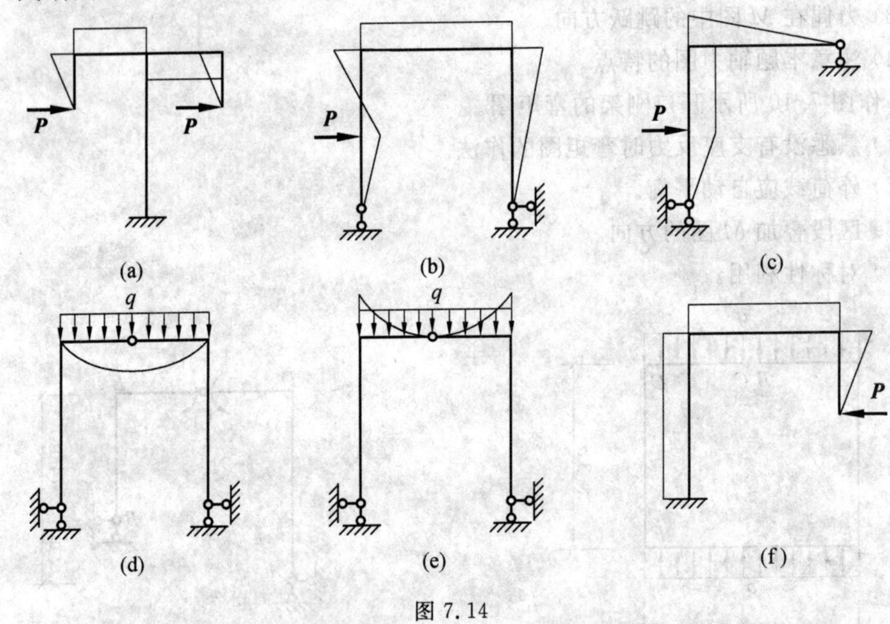

图 7.14

第8章 三铰拱

拱结构是应用比较广泛的结构形式之一。在房屋建筑中，屋面承重结构也用到拱结构。拱按其含铰的多少可分为三铰拱(three-pinned arch)(图 8.1(a))、两铰拱(two-pinned arch)(图 8.1(b))、无铰拱(fixed-ended arch)(图 8.1(c))。三铰拱属于静定结构，而两铰拱和无铰拱均属于超静定结构，本章只研究三铰拱。(图 8.1(a))给出三铰拱的计算简图，其中 A、B 支座称为拱脚，铰 C 处称为拱顶，拱顶至拱脚连线处的竖直距离称为拱高(或矢高)，两拱脚间的水平距离称为拱的跨度。拱的轴线一般均为曲线，常见有抛物线，圆弧线和悬链线等，在进行拱的受力分析时，拱的轴线方程 $y=f(x)$ 必须给出。

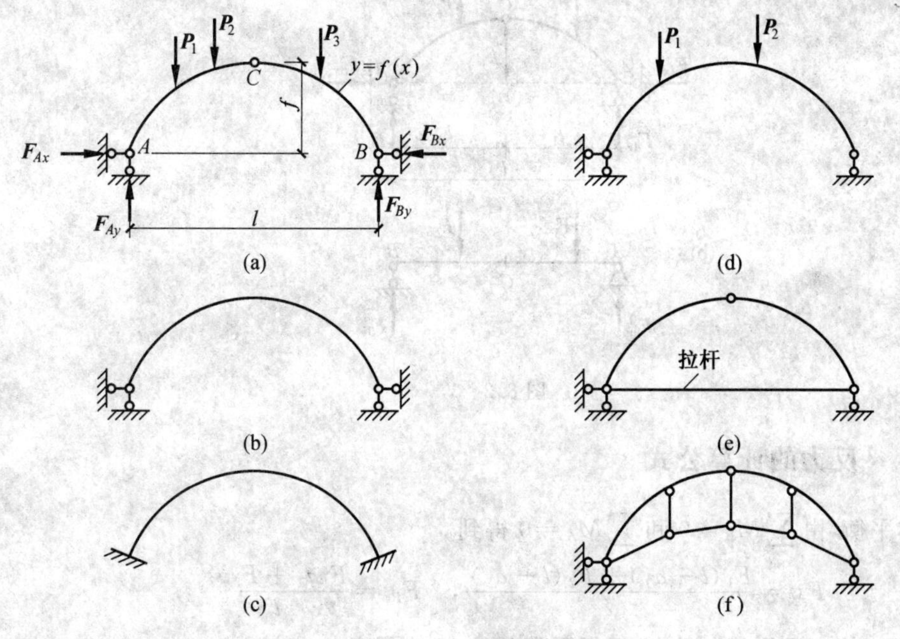

图 8.1

拱形结构受力的主要特点是在竖向荷载作用下有水平反力或称水平推力(horizontal thrust) 产生。(图 8.1(d)) 中所示结构在竖向荷载作用下并无水平推力产生，因此这种结构尽管轴线为曲线也只能称为曲梁。拱的水平推力将使拱中弯矩相对梁而言要大大降低(见受力分析)，致使拱形结构可以跨越更大距离。由于拱截面单位面积上的内力分布较为均匀,因而更能发挥材料的作用,并可利用抗拉性能较差而抗压性能较强的材料如砖、石、混凝土等来建造,这是拱的主要优点。然而正是由于支座处水平推力的存在,使得支座变得复杂,要求比梁具有更坚固的地基或支承结构(墙、柱、墩、台等)。为了弥补这一不足,可采用图 8.1(e) 所示带拉杆的三铰拱,拉杆起到了水平支承的作用,这种情况,拉杆是必不可少的构件,如不设置,结构将要发生重大事故。为了增加拱下的净空,也可将拉杆位置抬高,做成折线型,并用吊杆悬挂,如图(8.1(f)) 所示。

8.1 三铰拱的内力计算

图 8.2(a) 给出了三铰拱在竖向荷载作用下的计算简图,为了与梁的受力性能进行对比,在图 8.2(b) 中给出了与拱跨相等并受相同竖向荷载的简支梁,称其为三铰拱的相应梁。研究拱任意截面内力前必须先求出支座反力。三铰拱为静定结构,其全部反力和内力都可由静力平衡方程算出。三铰拱的支座反力与前面所述三铰刚架反力求法是相同的。为了说明三铰拱的计算方法,现以图 8.2(a) 所示在竖向荷载作用下的平拱为例,导出其计算公式。

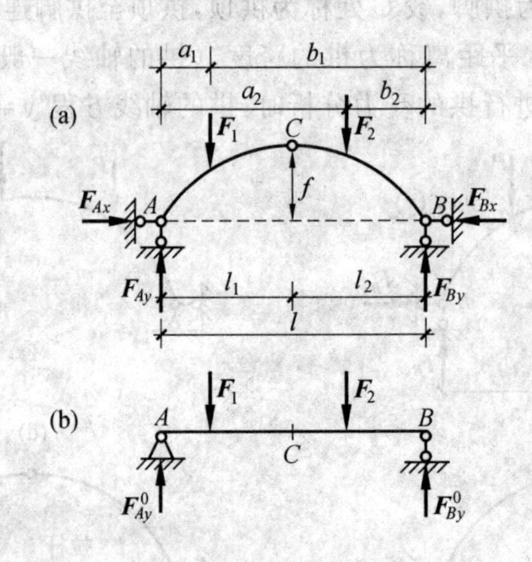

图 8.2

8.1.1 反力的计算公式

取整体平衡,由 $\sum M_B=0$ 和 $\sum M_A=0$ 得到

$$F_{Ay}=\frac{F_1(l-a_1)+F_2(l-a_2)}{l},\quad F_{By}=\frac{F_1a_1+F_2a_2}{l}$$

考虑相应简支梁的竖向反力,根据平衡条件,不难得出

$$F_{Ay}^0=\frac{F_1(l-a_1)+F_2(l-a_2)}{l}=F_{Ay},\quad F_{By}^0=\frac{F_1a_1+F_2a_2}{l}=F_{By}$$

结论表明,拱与相应简支梁具有相同的竖向反力。

求拱的水平推力时,应用铰 C 弯矩为零的条件有(取左侧)

$$F_{Ax}f-F_{Ay}l_1+F_1(l_1-a_1)=0$$

得到

$$F_{Ax}=\frac{F_{Ay}l_1-F_1(l_1-a_1)}{f}=\frac{F_{Ay}^0l_1-F_1(l_1-a_1)}{f}=\frac{M_C^0}{f}$$

式中 M_C^0 为与铰 C 对应的相应简支梁上截面的弯矩，此表达式

$$F_{Ax}=\frac{M_C^0}{f}=F_{Bx}=F_x$$

可以作为求三铰拱水平推力的公式，由此公式看出，拱的水平推力与拱高成反比，拱越扁水平推力越大，反之推力将减少。

由上述得

$$F_{Ay}=F_{Ay}^0 \tag{8.1}$$

$$F_{By}=F_{By}^0 \tag{8.2}$$

$$F_x=F_{Ax}=F_{Bx}=\frac{M_C^0}{f} \tag{8.3}$$

由式(8.3)可知，推力 F_x 等于相应简支梁截面 C 的弯矩 M_C^0 除以拱高 f。其值只与三个铰的位置有关，而与各铰间的拱轴形状无关。也就是说，只与拱的高跨比 f/l 有关。当荷载和拱的跨度不变时，推力 F_x 将与拱高 f 成反比，即 f 越大则 F_x 越小，反之，f 越小则 F_x 越大。

8.1.2　内力的计算公式

计算内力时，应注意到拱轴为曲线这一特点，所取截面应与拱轴正交，即与拱轴的切线相垂直(图 8.3(a))。任一截面 K 的位置取决于该截面形心的坐标 x、y，以及该处拱轴切线的倾角 φ。截面 K 的内力可以分解为弯矩 M_K、剪力 F_{SK} 和轴力 F_{NK}，其中 F_{SK} 沿截面方向，即沿轴线法线方向作用，轴力 F_{NK} 沿垂直于截面的方向，即沿拱轴切线方向作用。下面分别研究这三种内力的计算。

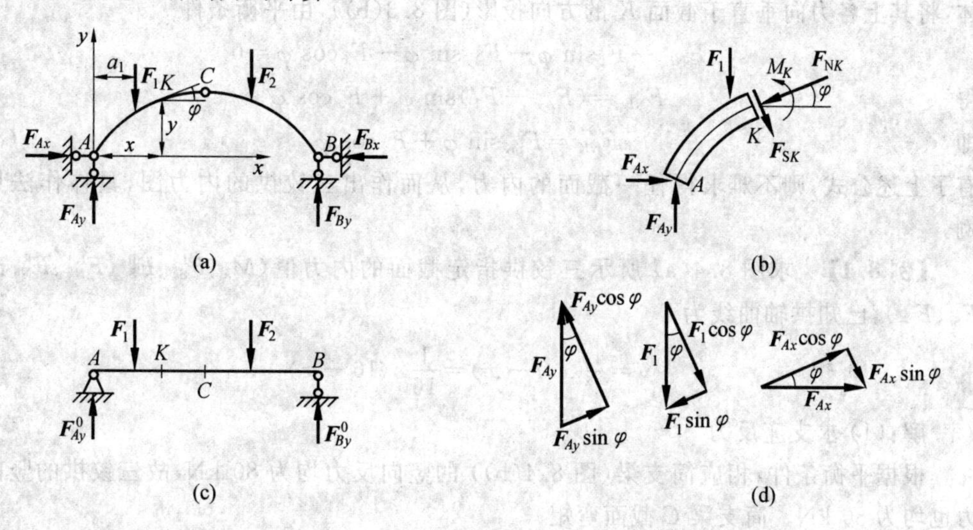

图 8.3

1. 弯矩的计算公式

弯矩的符号规定以使拱内侧纤维受拉的为正,反之为负。取 AK 段为隔离体(图 8.3(b)),由 $\sum M_K=0$,有

$$-F_{Ay}\cdot x+F_1\cdot(x-a_1)+F_x y+M_K=0$$

得截面 K 的弯矩

$$M_K=[F_{Ay}\cdot x-F_1\cdot(x-a_1)]-F_x y$$

根据式 $F_{Ay}=F_{Ay}^0$ 可知式中方括号内之值等于相应简支梁(图 8.3(c))截面 K 的弯矩 M_K^0,所以上式可改写为

$$M_K=M_K^0-F_x y \tag{8.4}$$

即拱内任一截面的弯矩,等于相应简支梁对应截面的弯矩减去由于拱的推力 F_x 所引起的弯矩 $F_x y$。由此可知,因推力的存在,三铰拱中的弯矩比相应简支梁的弯矩小。

2. 剪力的计算公式

剪力的符号通常规定以使截面两侧的隔离体有顺时针方向转动趋势为正,反之为负。取 AK 段为隔离体,将其上各力对截面 K 投影(图 8.3(b)),由平衡条件

$$F_{SK}+F_1\cos\varphi+F_x\sin\varphi-F_{Ay}\cos\varphi=0$$

得

$$F_{SK}=(F_{Ay}-F_1)\cos\varphi-F_x\sin\varphi$$

式中$(F_{Ay}-F_1)$ 等于相应简支梁在截面 K 处的剪力 F_{SK}^0,于是上式可改写为

$$F_{SK}=F_{SK}^0\cos\varphi-F_x\sin\varphi \tag{8.5}$$

式中,φ 为截面 K 处拱轴切线的倾角。

3. 轴力的计算公式

因拱轴通常为受压,所以规定使截面受压的轴力为正,反之为负。取 AK 段为隔离体,将其上各力向垂直于截面 K 的方向投影(图 8.3(b)),由平衡条件

$$F_{NK}+F_1\sin\varphi-F_{Ay}\sin\varphi-F_x\cos\varphi=0$$

得

$$F_{NK}=(F_{Ay}-F_1)\sin\varphi+F_x\cos\varphi$$

即

$$F_{NK}=F_{SK}^0\sin\varphi+F_x\cos\varphi \tag{8.6}$$

有了上述公式,则不难求得任一截面的内力,从而作出三铰拱的内力图,具体作法见下例。

【例 8.1】 求图 8.4(a) 所示三铰拱指定截面的内力值(M_k、F_{Sk}^L、F_{Sk}^R、F_{Nk}^L、F_{Nk}^R、M_i、F_{Si}、F_{Ni}),已知拱轴曲线为

$$y=\frac{4f}{l^2}x(l-x)=\frac{1}{16}x(16-x)$$

解:(1) 求支座反力

根据平衡条件,相应简支梁(图 8.4(b)) 的竖向反力均为 80 kN,故三铰拱的竖向反力也均为 80 kN。简支梁 C 截面弯矩

$$M_C^0/(\text{kN}\cdot\text{m})=80\times 8-80\times 4=320$$

代入式(8.3),得三铰拱水平推力

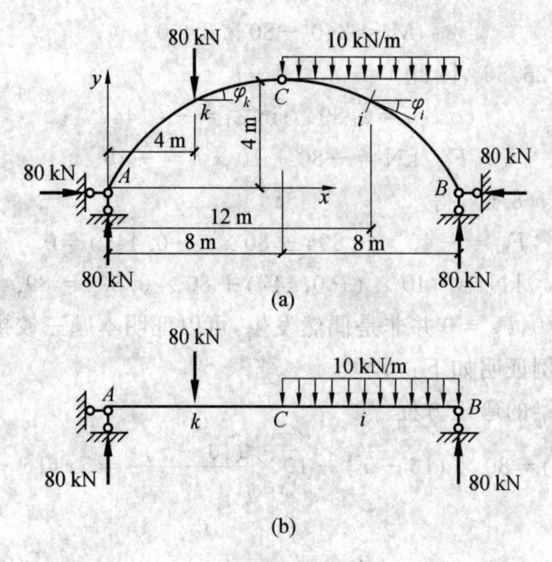

图 8.4

$$F_{Ax}/\mathrm{kN}=\frac{320}{4}=80$$

(2) 求 k 截面内力

$$y/\mathrm{m}=\frac{1}{16}\times 4\times (16-4)=3$$

简支梁 k 截面弯矩

$$M_k^0/(\mathrm{kN}\cdot\mathrm{m})=80\times 4=320$$

将上述结果代入式(8.4)，有

$$M_k/(\mathrm{kN}\cdot\mathrm{m})=320-80\times 3=80$$

求 k 截面的 $\cos\varphi_k$ 与 $\sin\varphi_k$

$$\tan\varphi_k=y'(4)=\frac{1}{16}(16-2\times 4)=\frac{1}{2}$$

得

$$\varphi_k=26.56°,\cos\varphi_k=0.894,\sin\varphi_k=0.447$$

$$F_{Sk}^{0L}=80\ \mathrm{kN},\quad F_{Sk}^{0R}=0$$

代入公式(8.5)与(8.6)，得

$$F_{Sk}^{L}/\mathrm{kN}=80\times 0.894-80\times 0.447=35.76$$

$$F_{Sk}^{R}/\mathrm{kN}=0\times 0.894-80\times 0.447=-35.76$$

$$F_{Nk}^{L}/\mathrm{kN}=80\times 0.447+80\times 0.894=-107.28$$

$$F_{Nk}^{R}/\mathrm{kN}=0\times 0.447+80\times 0.894=71.52$$

(3) 求 i 截面内力

i 截面形心坐标 $x=12$ m，代入拱轴线方程，得$\frac{1}{16}\times 12(16-12)=3$ m，相应简支梁 i 截面弯矩

$$M_i^0/(\mathrm{kN}\cdot\mathrm{m})=80\times 4-10\times 4\times 2=240$$

代入式(8.4)，有

$$M_i = 240 - 80 \times 3 = 0$$

不难求得 $\varphi_i = -26.56°$,因此

$$\cos\varphi_i = 0.894, \sin\varphi_i = -0.447$$

$$F_{Si}^0/\text{kN} = -80 + 10 \times 4 = -40$$

代入公式(8.5)与(8.6),得

$$F_{Si} = -40 \times 0.894 - 80 \times (-0.447) = 0$$

$$F_{Ni}/\text{kN} = -40 \times (-0.447) + 80 \times 0.894 = 89.4$$

计算结果中 $M_i = 0$,$F_{Si} = 0$ 并非是偶然发生,可以证明本题三铰拱的右半跨弯矩和剪力均为零。以弯矩为例证明如下:

右半跨相应简支梁的弯矩方程

$$M^0(x) = 80 \times (16 - x) - 10 \times \frac{(16 - x)^2}{2} = 5x(16 - x)$$

代入式(8.4),有

$$M(x) = M^0(x) - F_x \times y = 5x(16 - x) - \frac{80}{16}x(16 - x) = 0$$

$F_S(x) = 0$ 的结论读者可自行证明。

本例题的详细计算见表 8.1。M 图、F_S 图与 F_N 图绘于图 8.5 的(a)、(b)、(c)中,自图中不难看出,最大弯矩发生在集中力作用处,其值为 80 kN·m,仅为该截面对应简支梁弯矩 320 kN·m 的 1/4 倍,而右半跨弯矩全部为零。剪力最大值也发生在集中力作用处的左、右截面,其值为 35.76 kN,且集中力处剪力有突变。由 F_N 图中可以发现拱中轴力较大,且分布较均匀,支座处轴力最大为 113.12 kN(压力),在集中力作用处轴力也有突变。

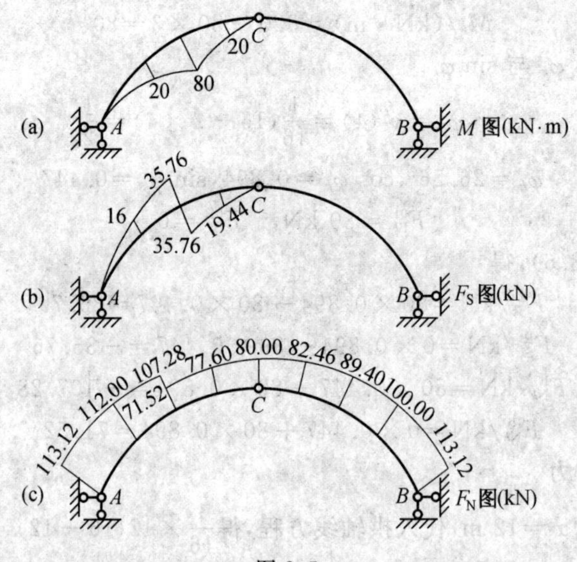

图 8.5

表 8.1　三铰拱内力计算

截面几何参数						F_S^0	弯矩计算		
x	y	$\tan\varphi$	φ	$\sin\varphi$	$\cos\varphi$		M^0	$-F_{Ax}y$	M
0	0	1	45°	0.707	0.707	80	0	0	0
2	1.75	0.75	36.9°	0.600	0.800	80	160	−140	20
4	3.00	0.50	26.6°	0.447	0.894	80	320	−240	80
						0			
6	3.75	0.25	14°	0.243	0.970	0	320	−300	20
8	4.00	0	0°	0	1	0	320	−320	0
10	3.75	−0.25	−14°	−0.243	0.970	−20	300	−300	0
12	3.00	−0.50	−26.6°	−0.447	0.894	−40	240	−240	0
14	1.75	−0.75	−36.9°	−0.600	0.800	−60	140	−140	0
16	0	−1	−45°	−0.707	0.707	−80	0	0	0

剪力计算			轴力计算		
$F_S^0\cos\varphi$	$-F_{Ax}\sin\varphi$	F_S	$F_S^0\sin\varphi$	$F_{Ax}\cos\varphi$	F_N
56.56	−56.56	0	56.56	56.56	113.12
64.00	−48.00	16.00	48.00	64.00	112.00
71.52	−35.76	35.76	35.76	71.52	107.28
0	−35.76	−35.76	0	71.52	71.52
0	−19.44	−19.44	0	77.60	77.60
0	0	0	0	80.00	80.00
−19.40	19.44	0	4.86	77.60	82.46
−35.76	35.76	0	17.88	71.52	89.40
−48.00	48.00	0	36.00	64.00	100.00
−56.56	56.56	0	56.56	56.56	113.12

弯矩相对较小，轴力相对较大是一般拱形结构的受力特点，正因如此，它比较适合于脆性材料（抗压能力强，抗拉能力弱），如砖、石、混凝土等。在砌体结构门窗过梁的受力分析中都要用到拱的受力特性，特别是拱水平推力的存在，设计不好将会使砌体结构发生开裂或破坏。

本例题中左侧集中力与右侧均布荷载的总和相等，如果将左部集中力也改为均布荷载，结构受力又将有何变化呢？ 请读者思考。

8.2　三铰拱的合理轴线

对于三铰拱来说，在一般情况下，截面上有弯矩、剪力和轴力作用，而处于偏心受压状态。但是,在给定荷载作用下,可以选取一根适当的拱轴线,使拱上各截面只承受轴力,而弯矩为零。此时,拱体材料能够得到充分的利用,这样的拱轴线称为合理轴线。

由式(8.4),任意截面 K 的弯矩为

$$M_K = M_K^0 - F_x y$$

上式说明,三铰拱的弯矩 M_K 是由相应简支梁的弯矩 M_K^0 与 $-F_x y$ 叠加而得。当拱的跨度和荷载为已知时,M_K^0 不随拱轴线改变而变,而 $-F_x y$ 则与拱的轴线有关(注意:前已指出推力 F_x 的数值只与三个铰的位置有关,而与各铰间的轴线形状无关)。因此,对拱的轴线形式 y 加以选择,就有可能使拱处于无弯矩状态。为了求出合理轴线方程,由式(8.4)根据各截面弯矩都为零的条件应有

$$M = M^0 - F_x y = 0$$

所以得

$$y = \frac{M^0}{F_x} \tag{8.7}$$

由式(8.7)可知:合理轴线的纵坐标 y 与相应简支梁的弯矩竖标成正比,$\frac{1}{F_x}$ 是这两个竖标之间的比例系数。当拱上所受荷载为已知时,只需求出相应简支梁的弯矩方程,然后除以推力 F_x,便可得到拱的合理轴线方程。

【例 8.2】 试求图 8.6(a) 所示对称三铰拱在均布荷载 q 作用下的合理轴线。

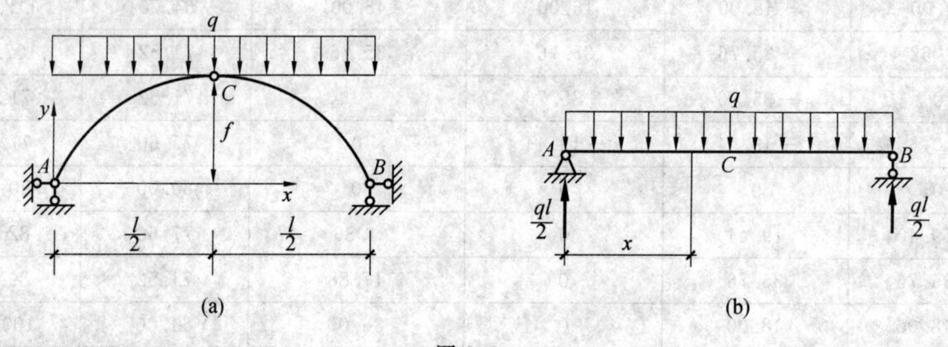

图 8.6

解:作出相应简支梁如图 8.6(b) 所示,其弯矩方程为

$$M^0 = \frac{1}{2}qlx - \frac{1}{2}qx^2 = \frac{1}{2}qx(l-x)$$

$$F_x = \frac{M_C^0}{f} = \frac{\frac{1}{8}ql^2}{f} = \frac{ql^2}{8f}$$

合理轴线方程为

$$y = \frac{\frac{1}{2}qx(l-x)}{\frac{ql^2}{8f}} = \frac{4f}{l^2}x(l-x)$$

正是由于满跨均布荷载下，合理拱轴为抛物线曲线，因此在大跨度的拱形结构中往往采用抛物线形式的拱轴。

考虑到水平推力只与荷载以及三个铰的位置有关，而与拱轴是什么样的曲线无关，所以合理拱轴实质上与简支梁在荷载下的弯矩方程成正比。例如荷载为中点的集中力(见图 8.7(a))，由于简支梁的弯矩图为三角形。故合理拱轴将为两根斜直杆，这实质上转化为桁架，显然无弯矩存在。当荷载为半跨均布荷载时，合理拱轴将如图 8.7(b) 所示。半跨为抛物线，另半跨为斜直线。

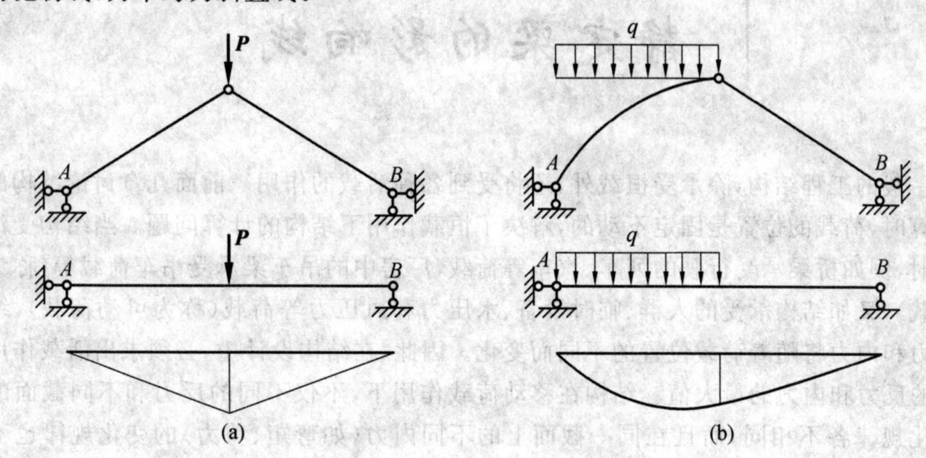

图 8.7

第 9 章

静定梁的影响线

一般的工程结构，除承受恒载外，还将受到各种活载的作用。前面几章讨论结构的内力计算时，荷载的位置是固定不动的，解决了恒载作用下结构的计算问题。当结构受活载作用时，例如桥梁承受行驶的列车、汽车等荷载，厂房中的吊车梁承受吊车荷载等(称为移动荷载)，又如结构承受的人群、临时设备、水压力和风压力等荷载(称为可动荷载)，结构的反力和内力将随着荷载位置的不同而变化。因此，在结构设计中，必须求出活载作用下结构的反力和内力的最大值。结构在移动荷载作用下，不仅不同的反力和不同截面的内力变化规律各不相同，而且在同一截面上的不同内力(如弯矩、剪力)的变化规律也不相同。例如图 9.1(a) 所示简支梁，当汽车由左向右行驶时，A 点反力将逐渐减小，而 B 点反力将逐渐增大。因此，一次只能研究一个反力或某一个截面的某一项内力的变化规律。显然，要求出某一反力或某一内力的最大值，就必须先确定产生这一最大值的荷载位置，这一荷载位置称为最不利荷载位置。

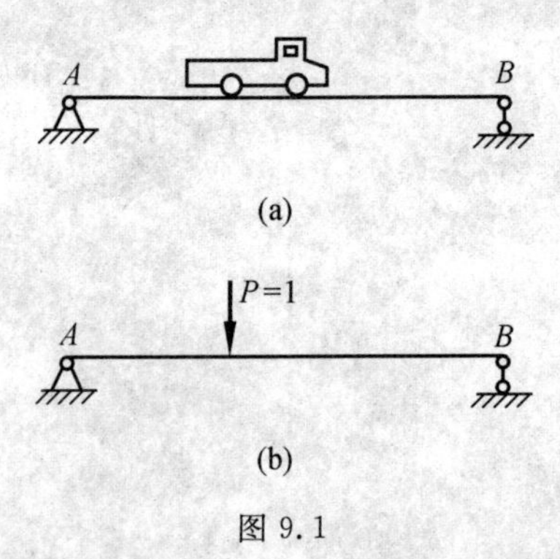

图 9.1

工程实际中的移动荷载通常是由很多间距不变的竖向荷载所组成，而其类型是多种多样的，我们不可能逐一加以研究。为此，可先研究一种最简单的荷载，即一个竖向单位集中荷载 $P=1$ 沿结构移动时(图 9.1(b))，对某一指定量值(例如某一反力或某一截面的某一内力等) 所产生的影响，然后根据叠加原理就可进一步研究各种移动荷载对该量值的影响。研究在移动荷载作用下静定梁反力和内力的变化规律，找到最危险的反力与内力构成了本章的主要内容。

9.1　影响线的概念

移动荷载作用下梁的反力与内力的确定，由于集中力个数往往不止一个，且荷载位置又要发生变化，因此研究变得比较复杂。例如一个相当简单的问题，如图9.2所示，若要确定在一台吊车(两轮各重280 kN，间距4.8 m)作用下、简支吊车梁AB中点截面C的最大弯矩问题。这里关键问题是使C截面产生最大弯矩时，吊车的位置在何处？这个位置一般称为荷载的最不利位置。通常人们总是以为当吊车的中点(也就是两个集中力的合力位置)移动到C截面时，该截面将要产生最大弯矩，但这个结论是错误的，只有当其中一个集中力移动到C截面时才有可能使C截面产生最大弯矩。这个道理并非几句话就能说清。为了使问题简化，我们从影响线(influence lines)这一概念出发进行研究。

所谓影响线是指在单位集中移动荷载作用下，梁的支座反力或某固定截面上内力随荷载位置变化而变化的函数图像。这一定义要逐渐理解。下面以简支梁支座反力为例先说明影响线的概念，然后进一步再去寻找影响线的绘制方法。图9.3是一简支梁受一个$P=1$的集中移动荷载作用(所以取单位力是因为它是最基本的，而且此力为无名数)。根据静力学平衡条件可知，当单位力作用于梁的中点C处时，A端反力$F_A=0.5$，取横坐标x代表单位力的作用位置，取纵坐标代表反力F_A的值。将0.5这个值标入C截面下，当单位力移动到A点时，F_A显然为1，将此纵坐标绘于A截面下方。若单位力移动到B端，则F_A将为0，将0坐标标于B截面下方。类似当单位力作用于距B端1/3跨的D截面时，F_A按比例应等于1/3，将此值标在D截面下方，随着单位力在不同位置作用，F_A将不断变化，在图上将得到一系列纵坐标，将其连线，所得图形即为简支梁F_A的影响线。有了这个影响线，F_A随单位力移动的变化规律便呈现在我们面前，在这个基础上就可以进一步研究两个或多个集中力时的变化情况。

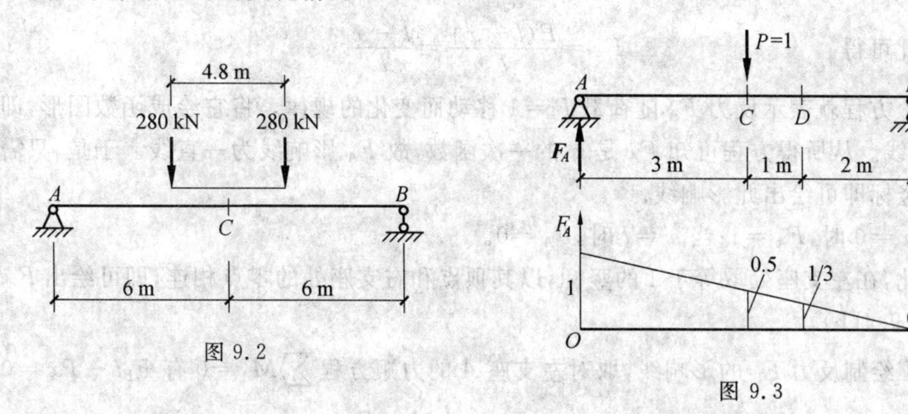

图9.2

图9.3

上述F_A影响线的作法仅是为了说明影响线的概念，真正作影响线时还应利用数学工具通过作函数图像的方法进行。

9.2　静力法绘制单跨静定梁的影响线

用静力法绘制影响线时，先把荷载 $P=1$ 放在任意位置，并根据所选坐标系，以 x 表示其作用点的横坐标，然后运用静力平衡条件求出所研究的量值与荷载 $P=1$ 的位置 x 之间的关系。表示这种关系的方程称为影响线方程，根据影响线方程即可作出影响线。

9.2.1　绘制简支梁的影响线

1. 支座反力影响线

要绘制反力 F_A 影响线，为此将荷载 $P=1$ 作用于距左支座（坐标原点）为 x 处如图 9.4(a) 所示，写出所有力对右支座 B 的力矩方程，并假定反力方向以向上为正，由

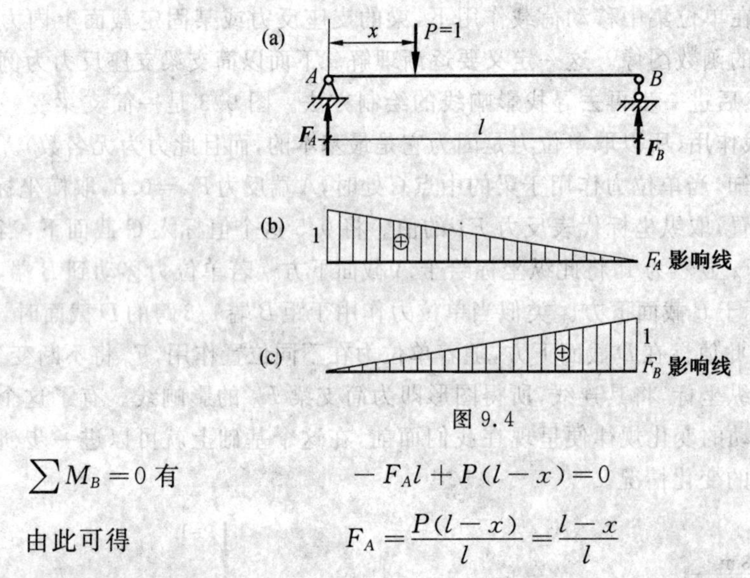

图 9.4

$\sum M_B=0$ 有　　　　$-F_A l+P(l-x)=0$

由此可得　　　　$F_A=\dfrac{P(l-x)}{l}=\dfrac{l-x}{l}$

这个方程就表示反力 F_A 随荷载 $P=1$ 移动而变化的规律。将它绘成函数图形，即得 F_A 影响线。从所得方程可知 F_A 是 x 的一次函数，故 F_A 影响线为一直线。于是，只需定出两个竖标即可绘出此影响线。

当 $x=0$ 时，$F_A=1$；当 $x=l$ 时，$F_A=0$。

因此，在左支座处取等于 1 的竖标，以其顶点和右支座处的零点相连，即可绘出 F_A 影响线(图 9.4(b))。

为了绘制反力 F_B 的影响线，取对左支座 A 的力矩方程 $\sum M_A=0$ 有 $F_B l-Px=0$。

由此可得反力 F_B 影响线方程为 $F_B=\dfrac{x}{l}$。

当 $x=0$ 时，$F_B=0$；当 $x=l$ 时，$F_B=1$。

绘出的反力 F_B 的影响线如图 9.4(c) 所示。

在作影响线时，通常假定单位荷载 $P=1$，当利用影响线研究实际荷载对某一量值的影响时，则须将荷载的单位计入，方能得到该量值的单位。

2. 弯矩影响线

要绘制截面C(图9.5(a))的弯矩影响线,为此先考虑荷载$P=1$在截面C的左方移动,即令$0\leqslant x\leqslant a$。为了计算简便起见,取梁中的CB段为隔离体,并规定以使梁下面纤维受拉的弯矩为正,由$\sum M_C=0$可得

$$M_C=F_B b=\frac{x}{l}b \quad (0\leqslant x\leqslant a)$$

由此可知,M_C影响线在截面C以左部分为一直线:

当$x=0$时,$M_C=0$;当$x=a$时,$M_C=\frac{ab}{l}$。

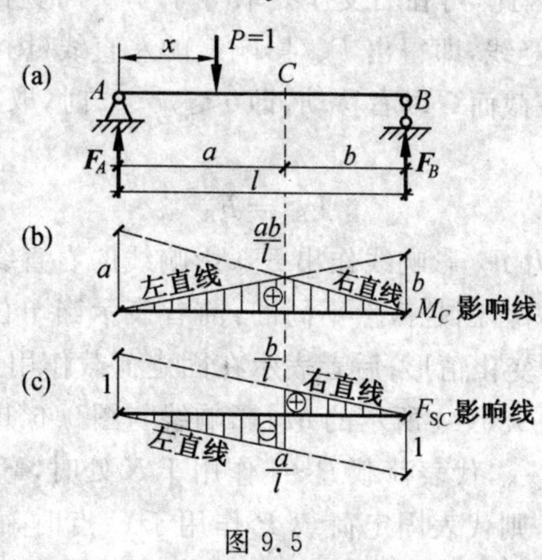

图9.5

因此在截面C处取一个等于$\frac{ab}{l}$的竖标,然后以其顶点与左支座处的零点相连,即得荷载$P=1$在截面C以左移动时M_C影响线(图9.5(b))。

当荷载$P=1$在截面C以右移动时,即$a\leqslant x\leqslant l$,上面所求得的影响线方程已不适用。因此,须另外列出M_C的表达式才能作出相应区段内的影响线。为此,取AC段为隔离体,由$\sum M_C=0$即得当$P=1$在截面C以右移动时M_C的影响线方程

$$M_C=F_A a=\frac{l-x}{l}a \quad (a\leqslant x\leqslant l)$$

由上式可知:

当$x=a$时,$M_C=\frac{ab}{l}$;当$x=l$时,$M_C=0$。

因此,只需把截面C处的竖标$\frac{ab}{l}$的顶点与右支座处的零点相连,即可得出当荷载$P=1$在截面C以右移动时M_C影响线,其全部影响线如图9.5(b)所示。这样,M_C影响线是由两段直线所组成,此二直线的交点位于截面C处的竖标顶点。通常称截面以左的直线为左直线,截面以右的直线为右直线。

从上述弯矩影响线方程可以看出,左直线可由反力F_B影响线将竖标乘以b而得到,而右直线可由反力F_A影响线将竖标乘以a而得到。因此,可以利用F_A和F_B影响线来绘制M_C影响线:在左、右两支座处分别取竖标a、b,将它们的顶点各与右、左两支座处的零

点用直线相连,则这两根直线的交点与左、右零点相连部分就是 M_C 影响线。这种利用已知量值的影响线来作其他量值影响线的方法,能带来较大的方便。

3. 剪力影响线

要绘制截面 C(图 9.5(a))的剪力影响线,为此先将荷载 $P=1$ 在截面 C 的左方移动,即令($0 \leqslant x \leqslant a$)。取截面 C 以右部分为隔离体,并规定使隔离体有顺时针转动趋势的剪力为正,则

$$F_{SC}=-F_B$$

由此可知,F_{SC} 影响线在截面 C 以左的部分(左直线)与支座反力 F_B 影响线各竖标的数值相同,但符号相反。因此,可在右支座处取等于 -1 的竖标,以其顶点与左支座处的零点相连,并由截面 C 引竖线,即得出 F_{SC} 影响线的左直线(图 9.5(c))。

同样,当荷载 $P=1$ 在截面 C 以右移动,即 $a \leqslant x \leqslant l$ 时,取截面 C 以左部分为隔离体,可得

$$F_{SC}=F_A$$

因此,可直接利用反力 F_A 影响线作出 F_{SC} 影响线的右直线(图 9.5(c))。

值得指出,影响线与内力图是截然不同的,前者表示当单位荷载沿结构移动时,某一指定截面处的某一量值的变化情形;后者表示在固定荷载作用下,某种量值在结构所有截面上的分布情形。例如图 9.6(a) 所示的 M_C 影响线与图 9.6(b) 所示的弯矩图,与截面 K 对应的 M_C 影响线的竖标 y_K,代表荷载 $P=1$ 作用于 K 处时,弯矩 M_C 的大小;而与截面 K 对应的弯矩图的竖标 M_K,则代表固定荷载 P 作用于 C 点时,截面 K 所产生的弯矩。显然,由某一个内力图,不能看出当荷载在其他位置时这种内力将如何分布。只有另作新的内力图,才能知道这种内力新的分布情形。然而,某一量值的影响线能使我们看出,当单位荷载处于结构的任何位置时,该量值的变化规律,但它不能表示其他截面处的同一量值的变化情形。

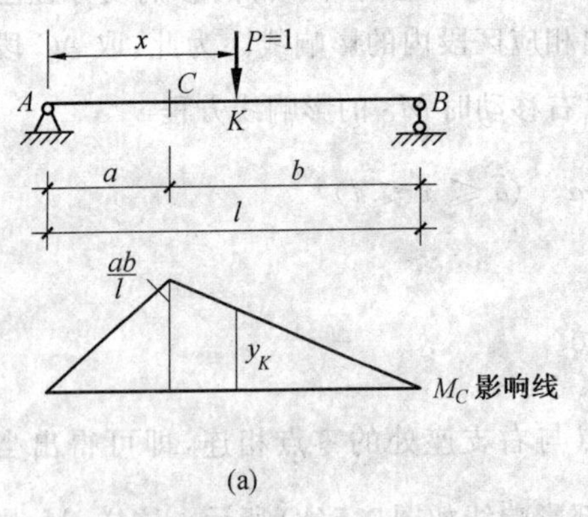

(a)

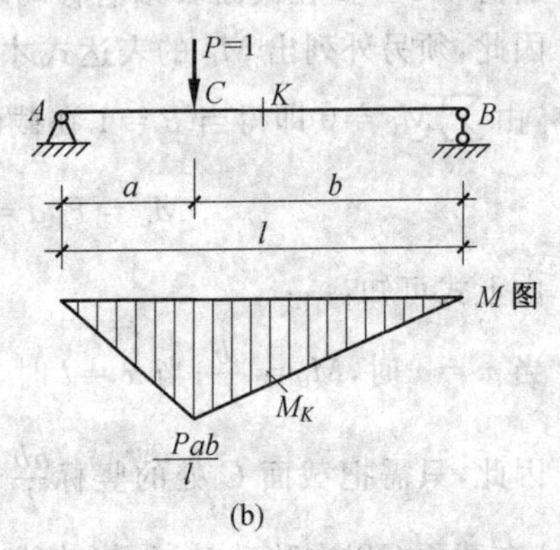

(b)

图 9.6

9.2.2 绘制悬臂梁的影响线

1. 反力影响线

悬臂梁图 9.7(a) 在单位力作用下,A 点反力始终为 $F_A=1$,故 F_A 的影响线如图

9.7(b) 所示为一水平直线。

2. 反力矩影响线

单位力作用在离 A 点 x 处，有 $M_A = 1 \cdot x$，M_A 的影响线图绘于图 9.7(c) 中。

3. C 截面剪力影响线

单位力作用于 C 截面左侧时，$F_{SC}=0$，作用于 C 截面右侧时，$F_{SC}=1$，影响线图绘于图 9.7(d) 中。

4. C 截面弯矩影响线

单位力作用于 C 截面左侧时，$M_C=0$，作用于 C 截面右侧时，$M_C=-[a-(l-x)]\cdot 1=l-x-a$。$x=l-a$ 时，$M_C=0$；$x=l$ 时，$M_C=-a$，影响线图绘于图 9.7(e) 中。

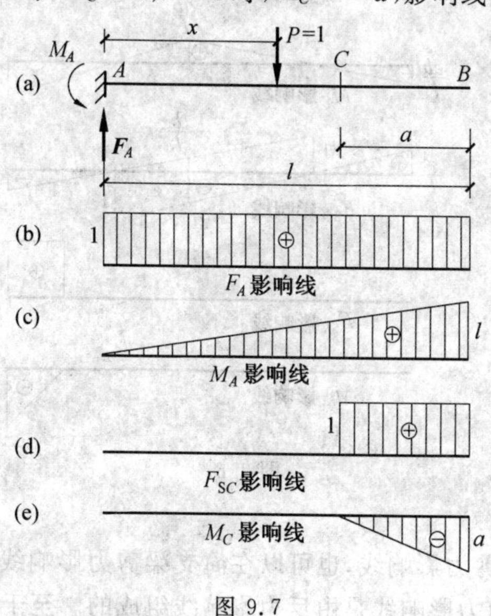

图 9.7

9.2.3　绘制外伸梁的影响线

1. 反力影响线

当单位力作用于外伸梁的简支段时(见图 9.8(a))，$F_A=1-\dfrac{x}{l}$，当单位力作用于右伸出端时此方程显然不变。当单位力作用于左伸出端时，只要注意到 x 值本身为负，则 F_A 方程仍旧不变。因此从数学上看，左、中、右三段应为一条直线，由于简支段(中) 图形已绘出，所以只要将其延长到左、右端即可(见图 9.8(b))。反力 F_B 可类似作出(见图 9.8(c))。

2. 弯矩影响线

简支段 C 截面弯矩影响线是由反力影响线扩大而成的。反力影响线可以向两伸出端延长，故弯矩影响线也可向两伸出端延长(见图 9.8(d))。对于伸出端 K 截面弯矩影响线，当单位力作用于 K 截面左侧时，显然 M_K 为零，而当单位力作用于 K 截面右侧时，显然又与悬臂梁弯矩影响线相同(见图 9.8(g))。

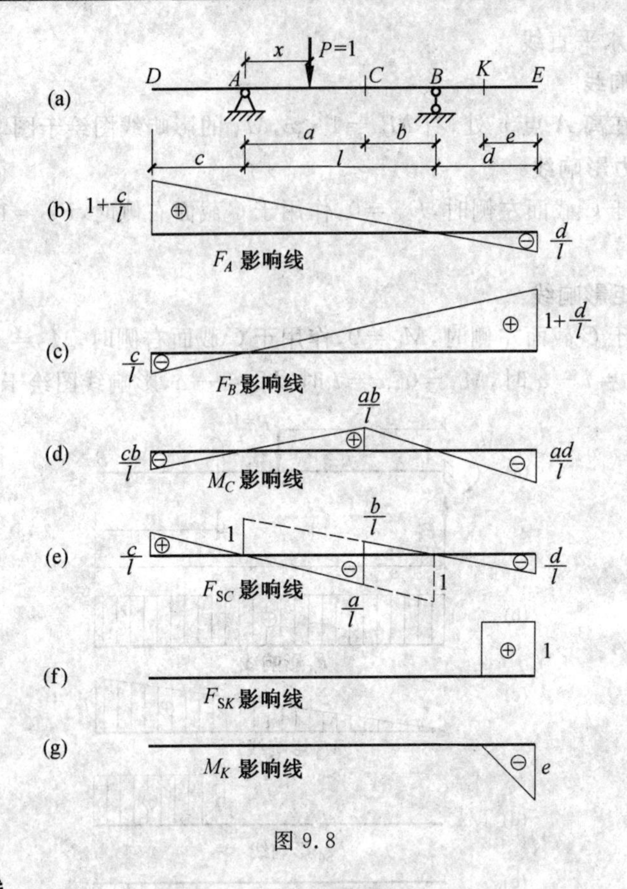

图 9.8

3. 剪力影响线

对于简支段 C 截面剪力影响线,也可以在简支梁剪力影响线的基础上向两伸出端延长(见图 9.8(e)),因为剪力影响线是由反力影响线组成的。至于伸出端 K 截面剪力影响线,当单位力位于 K 截面左侧时 $F_{SK}=0$,而单位力在 K 截面右侧时又与悬臂梁剪力影响线相同(见图 9.8(f))。

9.3 影响线的应用

影响线的应用主要有如下两个方面:

(1) 求各种固定荷载作用下静定梁的支座反力和截面内力(称为利用影响线确定影响量);

(2) 确定移动荷载或其他活荷载的最不利作用位置,从而得到最危险的反力或内力值。

9.3.1 利用影响线计算量值

影响线的概念表明,其值是在单位集中移动荷载作用下梁所产生的反力与内力。有了影响线就不难确定某组固定荷载所产生的相应反力与内力,因为单个固定荷载所产生的反力与内力必定与相应影响线的值成比例,然后通过叠加原理可得到某组固定荷载所产生的各种量值。

图 9.9(a) 给出某简支梁 C 截面弯矩影响线，若求分别作用于 D、E 和 F 上的 P_1、P_2 和 P_3 三力所产生的 C 截面弯矩，可先将三力所对应的影响线量值 y_1、y_2 和 y_3 算出，由于 y_1 代表单位力作用在 D 处时 C 截面的弯矩，因此 $P_1 \cdot y_1$ 即为 P_1 作用于 D 处时 C 截面的弯矩，同样道理，$P_2 \cdot y_2$ 和 $P_3 \cdot y_3$ 分别代表 P_2 与 P_3 所产生的 C 截面的弯矩，根据叠加原理，三个固定荷载使 C 截面的弯矩总值

$$M_C = P_1 \cdot y_1 + P_2 \cdot y_2 + P_3 \cdot y_3$$

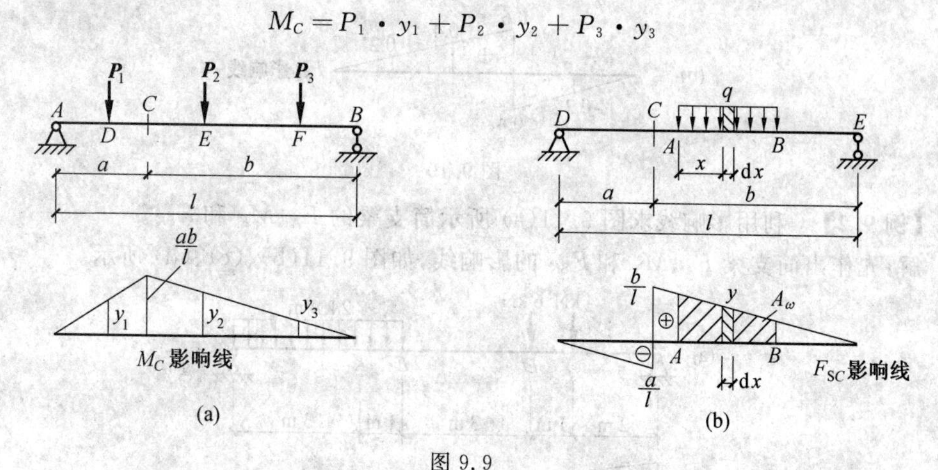

图 9.9

就一般情况而言，当有一组集中荷载 $P_1, P_2, \cdots, P_n$ 作用于梁上，而梁的某一量值 S 的影响线在各荷载作用处的纵坐标为 $y_1, y_2, \cdots, y_n$，则该量值

$$S = P_1 \cdot y_1 + P_2 \cdot y_2 + \cdots + P_n \cdot y_n = \sum_{i=1}^{n} P_i \cdot y_i \tag{9.1}$$

当梁受到均布荷载 q 作用时，若 y 为该梁某种量值 S 的影响线(见图 9.9(b) 中为 F_{SC})，则 $q\mathrm{d}x \cdot y$ 即代表该微分力所产生的 S 值，对 AB 段上的整个均布荷载而言，它使梁产生的 S 值应为

$$S = \int_A^B q\,\mathrm{d}x \cdot y = q \cdot \int_A^B y\,\mathrm{d}x = q \cdot \int_A^B \mathrm{d}A_\omega = q \cdot A_\omega \tag{9.2}$$

式中，$\mathrm{d}A_\omega$ 代表影响线的微分面积；A_ω 代表 AB 段影响线的总面积(见图 9.9(b))。上式表明，均布荷载使梁产生的某种量值，等于荷载集度 q 与对应范围内影响线面积的乘积。尚须注意 A_ω 有正、负之分。

【例 9.1】　试利用图 9.10(a) 所示简支梁的 F_{SC} 影响线求 F_{SC} 值。

解：首先，作出 F_{SC} 影响线如图 9.10(b) 所示，并算出有关竖标值。其次，按叠加原理可得

$$F_{SC}/\mathrm{kN} = Fy_D + qA_\omega = 20 \times 0.4 + 10 \times \left(\frac{0.6+0.2}{2} \times 2 - \frac{0.2+0.4}{2} \times 1\right) = 13$$

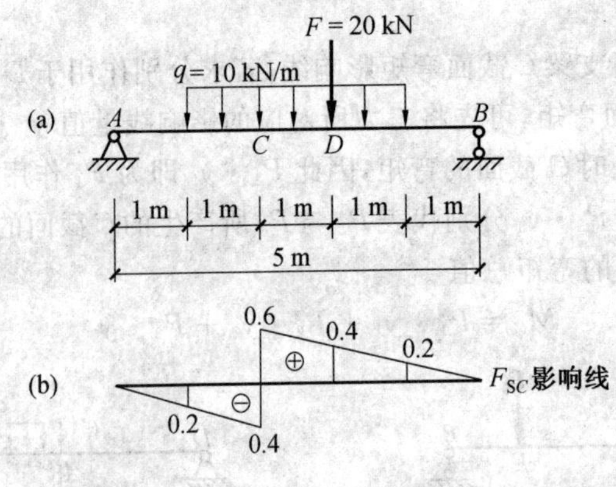

图 9.10

【例 9.2】 利用影响线求图 9.11(a) 所示简支梁的 F_A、M_K 和 F_{SK}。

解:先作出简支梁 F_A、M_K 和 F_{SK} 的影响线,如图 9.11(b)、(c)、(d) 所示。

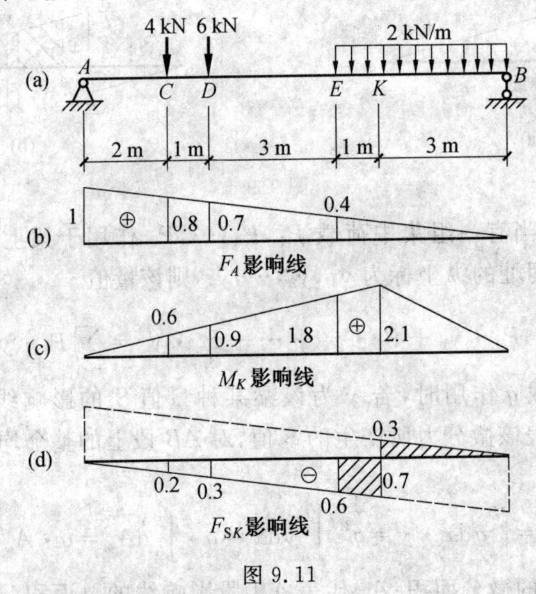

图 9.11

将集中力作用点 C、D 与均布荷载端点 E、B 所对应各影响线的量值按比例求出。利用公式(9.1) 和(9.2) 可以求出所需的各值。

$$F_A/\text{kN}=4\times0.8+6\times0.7+2\times\frac{1}{2}\times0.4\times4=9$$

$$M_K/(\text{kN}\cdot\text{m})=4\times0.6+6\times0.9+2\left(\frac{1.8+2.1}{2}\times1+\frac{2.1\times3}{2}\right)=18$$

$$F_{SK}/\text{kN}=4(-0.2)+6(-0.3)+2\left(\frac{-0.5-0.7}{2}\times1+\frac{0.3\times3}{2}\right)=-3$$

需要指出的是,这里仅仅是给出求固定荷载作用下反力及内力的一种计算方法,但这种方法并不一定是最简便的方法。读者可以采用原有方法对上述结果进行校核。

9.3.2　确定最不利荷载位置，计算危险反力或内力值

当移动荷载处在某位置时能使梁产生最大正值或最大负值的反力或内力时，该位置称为最不利荷载位置。当梁的某量值 S 的影响线如图 9.12(a) 所示为三角形时，若集中移动荷载只有一个力，显然只有当集中力移到影响线顶点 C 时才会产生最大影响值，此时就是最不利荷载位置，若集中移动荷载为两个，最不利荷载位置又应如何？考查图 9.12(a) 中的 ① 状态(两力均在 C 左侧)，由于

$$S=P_1\cdot y_1+P_2\cdot y_2$$

随荷载向右而增加，因此到 ② 状态(第一力到达 C 点前)S 是不会有极值的(见图 9.12(b))。当 P_1 到达 C 点时情况开始发生变化，因为再向右移(状态 ③)，P_1 下的影响线值开始减少，但 P_2 下的影响线值还在增加，所以 S 值有三种可能(见图 9.12(b))。一种是开始减少，如果出现这个结果，则 P_1 到达 C 点时便是最不利荷载位置；另一种是 S 值继续增加(但增加缓慢)，这时 S 不会出现极值，这种状态一直要保持到 ④ 时才能再发生变化，因为 P_2 到达 C 后，S 值绝不能再增加，而只能是减少，所以这时也可能是最不利荷载位置。第三种是 S 值不增不减，但当 P_2 到达 C 后 S 值必定开始减少，这种情况两力到达 C 点均可视为极值。总之只有一个集中力作用在 C 点时才可能是最不利荷载位置，推广上述讨论结果可以得到一个简单但又非常重要的结论，即一组集中移动荷载作用下的最不利荷载位置，一定发生在某一集中力(称为临界荷载)到达影响线顶点时才有可能。至于究竟哪个集中力是临界荷载，尚须研究判断法则(可参考一般结构力学教材)。由于吊车梁上的集中荷载最多也只要考虑 4 个，而有的直观判别就可否定其为临界荷载，因此我们不准备再去讲述判别法，顶多试算两或三次就可确定临界荷载并得到最大正值或是最大负值的影响量。

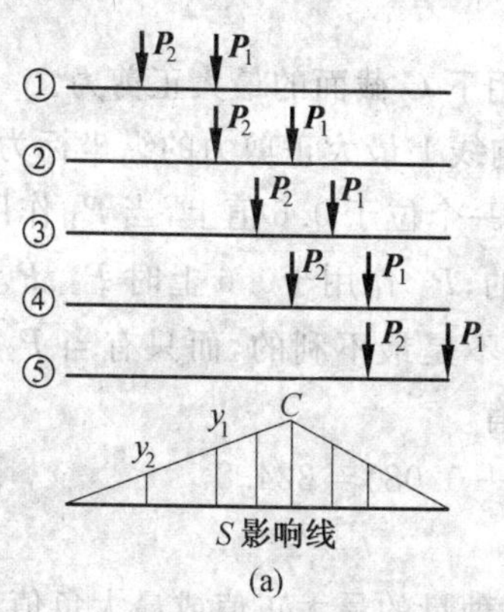

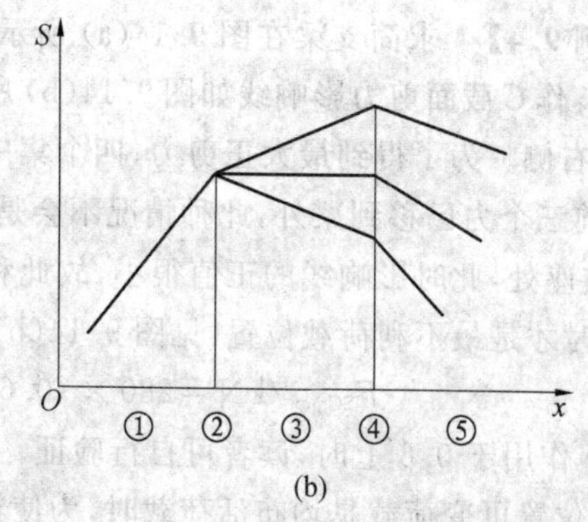

图 9.12

【例 9.3】　求简支梁在所给移动荷载作用下(见图 9.13)C 截面的最大弯矩。

解：(1) 分析临界力的可能性

三个力中 4 kN 肯定不是临界荷载，因为它位于 C 点时，前两个力均已移出梁外。因此只有两种可能性，即 6 kN 或 8 kN。

(2) 通过计算比较得出最大弯矩

先作 C 截面弯矩影响线,如图 9.13(b) 所示,并求出对应的各影响线值。

① 取 6 kN 为临界力(见图 9.13(c)),有

$$M_C/(\mathrm{kN\cdot m})=6\times\frac{4}{3}+8\times\frac{11}{15}=13.87$$

② 取 8kN 为临界力(见图 9.13(d)),有

$$M_C/(\mathrm{kN\cdot m})=6\times\frac{2}{15}+8\times\frac{4}{3}+4\times\frac{8}{15}=13.6$$

通过对比计算发现,6 kN 确系临界力,而 C 截面最大弯矩 $M_{C\max}=13.87\ \mathrm{kN\cdot m}$。

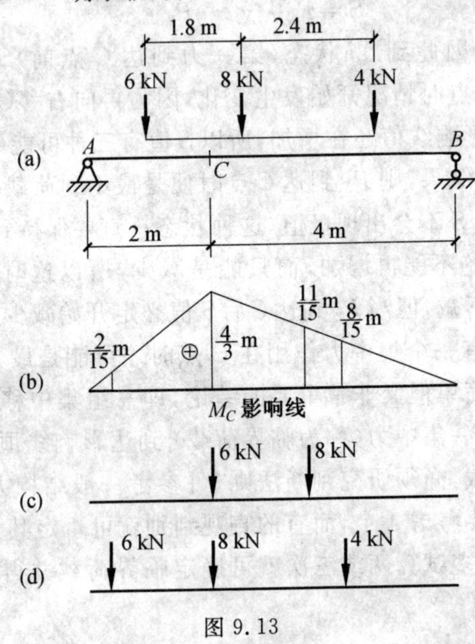

图 9.13

【例 9.4】 求简支梁在图 9.14(a) 所示荷载作用下 C 截面的最大正剪力。

解:作 C 截面剪力影响线如图 9.14(b) 所示,影响线上最大正剪力的纵坐标为 0.6,在 C 截面右侧。为了得到最大正剪力,四个集中力必有一个位于 0.6 值上,当 P_4 作用于 0.6 上时,前三个力已移到梁外,此种情况不会是最不利的;P_1 作用于0.6 上时 P_2、P_3 已移近靠 B 支座处,此时影响线的正值很小,故此种情况也不是最不利的,而只有当 P_2 作用在 0.6 上时才是最不利荷载位置(见图 9.14(b)),此时有

$$F_{SC\max}/\mathrm{kN}=280\times(0.6+0.48+0.08)=324.8$$

P_1 作用于 0.6 上时,读者可自行验证。

当位置可变荷载是均布活荷载时,为使梁产生某种量的最大正值或最大负值,根据公式(9.2),应将均布活荷载布满该值影响线的所有范围。

【例 9.5】 已知均布活荷载集度 $q=6\ \mathrm{kN/m}$,试求使图 9.15 所示伸出梁 C 截面产生最大正弯矩与最大负弯矩的值。

解:作伸出梁 C 截面弯矩影响线。其正值分布在简支段 AB 范围内,其负值分布在两伸出端。为了得到 C 截面的最大正弯矩,均布活荷载必须布满 AB 跨(见图 9.15(c))。其弯矩值为

$$M_{C\max}/(\mathrm{kN\cdot m})=q\cdot A_{\omega}=6\times\frac{1}{2}\times10\times2.4=72$$

而为使 C 截面有最大负弯矩，均布活荷载必须布满两伸出端(图 9.15(d))，其弯矩值为

$$M_{C\min}/(\mathrm{kN\cdot m})=q\cdot A_{\omega}=6\times\left[\frac{1}{2}\times(-2.4)\times4+\frac{1}{2}\times(-1.6)\times4\right]=-48$$

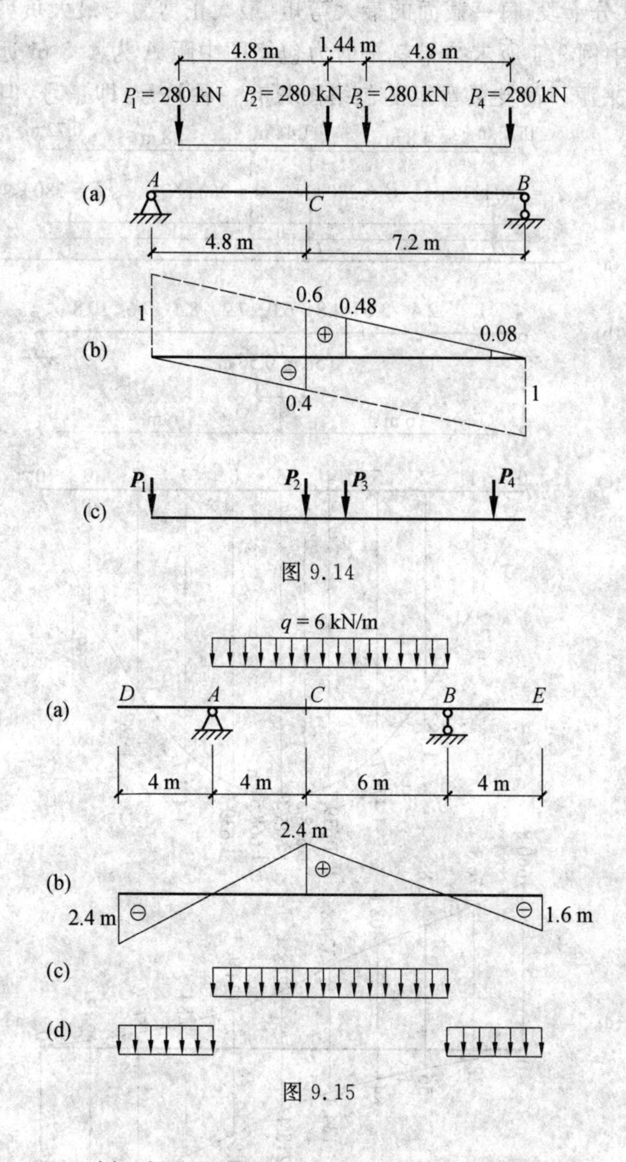

图 9.14

图 9.15

9.4　简支梁的包络图及绝对最大弯矩

9.4.1　简支梁的包络图

上节讨论提供了求简支梁某固定截面在一组移动荷载作用下的最大弯矩与最大剪力

的方法。从理论上讲,对简支梁的每一个截面,均可求出在该移动荷载作用下的最大弯矩与最大剪力。将每一截面的最大弯矩连接起来的图形称为该简支梁弯矩的包络图(envelope diagram),同样也可得剪力的包络图。这种包络图在设计吊车梁特别是钢筋混凝土吊车梁时是不可缺少的。在实际作包络图时,只能取有限个截面(一般将梁分为10段)。图9.16给出了某12 m吊车梁在两台吊车形成的移动荷载作用下的弯矩包络图与剪力包络图。梁共分十段,每一截面的最大弯矩、最大正剪力与最大负剪力均是按上节的方法求出的,上节中例9.4所求结果就是剪力包络图中距A为4.8 m远截面处的最大正剪力324.8 kN的来源。简支梁弯矩的包络图只有一种符号,即正号,但剪力包络图有正

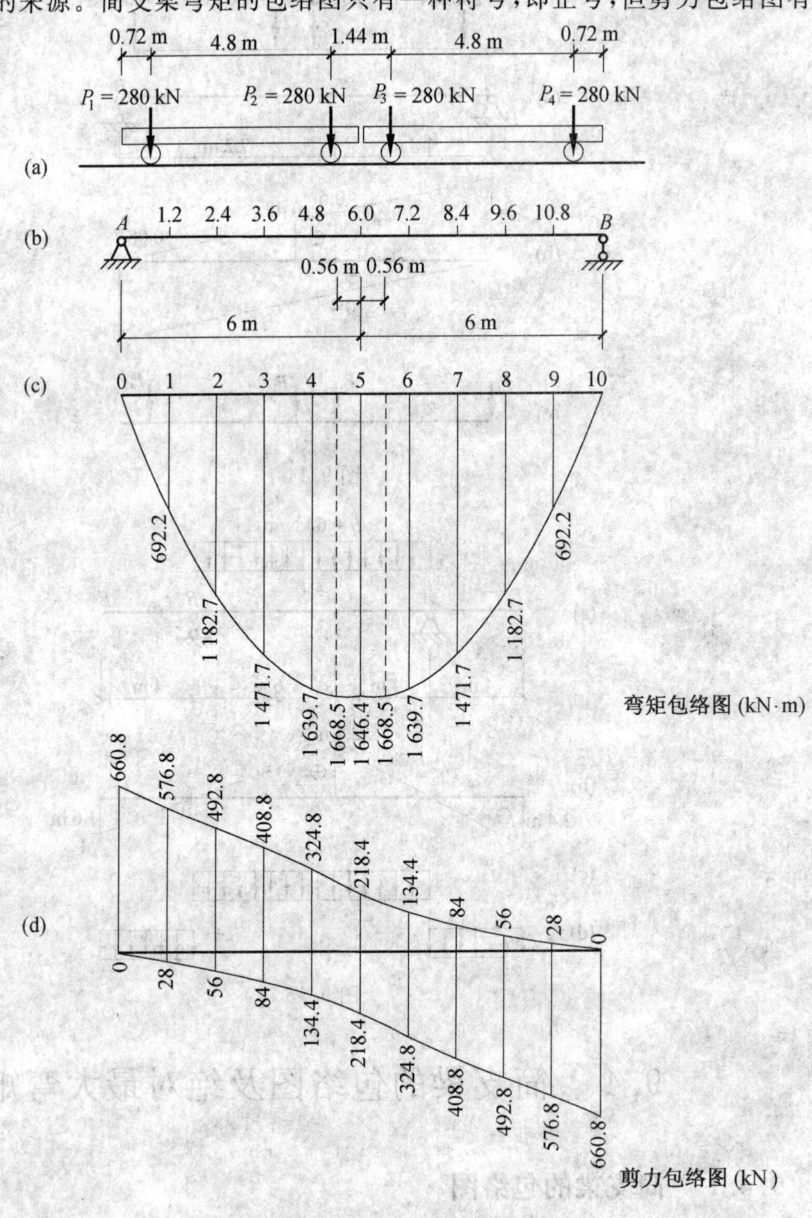

图 9.16

负之分。弯矩包络图中各截面的量值均为该截面的最大弯矩，但各截面最大弯矩间必定还要出现最大值，这种最大弯矩中的最大值，称为简支梁的绝对最大弯矩。自图 9.16(c) 中可以发现，绝对最大弯矩产生的截面位置并不是梁的中点，而是靠近中点的某个截面。如何确定绝对最大弯矩产生的截面位置及其量值的求法现讨论如下。

9.4.2　简支梁的绝对最大弯矩

简支梁的绝对最大弯矩是包络图中最大的弯矩，这个弯矩在设计钢结构吊车梁中是必不可少的基本数据之一。用有限个截面作包络图，严格讲是定不出准确的绝对最大弯矩的，因为它的截面位置是未知的，我们不可能作出无限多截面的包络图。但是梁上移动的集中荷载个数却是有限的，而且当绝对最大弯矩出现时，其截面顶部必有一临界集中力存在，根据这一条件，可以采用如下方法求出绝对最大弯矩。

图 9.17 所示一简支梁受某移动荷载组作用，若其中 P_K 为临界荷载(critical load)(产生绝对最大弯矩截面上的集中力)，R 代表移动荷载组的合力，R 与 P_K 间的距离用 a 表示，设 P_K 离开 A 点为 x 远。首先求出 A 支座反力 F_A。

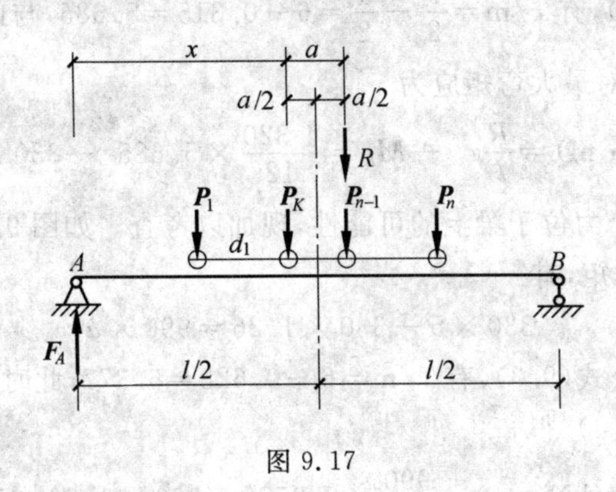

图 9.17

$\sum m_B = 0$，有　　$$R\cdot(l-x-a)-F_A\cdot l=0$$

得

$$F_A = R\frac{l-x-a}{l}$$

现求出此时 P_K 下截面的弯矩，有

$$M_x = F_A\cdot x - P_1\cdot d_1 = \frac{R}{l}(l-x-a)x - M_K$$

此式表达的是 P_K 下截面弯矩随 x 的变化规律，式 $M_K = P_1\cdot d_1$ 为常量，与 x 无关，取 $\frac{\mathrm{d}M_x}{\mathrm{d}x}=0$，有

$$\frac{R}{l}(l-2x-a)=0$$

即

$$x=\frac{l}{2}-\frac{a}{2}\ 或\ x=l-x-a \tag{9.3}$$

将后式代回 M_x，得绝对最大弯矩

$$M_{max}=\frac{R}{l}x^2-M_K \tag{9.4}$$

其中,M_K 为 P_K 左侧所有力对 K 点力矩之和。

式(9.3)还可写成 $x+\frac{a}{2}=\frac{l}{2}$。

这个结果表明,临界力 P_K 与合力 R 所夹距离 a 的中点如果对准梁的中点,则临界力作用点处的截面将产生绝对最大弯矩,这一结论当合力 R 位于临界力左侧时依然正确。最后指出,究竟哪个集中力是临界力,还需直观判定和通过计算进行比较。此外还要注意梁上集中力的个数是多少,有时梁上虽然集中力较多,但并不一定产生绝对最大弯矩,反而集中力较少但位置不利却可能发生绝对最大弯矩。

【例 9.6】 求图 9.18 所示吊车梁在两台吊车作用下的绝对最大弯矩。

解:由于两台吊车的总长小于跨度,所以先考虑4个力全在梁上。合力1 320 kN应位于两车的中点,此时 P_K 只可能是中间两个 330 kN 的一个,设为左边一个,则 $a/\mathrm{m}=\frac{1.26}{2}=0.63$,代入公式(9.3),有 $x/\mathrm{m}=\frac{l}{2}-\frac{a}{2}=6-0.315=5.685$,与此对应的荷载位置如图 9.18(b) 所示,此时绝对最大弯矩应为

$$M_{max}/(\mathrm{kN\cdot m})=\frac{R}{l}x^2-M_K=\frac{1\ 320}{12}\times 5.685^2-330\times 5=1\ 905$$

本题还有一种三个力位于梁上的可能性,现加以考查。如图 9.18(c) 所示,利用力矩定理对设定的 P_K 求力矩,有

$$330\times 5-330\times 1.26=990\times a$$

得 $a=1.247$ m,代入公式(9.3),有 $x/\mathrm{m}=6-0.623=5.377$,此时最左侧 330 kN 的力已移出梁外,代入公式(9.4),得

$$M_{max}/(\mathrm{kN\cdot m})=\frac{990}{12}\times 5.377^2-330\times 1.26=1\ 969$$

同4个力在梁上相比,真正绝对最大弯矩应为3个力在梁上时所产生的,即 $M_{max}=1\ 969$ kN·m。至于3个力中哪一个是临界力,读者可自己验算,一定是中间一个,即图 9.18(c) 所示情况。

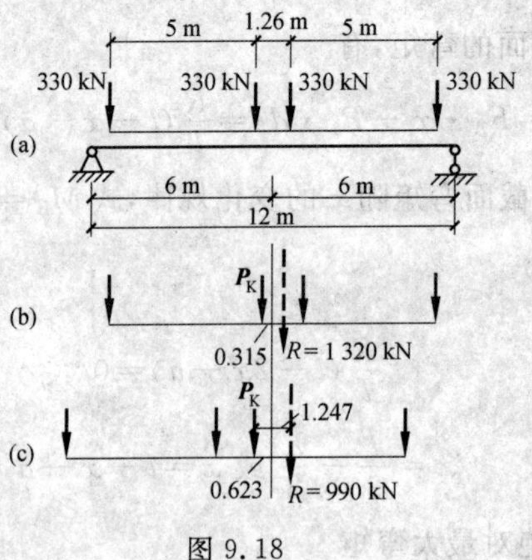

图 9.18

9.5　机动法绘制静定梁的影响线

机动法绘制静定梁影响线是一种简便可行的有效方法。它是建立在刚体虚功原理基础上的一种方法。所谓刚体虚功原理是指，刚体在外力作用下平衡的充要条件是该刚体在任何虚位移上所做的总虚功为零。这里我们并不想给出详细的证明，而只是说明这个原理如何应用，首先解释几个名词。虚位移的概念是指满足约束条件下的任何微小位移，这里的位移可以是刚体的微小平移，也可以是刚体的微小转动。所谓虚字并不是不存在的位移，而是指所发生的位移与刚体所受的力并不一定要发生关系。例如将简支梁右端的约束去掉(见图 9.19(b))，用 $\boldsymbol{F}_B$ 代替，令梁发生一个绕 A 点转动的虚位移，若 B 点向上产生一个微小虚位移 δ，因为 AB 杆视为刚体，则 C 点必发生一个 $\delta \dfrac{a}{l}$ 的微小位移。这些位移是微小的，但又是满足约束条件的，而且与梁所受的外力又无关，所以称为虚位移。梁上荷载与反力在虚位移上要做功，称为虚功，根据功的定义，外力所做虚功总和为

$$W = F_B \cdot \delta - P \cdot \delta \frac{a}{l}$$

按照刚体虚功原理，如果刚体平衡，即荷载与反力组成平衡力系，则 $W = 0$，有

$$\left(F_B - P\frac{a}{l}\right) \cdot \delta = 0$$

由于 δ 可以取任意微小值 $\neq 0$，故有

$$F_B - P\frac{a}{l} = 0 \text{ 即 } F_B = P\frac{a}{l}$$

此结果与用平衡条件得出的完全一致。从上述简要说明中已经初步可以看出，虚功原理是解决平衡问题的又一有力工具，在将来求解结构的弹性位移中将起重要作用。

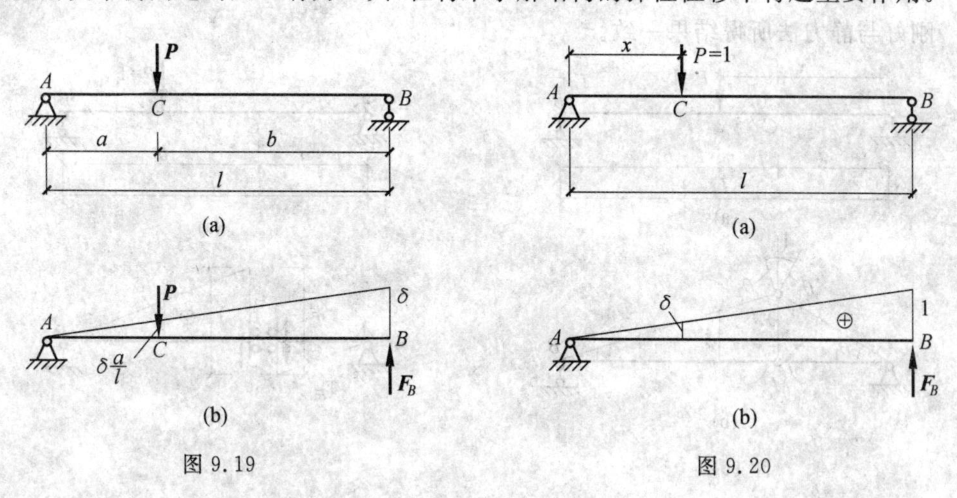

图 9.19　　　　图 9.20

9.5.1　机动法绘反力影响线

若要绘制简支梁 B 支座反力影响线，可将 B 支座约束去掉，使 B 点沿 F_B 方向产生一

个单位位移(这种作法称为机动法),则位移后梁的轴线就是 F_B 影响线。这个结论的正确性自图 9.20(b) 中可直接观察到,但要证明,确需用刚体虚功原理。由于单位集中力要与 F_A 与 F_B 两个反力平衡,在虚位移过程中 F_A 又不做功,因此虚功总和为零变成

$$F_B \cdot 1 - 1 \cdot \delta = 0$$

解出

$$\delta = F_B$$

此式表明 δ 的值恰好就是单位力在距 A 点 x 时 B 点的反力值,刚好与影响线定义相同。

9.5.2 机动法绘弯矩影响线

若要绘制图 9.21(a) 所示简支梁 C 截面弯矩图的影响线,可将 C 截面加一铰链 C(见图 9.21(b)),使梁变成几何可变体系(有虚位移的可能),然后使铰左右两横截面发生相对转角为 1 的虚位移(与正弯矩转向相同),则位移后的梁轴线即为 C 截面弯矩影响线。现证明如下:单位力作用在梁上 x 处时 C 截面应有 M_C 产生,当 C 处加铰后弯矩将变为零,为与原梁相等仍在铰 C 处加两力偶 M_C,但此时 M_C 可视为外力。在做虚功过程中因体系平衡,有

$$M_C \cdot \theta_1 + M_C \cdot \theta_2 - 1 \cdot \delta = 0$$

令 $\theta_1 + \theta_2 = 1$,故有

$$M_C \cdot 1 - 1 \cdot \delta = 0,\text{得到 } \delta = M_C$$

此结论恰好说明虚位移后梁轴线的纵坐标就是单位力作用下 C 截面的弯矩,因此位移后的轴线图确系 C 截面弯矩影响线。影响线顶点坐标,可通过如下关系求得。

由于 $\theta_1 = \dfrac{y}{a}, \theta_2 = \dfrac{y}{b}$(微小转角),而

$\theta_1 + \theta_2 = \dfrac{a+b}{ab} y = 1$,故 $y = \dfrac{ab}{a+b} = \dfrac{ab}{l}$

刚好与静力法所得结果一致。

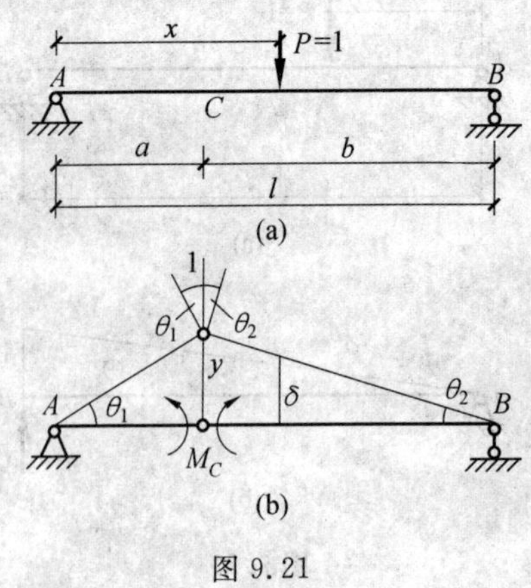

图 9.21

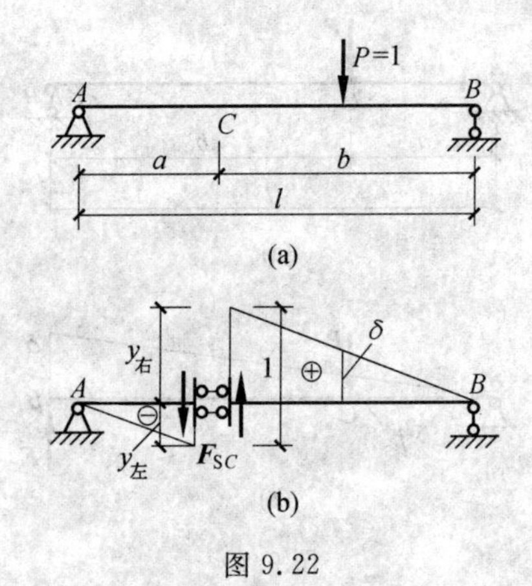

图 9.22

9.5.3 机动法绘剪力影响线

用机动法(kinematic method) 绘制图 9.22(a) 所示 C 截面剪力影响线时,可将 C 截

面变为图 9.22(b) 所示的定向联系(所谓定向联系,是指截面左、右两侧可以发生沿截面方向的相对移动,但两侧不能发生相对转动,这种约束可以传递弯矩,但不能传递剪力),使梁变成一几何可变体系,令定向联系处发生相对位移为 1 的线位移,使梁轴线变为如图 9.22(b) 所示的图形,此图形即为截面 C 剪力影响线。单位力作用下 C 截面产生剪力 F_{SC},但变为定向联系后剪力消失,为使结构维持平衡,在定向联系的左右分别加入 F_{SC},根据虚功原理,有

$$F_{SC}\cdot y_{左}+F_{SC}\cdot y_{右}-1\cdot\delta=0$$

由于令 $y_{左}+y_{右}=1$,所以方程化为

$$F_{SC}\cdot 1-1\cdot\delta=0$$

得到

$$\delta=F_{SC}$$

此式表明,虚位移以后的轴线纵坐标即为剪力影响线值。由于定向联系控制截面两侧必须平行,因此左右轴线也应平行,这样就有机动法作影响线不仅适合简支梁,同样适合外伸梁与悬臂梁。对于多跨静定梁也完全可以采用。

$$\frac{y_{左}}{a}=\frac{y_{右}}{b}=\frac{y_{左}+y_{右}}{a+b}=\frac{1}{l}$$

由此得到 $y_{左}=a/l, y_{右}=b/l$,结果与前面静力法结果相同。

【例 9.7】 作图 9.23(a) 所示伸出梁 C 截面和 K 截面弯矩和剪力影响线。

解:将 C 截面加铰,按正弯矩方向使截面两侧相对旋转单位角,位移后的轴线图即为 M_C 影响线(见图 9.23(b));使 C 截面变为定向联系,按正剪力方向使左右相对位移为 1,如图 9.23(c) 所示,即为 F_{SC} 影响线;K 截面加铰,使左右发生相对转角为 1。由于左侧为几何不变体系,故左侧轴线不移动,而只有右侧轴线移动,如图 9.23(d) 所示,即为 M_K 影响线;K 截面变为定向联系后,左侧仍不能移动,只有右侧向上平移 1,如图 9.23(e) 所示,即为 F_{SK} 影响线。

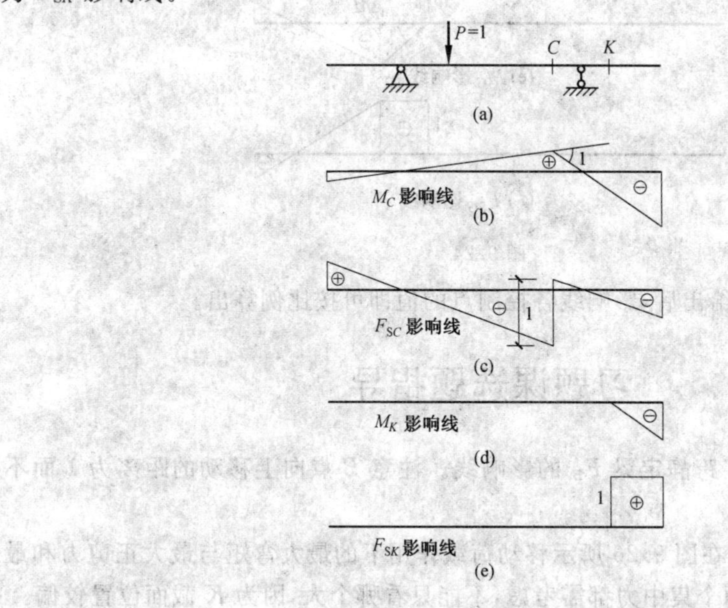

图 9.23

【例 9.8】 作图 9.24(a) 所示多跨静定梁 B 支座反力影响线和 K、G 截面弯矩、剪力影响线。

解:将 B 支座去掉,使多跨梁变成一个几何可变体系,使 B 点向上移动一个单位位移,则多跨梁的轴线位移图如图 9.24(b) 所示(附属部分轴线随之也发生位移),此即为 F_B 影响线;在 K 截面加铰,使此截面左右发生单位相对转角(或 K 截面向上$\frac{ab}{l}$位移),位移后的轴线如图 9.24(d) 所示,即为 M_K 影响线;在 K 截面加定向联系,左右相对移动一单位位移(或下侧为 a/l 或上侧为 b/l),位移后的轴线图见图 9.24(d),此图就是 F_{SK} 影响线;G 截面加铰,右侧转 $\theta=1$ 角(或 E 点向下取 d),位移后的轴线图如图 9.24(e) 所示,即为 M_G 影响线;最后将 G 截面向上平移一单位位移,轴线位移图(见图 9.24(f))即为 F_{SG} 影响线。

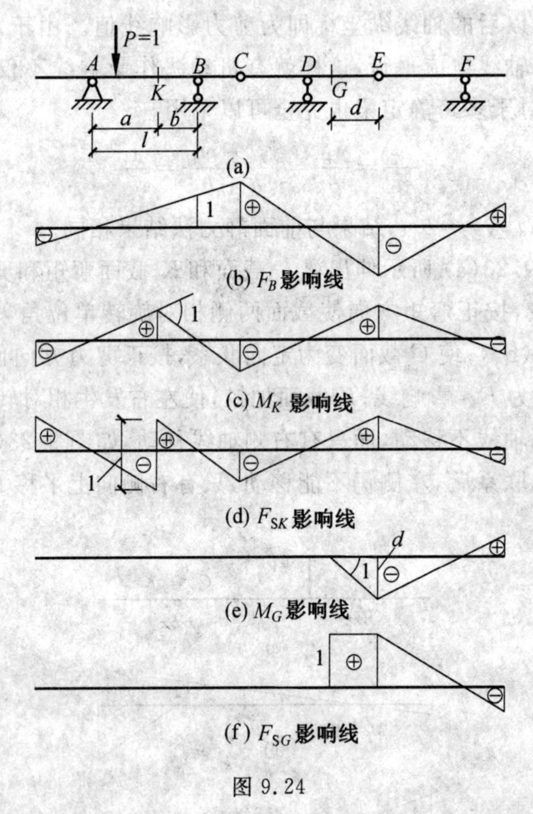

图 9.24

当梁的各种尺寸均给出后,影响线各控制点的值即可按比例算出。

习题课选题指导

1.作图 9.25 所示多跨静定梁 F_B 的影响线。注意 B 点向上移动的距离为 1 而不是 2。CD 段为零说明什么?

2.求简支梁 K 截面在图 9.26 所示移动荷载作用下的最大弯矩与最大正剪力和最大负剪力。作为临界力,两个集中力都需考虑,不能只看哪个大,因为 K 截面位置较偏。

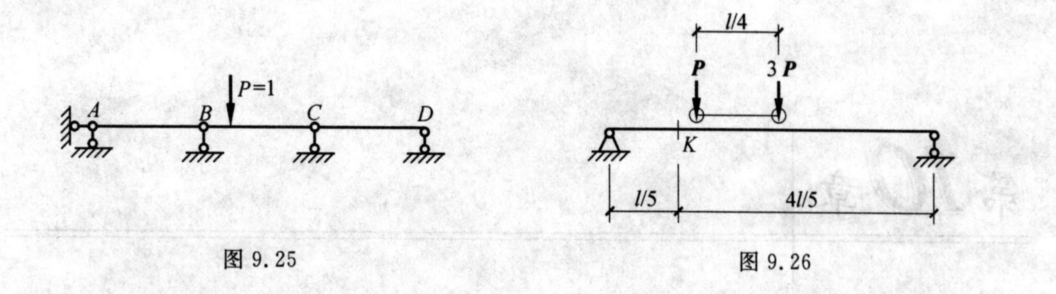

图 9.25　　　　图 9.26

3. 求图 9.27 所示简支梁的绝对最大弯矩。注意此题的临界力选择与力的个数选择。

4. 求图 9.28 所示多跨静定梁 A 的左截面在均布活荷载 $q=2\ \mathrm{kN/m}$ 作用下的最大负剪力。

用机动法作剪力影响线，注意伸出端的处理，安排好活荷载的最不利位置。

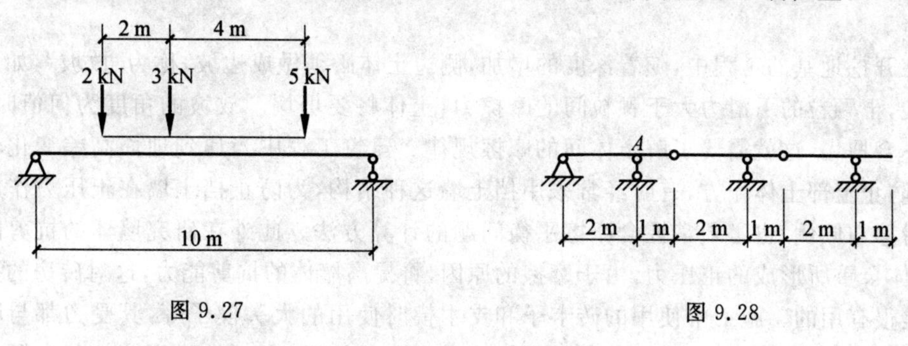

图 9.27　　　　图 9.28

第10章 摩　擦

10.1　土木工程中的摩擦问题

在开挖地基的工程中，随着深度的增加，侧边土体必须做成边坡，称为“放坡”，如果坡度太陡，土颗粒的下滑力大于颗粒间的摩擦力，土体将要坍塌。放坡的角度为何值时，土体才不会坍塌，这就需要了解土体间的摩擦规律。建筑工程中当遇到地面高差变化较大时，为防止上部土体塌方，有时经常采用挡土墙这种结构，为防止挡土墙在土压力作用下产生滑移与倾倒，也必须掌握含摩擦平衡问题的计算方法。此外在研究墙体的抗剪能力时，墙体自重所形成的正压力，由于摩擦的原因，将提高墙体的抗剪能力，这对砖房的抗震设计是很有用的。施工中使用的砖卡子和支木模时使用的大头楔子等，其受力都与摩擦有关。为了更清楚地理解这些现象和更好地处理这些问题，必须先对摩擦的基本概念及含摩擦的平衡问题的分析有透彻的了解。

10.2　静滑动摩擦

在高中物理学中已学习过有关静摩擦的基本概念和摩擦定律等。现在通过下面一个问题进行复习。如图10.1所示，若已知物块重 $G=100$ kN，物块与水平面间的静摩擦系数 $\mu=0.2$，物块受到 $P=20$ kN 力的作用，试问物块与水平面间摩擦力为多少？按摩擦定律，物块与水平面间的最大静摩擦力应等于正压力 F_N 与静摩擦系数 μ 的乘积，显然 $F_N/\text{kN}=G-P\sin 30°=100-20\times 0.5=90$，

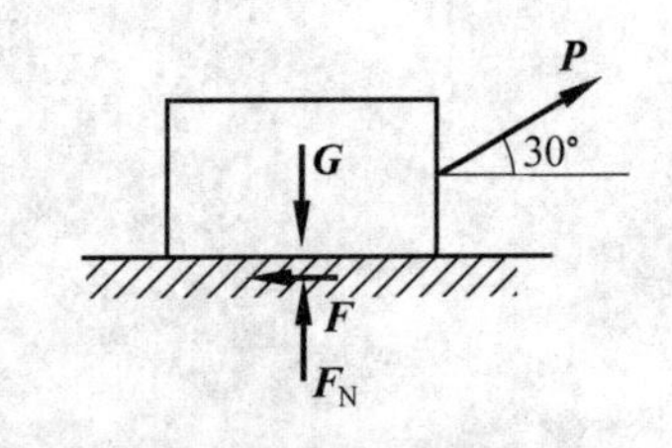

图 10.1

这样最大静摩擦力 $F_{max}/\text{kN}=90\times 0.2=18$，但此力是否是物块所受到的真正摩擦力呢？根据平衡条件可以得到，摩擦力 $F=P\cdot\cos 30°=20\times 0.866=17.32$ kN。通过此题的讨论使我们认清静摩擦的平衡问题是有条件的平衡问题。就本题而言只要满足 $0<F<F_{max}=18$ kN，物块就可以不产生滑动，但真正维持平衡的摩擦力又是唯一的，即 $F=17.32$ kN。如果 $F=F_{max}$，此时的平衡称为临界状态，一般说来这种状态的平衡，由于摩

擦力与最大静摩擦力相等，求解唯一，所以计算相对要简单些。而当摩擦力取不等式时，计算要复杂些。力 $\boldsymbol{F}$ 是不可能大于 $\boldsymbol{F}_{max}$ 的，当沿接触面方向的主动力大于 $\boldsymbol{F}_{max}$ 时，物体要产生滑动，滑动后仍有摩擦力存在，而且这时的摩擦力(称为动滑动摩擦力) $\boldsymbol{F}'$ 仍等于正压力乘摩擦系数，但此时的摩擦系数略小于静摩擦系数，称为动滑动摩擦系数，动摩擦系数用 μ' 表示。由于建筑工程中所处理的摩擦问题多数属于静摩擦，因此一般不涉及动滑动摩擦问题。上述有关摩擦的知识仅是最基本的，为了解决工程中的摩擦问题，还必须作进一步的研究。

10.2.1 摩擦角的概念

在考虑物体摩擦的平衡问题中，如图10.2(a)所示，在物体自重和外力作用下有向右滑动的趋势，水平面对物体有垂直反力(即正压力 $\boldsymbol{F}_N$)和方向与运动趋势相反的摩擦力 $\boldsymbol{F}$ 作用，两种反力的合力 $\boldsymbol{R}$ 称为全反力，全反力与正压力间的夹角为 φ。随着外力水平方向分力的逐渐加大，摩擦力也将逐渐加大，φ 角也会随之增加，当摩擦力达到最大静摩擦力 F_{max} 时(见图10.2(b))，物体处于临界状态，全反力 $\boldsymbol{R}$ 与正压力 $\boldsymbol{F}_N$ 间的夹角为 φ_m，由于摩擦力不可能再增加，因此该角 φ_m 为定值，称为摩擦角。根据三角关系，有

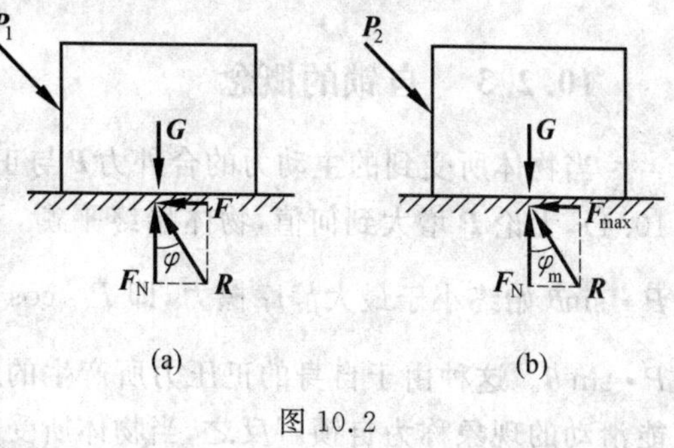

图10.2

$$\tan\varphi_m=\frac{F_{max}}{F_N}=\frac{F_N\cdot\mu}{F_N}=\mu$$

或

$$\varphi_m=\arctan\mu \tag{10.1}$$

上式表明静摩擦系数 μ 可以通过求摩擦角 φ_m 的正切而得到，这就为测定静摩擦系数提供了依据。

10.2.2 摩擦角的测定

为了测定两物体间的摩擦角，可采用如图10.3所示的方式。将一物体作成斜面，另一物体置于斜面上，当斜面与水平面夹角很小时，物体将不会下滑，逐渐增大倾角 θ，当物体在斜面上处于临界状态时，可测出 θ 角，此角即为摩擦角，有 $\theta=\varphi_m$。此结论自图10.3中不难看出，因为物体自重与全反力形成二力平衡，故 $\boldsymbol{R}$ 方向为铅垂方向，它与斜面法线方向即正压力 $\boldsymbol{F}_N$ 之间夹角为摩擦角 φ_m(因为此时摩擦力达到最大值)，根据几何关系，显然有 $\theta=\varphi_m$ 存在。摩擦角 φ_m 有时又称休止角、安息角或内摩擦角。

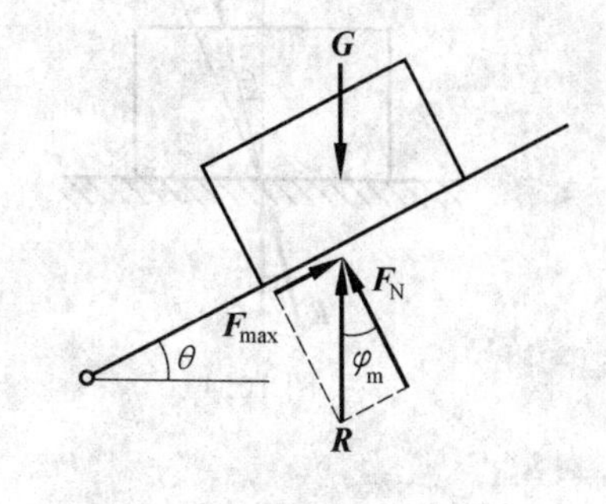

图10.3

各种干砂所形成的自然坡角即为摩擦角。测出摩擦角后,只要求其正切值,即可得到两物体间的静摩擦系数。常见工程材料间的静摩擦系数见表10.1。

表10.1 静摩擦系数近似值

材料	系数 μ	材料	系数 μ
钢对钢	0.10～0.20	混凝土对岩石	0.50～0.80
铸铁对木材	0.40～0.50	混凝土对砖	0.70～0.80
铸铁对橡胶	0.50～0.70	混凝土对土	0.30～0.40
铸铁对石棉基材料	0.30～0.40	土对土	0.25～1.00
木材对木材	0.40～0.60	土对木材	0.30～0.70

10.2.3 自锁的概念

当物体所受到的主动力的合外力$\boldsymbol{P}$与正压力$\boldsymbol{F}_N$之间的夹角θ小于摩擦角φ_m时(见图10.4),无论$\boldsymbol{P}$增大到何值,物体始终平衡,不会滑动。原因在于使物体滑动的水平分力$P\cdot\sin\theta$始终小于最大静摩擦力,即$P\cdot\cos\theta\cdot\mu=P\cdot\cos\theta\cdot\tan\varphi_m=P\cdot\sin\theta\dfrac{\tan\varphi_m}{\tan\theta}>P\cdot\sin\theta$。这种由于自身的正压力所产生的摩擦力始终能阻止自身的滑移力,而使物体不能滑动的现象称为自锁。反之,当物体所受到的合外力$\boldsymbol{P}$与正压力$\boldsymbol{F}_N$间的夹角θ大于摩擦角φ_m时,不论$\boldsymbol{P}$为多小,物体始终不能维持平衡。将自锁的概念推广到空间,如图10.5所示,摩擦角将形成一个摩擦锥(各方向摩擦系数相同),无论主动力的合外力如何作用,全反力是不会越出锥外的。只要主动力的合外力方向位于φ_m以内,则会形成空间自锁状态。

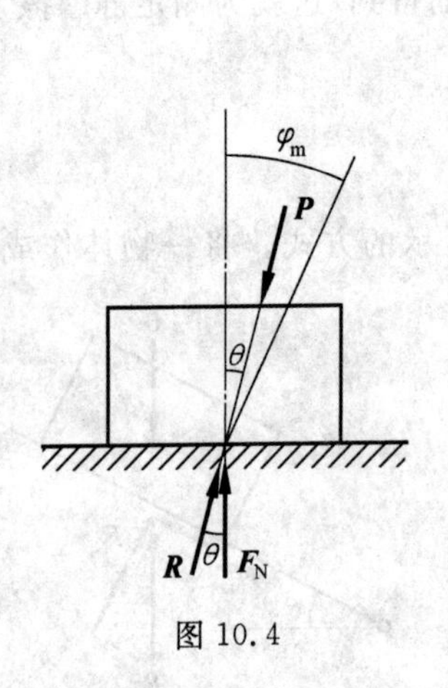

图10.4

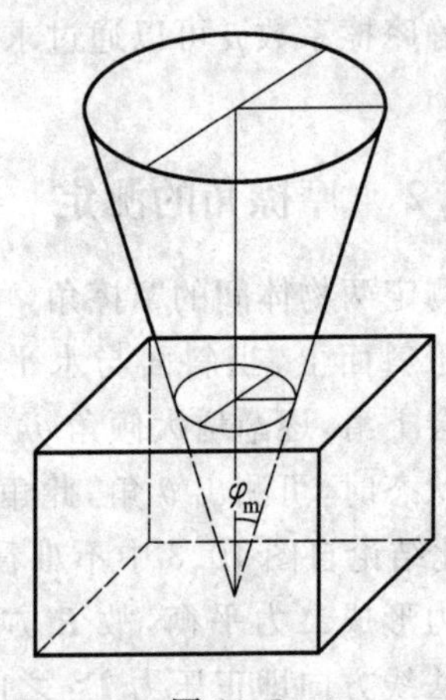

图10.5

10.3　考虑摩擦时物体的平衡

【例 10.1】　图 10.6 所示一拱形结构，其水平反力靠杆与地面间的摩擦来维持，摩擦系数为 0.3，不计杆的自重。问此结构能否维特平衡？

解：由体系的受力图可知，该体系与三铰平拱的受力完全一样，因此可按三铰拱的方法进行受力分析。取相应简支梁，通过平衡条件可求得

$$F_{Ay}/\mathrm{kN}=F_{Ay}^{0}=\frac{1\times3+2\times6}{8}=1.875$$

$$F_{By}/\mathrm{kN}=F_{By}^{0}=\frac{2\times2+1\times5}{8}=1.125$$

$$F_{Ax}/\mathrm{kN}=F_{Bx}=\frac{M_{C}^{0}}{f}=\frac{1.125\times4-1\times1}{8}=0.437\ 5$$

A 点由于 $F_{Ax}/\mathrm{kN}=0.437\ 5<\mu F_{Ay}=0.3\times1.875=0.562\ 5$，故 A 点不滑动，B 点由于 $F_{Bx}/\mathrm{kN}=0.437\ 5>\mu F_{By}=0.3\times1.125=0.337\ 5$，故 B 点将产生滑移。

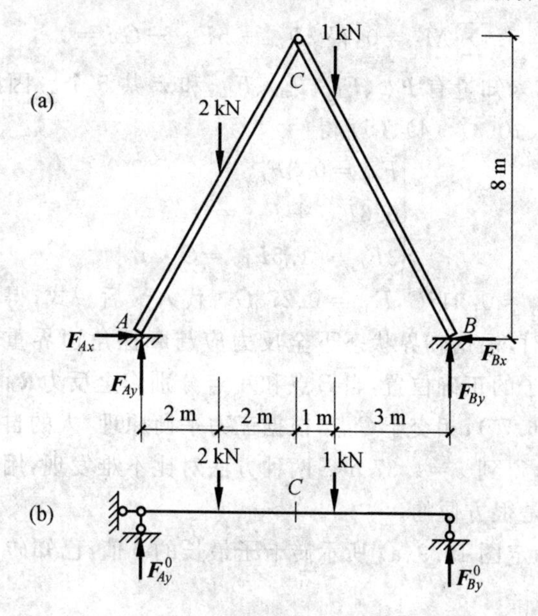

图 10.6

【例 10.2】　如图 10.7 所示，梯子 AB 支承在墙与地面间，若已知梯子与墙间、梯子与地面间的摩擦系数均为 0.3，试问当人向上攀登使梯子开始滑动时 x 的距离为多少？

解：摩擦问题的求解一般有解析法和图解法两种，本题先采用解析法求解。当梯子开始滑动时，A、B 处的摩擦力均应达到最大静摩擦力，即有

$$F_{Ay}=F_{Ax}\cdot0.3\qquad(1)$$

$$F_{Bx}=F_{By}\cdot0.3\qquad(2)$$

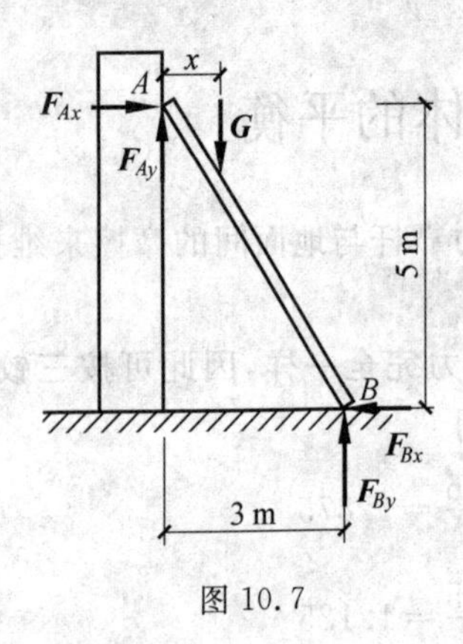

图 10.7

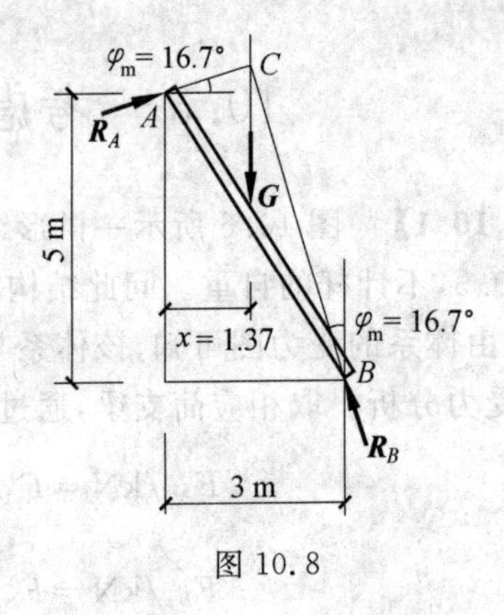

图 10.8

此时梯子处于临界状态,应满足

$$\sum F_x = 0, \text{得 } F_{Ax} = F_{Bx} \tag{3}$$

$$\sum F_y = 0, \text{得 } F_{Ay} + F_{By} - G = 0 \tag{4}$$

$$\sum M_A = 0, \text{得 } 3F_{By} - 5F_{Bx} - Gx = 0 \tag{5}$$

上述共 5 个方程,未知量有 F_{Ay}、F_{By}、F_{Ax}、F_{Bx} 和 x 共 5 个。因此联立求解可得到 x 值。将式(1)、(2) 代入式(3)、(4)、(5) 得

$$\begin{cases} F_{Ay} = 0.3F_{By} \\ 0.3F_{Ay} + F_{By} = G \\ 3F_{By} - 1.5F_{By} = G \cdot x \end{cases}$$

前两式可解出 $F_{By} = 0.917G$,$F_{Ay} = 0.278G$。代入最后一式,得 $x = 1.376$ m。

采用图解法求解时,根据临界状态下全反力应与摩擦角边界重合的原理,在图 10.8 中先按比例尺画出梯子的正确位置,自 B 点和 A 点分别作全反力 $\boldsymbol{R}_B$ 与 $\boldsymbol{R}_A$ 的延长线(摩擦角 $\varphi_m = \arctan 0.3 = 16.7°$),相交于 C 点,根据三力平衡原理,人的自重必定通过此点。量出 G 与墙面间的距离,得到 $x = 1.37$ m。两种方法对比不难发现,用图解法通过全反力求解摩擦临界状态问题是很方便的。

【例 10.3】 试确定图 10.9(a) 所示砖卡子最长的 b 值,已知砖与砖卡间的摩擦系数为 $\mu = 0.4$。

解:砖卡的作用是通过对砖卡施一向上并等于砖自重的 $\boldsymbol{G}$ 力,使卡两端产生对砖的水平正压力,从而形成砖与砖、砖与卡间的摩擦力,保证使砖提起。取图 10.9(b) 砖卡的受力图,通过整体临界状态,可得 $F_{Ay} = F_{By} = \dfrac{G}{2}$,取砖卡右半部为隔离体(见图 10.9(c)),以铰 C 为矩心建立平衡方程可得 $F_{Bx} \cdot b - F_{By} \cdot 22 = 0$,将 $F_{By} = \dfrac{G}{2}$ 代入,得到 $F_{Bx} = \dfrac{22}{b} \cdot \dfrac{G}{2} = \dfrac{11}{b}G$,由于临界状态时 $F_{By} = \mu F_{Bx}$,故有 $\dfrac{G}{2} = 0.4 \times \dfrac{11}{b}G$,解出 $b = 8.8$ cm。实际上只要有 $F_{Bx} \cdot b - F_{By} \cdot 22 = 0$ 一个方程,再加上 $F_{By} = \mu F_{Bx}$,即可解出 $b = 8.8$ cm。如果将 B 点用全反力代替,则砖卡右侧成为二力平衡,因此 B 点全反力必通过 C 点,故有

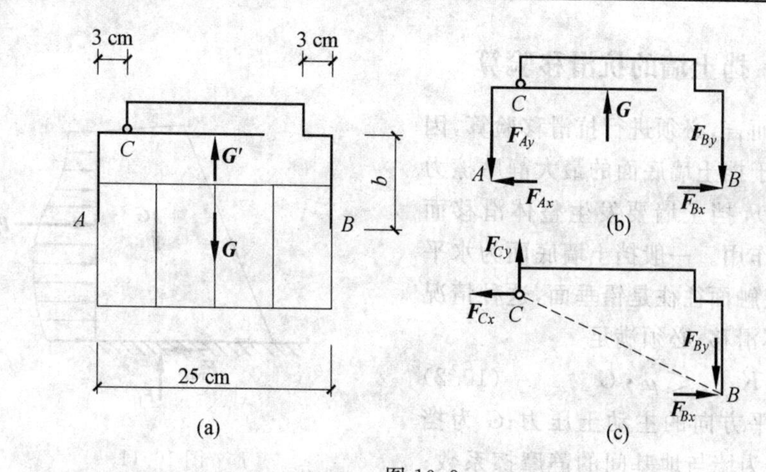

图 10.9

$$F_{By}/F_{Bx}=b/22=0.4$$

所以

$$b=8.8\ \text{cm}$$

本题取左侧也得同样结果,建议读者自己去完成。此外,若提起砖卡时,手用力上下握紧,将会出现什么现象?

10.4　静滑动摩擦在土木工程中的应用

例题 10.3 是摩擦在土木施工中的一个具体应用。在施工和设计中都需要应用摩擦的基本理论去解决一系列实际问题,现择其主要应用叙述如下。

10.4.1　基础施工时基坑坡度的确定

在开挖基坑的土方工程中,为了保持土体的稳定性、防止塌方,当挖方超过一定深度时,应做边坡,称为"放坡",即确定图 10.10 中的 α 角或确定坡度系数 $m=B/H$ 的值。对于砂性土,α 角就是前面所述的摩擦角。根据摩擦角的概念,有 $\tan\alpha=\dfrac{H}{B}=\dfrac{1}{m}=\mu$,此处 μ 为砂性土颗粒间的静摩擦系数。对于黏性土,颗粒间除具有摩擦力外还具有内聚力(即黏性土颗粒间的黏结力),所以黏性土的边坡可以放得陡些。以粗砂为例,摩擦角可以达到 45°,此时静摩擦系数 $\mu=\tan 45°=1=\dfrac{1}{m}$,

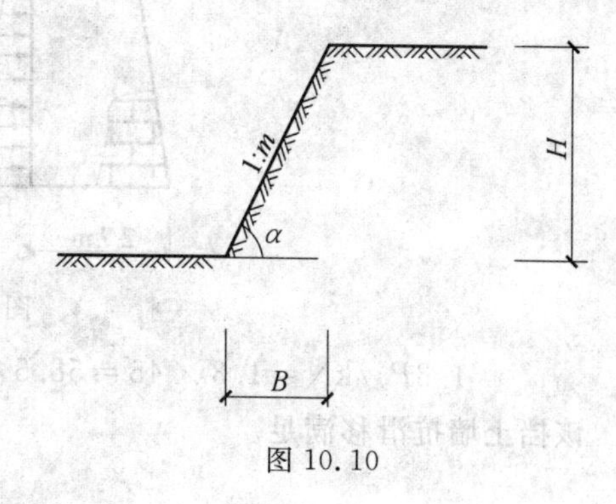

图 10.10

得到坡度系数 $m=1$,与此对应的边坡坡度 $1:m=1:1$;一般黏土边坡坡度为 $1:m=1:0.33$;老黄土可以放的更陡些达到 $1:m=1:0.1$。其他有关数据可见施工技术书。

10.4.2　挡土墙的抗滑移验算

对挡土墙而言,必须进行抗滑移验算,因为当土压力大于挡土墙底面的最大静摩擦力时(见图10.11),挡土墙要发生整体滑移而失去挡土墙的作用。一般挡土墙底面为水平面,而与土的接触面往往是铅垂面,这种情况下,为使墙体不滑移,必须满足

$$K_t P_x \leqslant \mu \cdot G \tag{10.2}$$

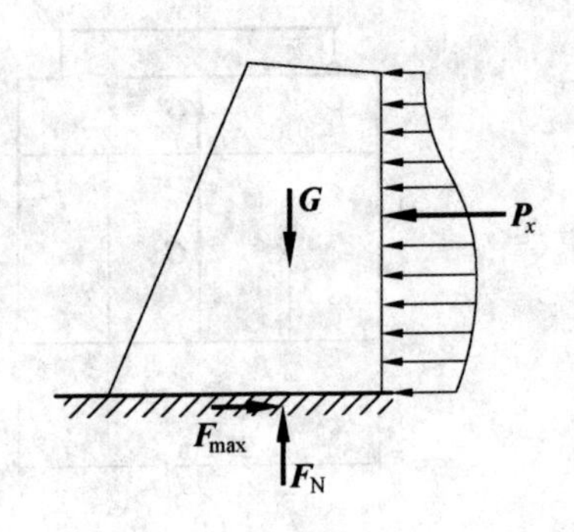

图10.11

式中,P_x 为水平方向的主动土压力;G 为挡土墙的总重;μ 为墙与地基间的静摩擦系数;K_t 为墙抗滑移的安全系数,现行规范规定 K_t 取1.3,有关挡土墙土压力的计算,可参看《土力学地基与基础》,通常土压力是按面荷载给出的。

【例10.4】 图10.12所示一由毛石砌筑的挡土墙($\gamma=20\ \mathrm{kN/m^3}$),土压力分两层给出,设墙与地基间的摩擦系数为 $\mu=0.25$(亚黏土),试进行墙体的抗滑移验算。

解:沿墙长方向取1 m验算,有

$$G/\mathrm{kN}=\frac{1.8+2.7}{2}\times 6\times 1\times 20=270$$

$$P_x/\mathrm{kN}=\frac{5\times 1\times 3}{2}+\frac{10\times 1+15\times 1}{2}\times 3=45$$

代入式(10.2),有

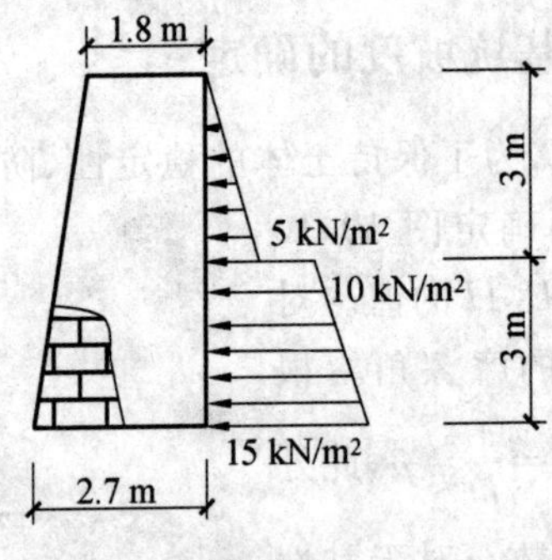

图10.12

$$1.3P_x/\mathrm{kN}=1.3\times 45=58.5<\mu\cdot G/\mathrm{kN}=0.25\times 270=67.5$$

该挡土墙抗滑移满足。

第11章 空间力系

当力系中各力的作用线不处于同一平面内时，称其为空间力系。与平面力系一样，可以把空间力系分为空间汇交力系、空间力偶系和空间任意力系来研究。随着计算机的发展，使得过去认为相当复杂的计算今天变得越来越接近实际，很多以往按平面受力考虑的建筑物，现在以更接近实际的空间模型为对象进行分析，特别是在高层建筑与工业厂房的抗震设计上，已经到空间模型的实用计算阶段。此外空间壳体结构，网架结构等的受力分析更是离不开空间受力分析。

本章并不想更多的涉及复杂空间结构的内力分析(有的已超出本书的范围)，而只是想建立空间力系的某些最基本概念和平衡条件，通过平衡条件的应用求解空间力系的支座约束力，进一步研究简单结构的空间内力分析。

11.1 空间汇交力系

11.1.1 力在空间直角坐标轴上的投影

空间汇交力系合成的方法与平面力系合成原理基本相同，但几何法真正操作起来是很不方便的，所以一般空间力系很少用几何法，而是采用解析法。在用解析法时，同平面汇交力系相仿，也是先将每一力投影到坐标轴上，然后沿坐标轴求代数和，最后由三个总投影定出合力。力在空间三个坐标轴上的投影，如图11.1所示，当已知力 $\boldsymbol{F}$ 与三个坐标轴(x,y,z)的夹角分别为 α,β,γ 时，则力在三个坐标轴上的投影为

$$\begin{cases} F_x = F \cdot \cos\alpha \\ F_y = F \cdot \cos\beta \\ F_z = F \cdot \cos\gamma \end{cases} \tag{11.1}$$

但有时经常遇到如图11.2所示的情况，此时除已知 $\boldsymbol{F}$ 与 z 轴夹角为 γ 外，并未给出力与 x 和 y 轴间的角度，而是给出了 $\boldsymbol{F}$ 在 xOy 平面上投影(矢量) $\boldsymbol{F}_{xy}$ 与 x 轴之间的夹角 φ，此时还必须进一步将 $\boldsymbol{F}_{xy}$ 在水平面内再投影到 x 与 y 轴上，因此有

$$\begin{cases} F_x = F \cdot \sin\gamma \cdot \cos\varphi \\ F_y = F \cdot \sin\gamma \cdot \sin\varphi \\ F_z = F \cdot \cos\gamma \end{cases} \tag{11.2}$$

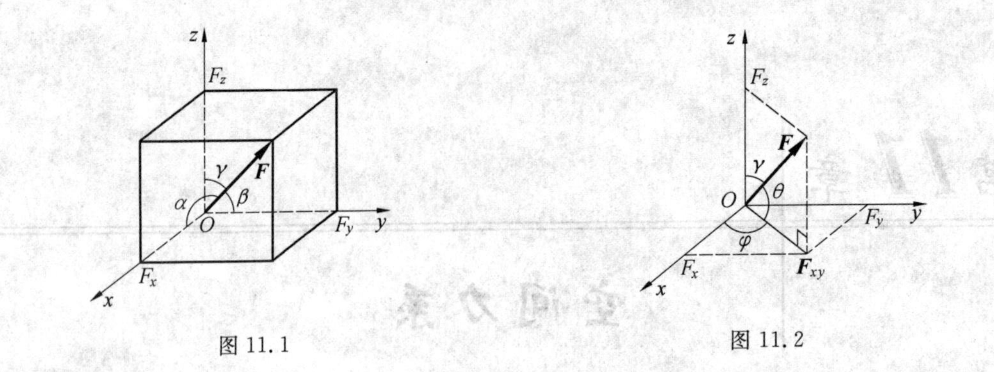

图 11.1　　　　图 11.2

这种方法称为二次投影法。在求解空间汇交力系的问题时,必须掌握上述两种方法。

11.1.2　空间汇交力系合成与平衡的解析法

如图 11.3 所示,若求汇交于 O 点的 $\boldsymbol{F}_1,\boldsymbol{F}_2,\cdots,\boldsymbol{F}_i,\cdots\boldsymbol{F}_n$ 的合力,可先求任一力 $\boldsymbol{F}_i$ 在三轴上的投影(用上述方法) F_{ix},F_{iy} 和 F_{iz},然后沿三个轴求各投影的代数和,得 $\sum F_x$,$\sum F_y$,$\sum F_z$,根据投影定理,这三个投影即为该力系合力 $\boldsymbol{F}_{\mathrm{R}}$ 在三个轴上的投影,由几何关系可得

$$\boldsymbol{F}_{\mathrm{R}}=\sqrt{\left(\sum F_x\right)^2+\left(\sum F_y\right)^2+\left(\sum F_z\right)^2} \tag{11.3}$$

和

$$\cos\alpha=\frac{\sum F_x}{\boldsymbol{F}_{\mathrm{R}}},\cos\beta=\frac{\sum F_y}{\boldsymbol{F}_{\mathrm{R}}},\cos\gamma=\frac{\sum F_z}{\boldsymbol{F}_{\mathrm{R}}} \tag{11.4}$$

式(11.3) 给出合力的大小,式(11.4) 给出了合力方向。

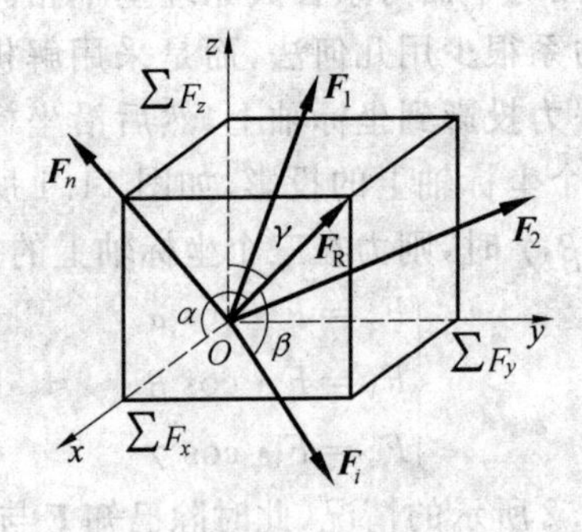

图 11.3

合力为零是空间汇交力系平衡的充要条件,因此得到空间汇交力系的平衡方程为

$$\begin{cases}\sum F_x = 0 \\ \sum F_y = 0 \\ \sum F_z = 0\end{cases} \tag{11.5}$$

用这三个方程可以求解三个未知量。

【例11.1】 预制直角三角形钢筋混凝土板脱模时，需水平起吊(如图11.4(a)所示)，然后移至垫木上，为此须使吊点D的投影落到板的重心O上，已知$OD=4$ m，板的两直角边均为4 m，板重$G=20$ kN，试计算三根钢丝绳的拉力。

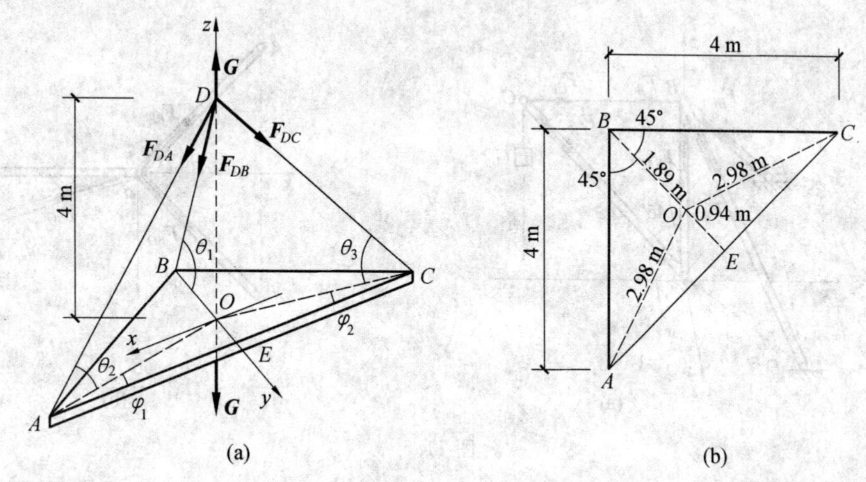

图11.4

解：首先计算有关尺寸与角度，根据三角形重心位置在中点连线的三分之一处，可分别求得$AO=2.98\ \text{m}=OC$，$BO=1.89$ m，$OE=0.94$ m (见图11.4(b))。由于垂线$OD=4$ m，利用上述尺寸通过三角关系，可分别得出$\theta_1=64.7°$，$\theta_2=\theta_3=53.3°$，同时求得$\varphi_1=\varphi_2=18.4°$。根据二力平衡，$D$点向上拉力应等于$G=20$ kN，D点受力为空间汇交力系，有三个未知量$\boldsymbol{F}_{DA}$、$\boldsymbol{F}_{DB}$和$\boldsymbol{F}_{DC}$。为了求解此三力，引入空间直角坐标系如图11.4(a)所示，其中x方向平行AC，y方向与BE重合，z轴与OD重合。所以这样建立坐标系，是因为整个受力状态与BE方向呈对称分布。在列平衡方程时注意二次投影的应用。取$\sum F_x=0$，有

$$F_{DB}\cdot\cos\theta_1\cdot 0+F_{DA}\cdot\cos\theta_2\cdot\cos\varphi_1-F_{DC}\cdot\cos\theta_3\cdot\cos\varphi_2=0$$

由于$\theta_2=\theta_3$，$\varphi_1=\varphi_2$，故有

$$F_{DA}=F_{DC} \tag{a}$$

取$\sum F_y=0$，有

$$-F_{DB}\cdot\cos\theta_1+F_{DA}\cdot\cos\theta_2\cdot\sin\varphi_1+F_{DC}\cdot\cos\theta_3\cdot\sin\varphi_2=0$$

将角度代入，并注意式(a)，得

$$F_{DB}=2F_{DA}\frac{\cos 53.3°\cdot\sin 18.4°}{\cos 64.7°}=0.883F_{DA} \tag{b}$$

取$\sum F_z=0$，有

$$G - F_{DB} \cdot \sin\theta_1 - F_{DA} \cdot \sin\theta_2 - F_{DC} \cdot \sin\theta_3 = 0$$

将有关数据代入,并注意式(a)与(b),得

$$F_{DA} = F_{DC} = 8.33\ \text{kN}$$

代入式(b),得 $F_{DB} = 7.36\ \text{kN}$。

【例 11.2】 图 11.5(a)所示一简易起吊装置。拔杆 AC 与绳索 BC 所在平面可绕 z 轴旋转(见图 11.5(b))。已知 $AB=BC=AD=AE$;A、B、D、E 各点均为铰结,被起吊物体重为 G。试求铅垂立柱 AB 及斜杆 BE、BD 所受的力与角 α 的关系(α 为 ABC 面与水平面的夹角)。

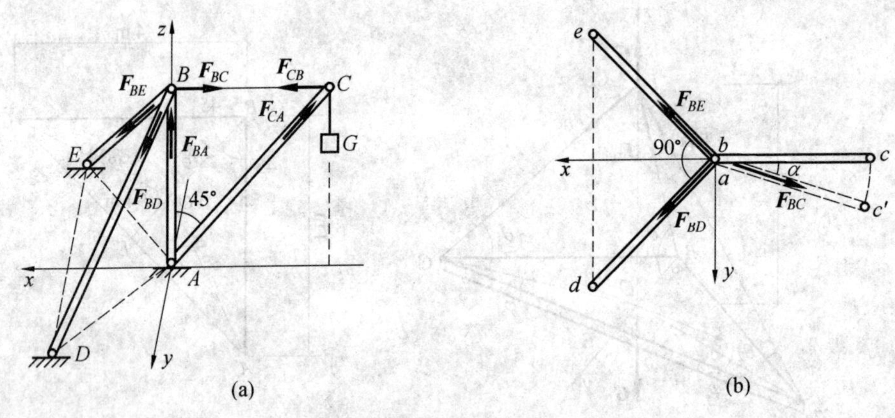

图 11.5

解:本题虽为空间力系,但 C 点受力图却为平面力系,根据结点法不难求得 $F_{CB}=G$。取 B 点为隔离体,其上作用有 $\boldsymbol{F}_{BC}$、$\boldsymbol{F}_{BA}$、$\boldsymbol{F}_{BD}$ 和 $\boldsymbol{F}_{BE}$ 四个力。将其投影到如图 11.5(b)所示的水平面内。

取 $\sum F_x = 0$,有

$$F_{BD} \cdot \cos 45^\circ \cdot \cos 45^\circ + F_{BE} \cdot \cos 45^\circ \cdot \cos 45^\circ - F_{BC} \cdot \cos\alpha = 0$$

得

$$F_{BD} + F_{BE} = 2G\cos\alpha \tag{a}$$

取 $\sum F_y = 0$,有

$$F_{BD} \cdot \cos 45^\circ \cdot \sin 45^\circ - F_{BE} \cdot \cos 45^\circ \cdot \sin 45^\circ + F_{BC} \cdot \sin\alpha = 0$$

得

$$F_{BD} - F_{BE} = -2G\sin\alpha \tag{b}$$

式(a)与式(b)联立,解得

$$F_{BD} = G(\cos\alpha - \sin\alpha),\ F_{BE} = G(\cos\alpha + \sin\alpha)$$

取 $\sum F_z = 0$,有

$$F_{BA} - F_{BD} \cdot \sin 45^\circ - F_{BE} \cdot \sin 45^\circ = 0$$

解得 $F_{BA} = \sqrt{2}G\cos\alpha$。

11.2　空间力偶系与力对轴的矩

与研究平面任意力系相似，在研究空间任意力系以前，先介绍有关空间力偶的合成与平衡，以及力对轴之矩的概念。

11.2.1　空间力偶的合成与平衡

图 11.6 中给出空间两任意平面 Ⅰ 与 Ⅱ 上分别作用力偶($\boldsymbol{P},\boldsymbol{P}'$)与力偶($\boldsymbol{Q},\boldsymbol{Q}'$)，Ⅰ 平面上力偶的力偶矩为 $m_1=P\cdot d_1$，Ⅱ 平面上力偶的力偶矩为 $m_2=Q\cdot d_2$。为了将两力偶合成，分别用力偶($\boldsymbol{F}_1,\boldsymbol{F}'_1$)代替($\boldsymbol{P},\boldsymbol{P}'$)、力偶($\boldsymbol{F}_2,\boldsymbol{F}'_2$)代替($\boldsymbol{Q},\boldsymbol{Q}'$)并使得 $m_1=F_1\cdot d$ 和 $m_2=F_2\cdot d$。将所得 $\boldsymbol{F}_1$ 与 $\boldsymbol{F}_2$ 以及 $\boldsymbol{F}'_1$ 与 $\boldsymbol{F}'_2$ 求矢量和，得 $\boldsymbol{R}$ 与 $\boldsymbol{R}'$，显然这两个力组成一新力偶($\boldsymbol{R},\boldsymbol{R}'$)，且位于平面 Ⅲ 内。由此不难得出结论，空间力偶合成后仍为力偶，但新力偶位于不同平面内。为了迅速简单的求出新力偶矩的大小和所在平面的方位，下面引入力偶矩矢的概念。过平面 Ⅰ 上任一点(取在 B 点)作垂直于该平面的一个矢量 $\boldsymbol{m}_1$，其大小 $m_1=P\cdot d_1=F_1\cdot d$，指向按力偶转向并服从右手螺旋法则，则矢量 $\boldsymbol{m}_1$ 可以完全将力偶($\boldsymbol{P},\boldsymbol{P}'$)表达出来(大小、方位和指向)，为了与力矢量加以区别，箭头上加一如图 11.6 所示的特别记号。由于力偶在平面内可以任意搬移，故这种矢量为自由矢量，因此画在平面任何点上均可。过平面 Ⅱ 上 B 点的 $\boldsymbol{m}_2$ 垂直于该面，并取 $m_2=Q\cdot d_2=F_2\cdot d$，并遵循右手法则，显然 $\boldsymbol{m}_2$ 代表力偶($\boldsymbol{Q},\boldsymbol{Q}'$)。自图中不难发现，由于 $\boldsymbol{m}_1\perp\boldsymbol{F}_1$、$\boldsymbol{m}_2\perp\boldsymbol{F}_2$，且四个矢量位于同一平面内，故 $\boldsymbol{F}_1$ 与 $\boldsymbol{F}_2$ 间夹角和 $\boldsymbol{m}_1$ 与 $\boldsymbol{m}_2$ 间夹角相同，而 $m_1/F_1=m_2/F_2=d$，若作 $\boldsymbol{m}_1$ 与 $\boldsymbol{m}_2$ 的矢量和为 $\boldsymbol{M}$，则 $\boldsymbol{M}$ 必垂直于 $\boldsymbol{F}_1$ 与 $\boldsymbol{F}_2$ 的矢量和 $\boldsymbol{R}$，且 $M/R=d$，即 $M=R\cdot d$。

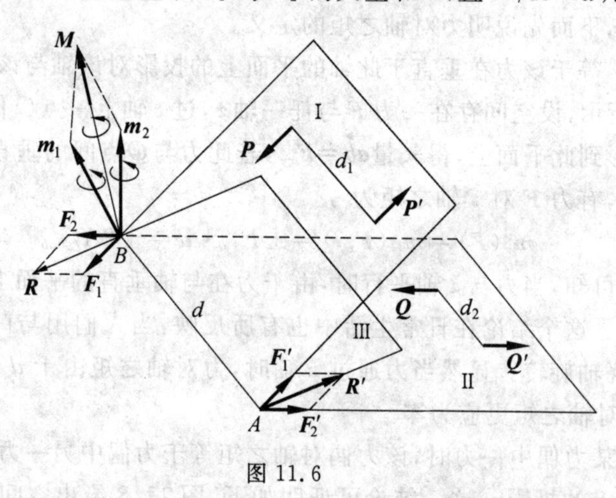

图 11.6

上述讨论表明，力偶矩矢不仅可以表示空间力偶，且符合矢量运算。因此两力偶的合成完全可以通过力偶矩矢的矢量和而得到。推广到一般情况为，空间力偶系可合成为一个合力偶，其合力偶矩矢等于各分力偶矩矢的矢量和，即

$$\boldsymbol{M}=\boldsymbol{m}_1+\boldsymbol{m}_2+\cdots+\boldsymbol{m}_n=\sum\boldsymbol{m}\tag{11.6}$$

若采用解析法，根据矢量投影定理，可得合力偶矩矢在 x、y、z 三轴的投影为

$$\left.\begin{aligned} M_x &= \sum m_x \\ M_y &= \sum m_y \\ M_z &= \sum m_z \end{aligned}\right\} \tag{11.7}$$

式中，m_x、m_y，m_z 是力偶系中任一分力偶矩矢在相应坐标轴上的投影，这样，合力偶矩矢的大小和方向余弦为

$$\left.\begin{aligned} &M=\sqrt{M_x^2+M_y^2+M_z^2}=\sqrt{\left(\sum m_x\right)^2+\left(\sum m_y\right)^2+\left(\sum m_z\right)^2} \\ &\cos\alpha=\frac{M_x}{M},\cos\beta=\frac{M_y}{M},\cos\gamma=\frac{M_z}{M} \end{aligned}\right\} \tag{11.8}$$

基于上述合成结果，若空间力偶系平衡，则其充要条件应为

$$M=0 \text{ 或} \sum m=0$$

若写成投影形式，由式(11.8)可得平衡条件为

$$\left.\begin{aligned} \sum m_x &= 0 \\ \sum m_y &= 0 \\ \sum m_z &= 0 \end{aligned}\right\} \tag{11.9}$$

即空间力偶系平衡的充要条件是各分力偶矩矢在三个坐标轴上投影的代数和应为零。

11.2.2　力对轴的矩

平面力系中力与力偶是通过力对点的矩相联系的，空间力系中力与力偶需要通过力对轴的矩相联系，下面先说明力对轴之矩的定义。

力对轴之矩，等于该力在垂直于此轴的平面上的投影对该轴与该平面的交点之矩。

如图 11.7 所示，设空间存在一力 $\boldsymbol{F}$ 与任一轴 z，过 z 轴上一点 O 作一个 P 平面与此轴垂直，将力 $\boldsymbol{F}$ 投影到此平面上，得矢量 $\overrightarrow{\boldsymbol{ab}}=\boldsymbol{F}_{xy}$，若此力与 O 点间的垂直距离为 d，则根据力对轴之矩的定义，有力 $\boldsymbol{F}$ 对 z 轴之矩为

$$m_z(\boldsymbol{F})=m_O(\boldsymbol{F}_{xy})=\pm F_{xy}\cdot d=\pm 2A_{\triangle Oab} \tag{11.10}$$

根据此定义可知，当力与 z 轴平行时，由于力在与轴垂直的平面上投影为零，故力对 z 轴将不产生力矩。这个结论在日常生活中也有所反映，当人们用与门轴相平行的力去推门时，门并不会绕轴旋转。显然当力通过 z 轴时，力对轴之矩由于 d 为零而结果必为零，当然 $F=0$ 时力对轴之矩更应为零。

当某轴通过某力偶中一力时，该力偶对轴之矩等于力偶中另一力对该轴之矩，且等于该力偶矩在该轴上的投影。这一结论可证明如下：图 11.8 给出空间某力偶$(\boldsymbol{F},\boldsymbol{F}')$以及任一 z 轴，且 z 轴过 $\boldsymbol{F}'$。力偶$(\boldsymbol{F},\boldsymbol{F}')$对 z 轴之矩应等于二力对 z 轴之矩的代数和，由于 $\boldsymbol{F}'$ 通过 z 轴不产生力矩，故有

$$m_z(\boldsymbol{F},\boldsymbol{F}')=m_z(\boldsymbol{F}) \tag{11.11}$$

由力对轴之矩的定义，结合图 11.8，根据式(11.10)应有

$$m_z(\boldsymbol{F})=\pm 2A_{\triangle OAb}$$

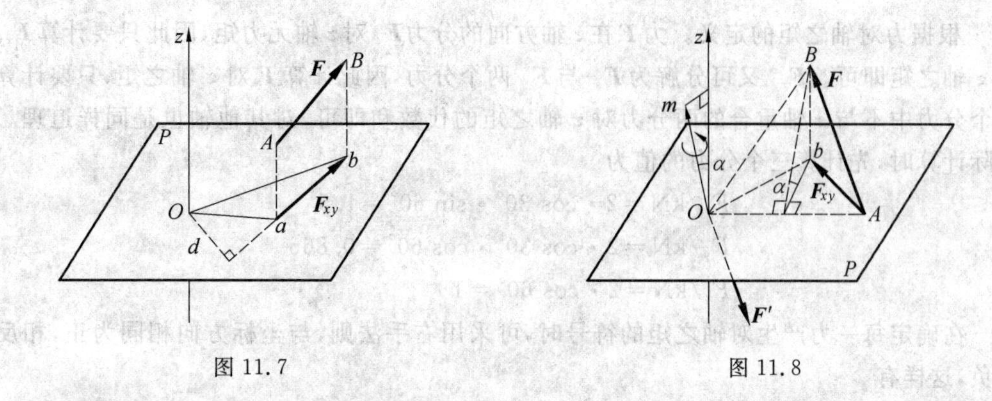

图 11.7　　　　图 11.8

而力偶$(\boldsymbol{F},\boldsymbol{F}')$所对应的力偶矩矢的大小相应等于力与两力间垂直距离的乘积或有

$$m=\pm 2A_{\triangle OAB}$$

因为 m 与 z 轴的夹角与 OAB 和 OAb 两面间的二面角相等，均为 α，故有 $\boldsymbol{m}$ 在 z 轴上的投影

$$m_z=m\cdot\cos\alpha=\pm 2A_{\triangle OAB}\cdot\cos\alpha=\pm 2A_{\triangle OAb}=m_z(\boldsymbol{F}) \tag{11.12}$$

当力偶所在平面在空间作平行移动时，其力偶矩矢的大小及方向均不发生变化，因此在 z 轴上的投影 m_z 应为定值，这说明力偶在空间作平行移动时对某轴的转动效应是相同的。

【例 11.3】　折杆 $OABCDE$ 尺寸及位置如图 11.9 所示，E 点作用力 $\boldsymbol{F}$，已知 $F=2\ \text{kN}$，$\boldsymbol{F}$ 与 z 轴夹角60°，$\boldsymbol{F}$ 水平投影与 y 轴夹角60°，试计算 $\boldsymbol{F}$ 力对三坐标轴的力矩。

解：以对 z 轴之矩为例说明计算方法。

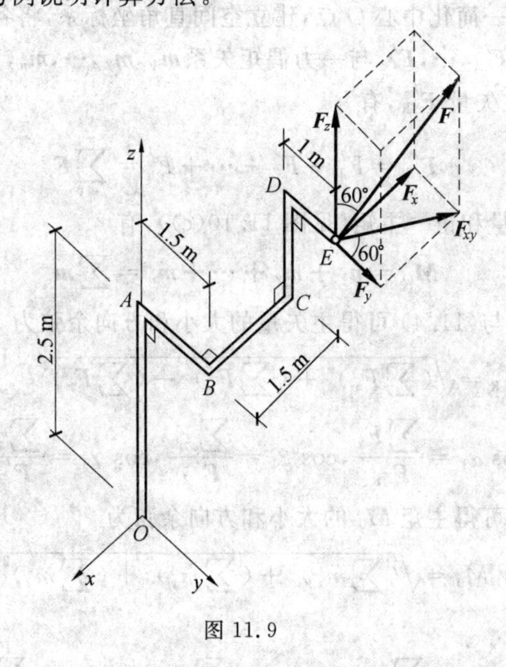

图 11.9

根据力对轴之矩的定义。力$\boldsymbol{F}$在z轴方向的分力$\boldsymbol{F}_z$对z轴无力矩,因此只要计算$\boldsymbol{F}_{xy}$对z轴之矩即可。$\boldsymbol{F}_{xy}$又可分解为$\boldsymbol{F}_x$与$\boldsymbol{F}_y$两个分力,因此计算$\boldsymbol{F}$对z轴之矩,只要计算三个分力中不与z轴重合的两分力对z轴之矩的代数和即可,对其他轴也是同样道理。实际计算时,先计算三个分力的值为

$$F_x/\text{kN}=2\cdot\cos 30°\cdot\sin 60°=1.5$$

$$F_y/\text{kN}=2\cdot\cos 30°\cdot\cos 60°=0.866$$

$$F_z/\text{kN}=2\cdot\cos 60°=1$$

在确定每一力产生对轴之矩的符号时,可采用右手法则,与坐标方向相同为正,相反为负,这样有

$$m_x(\boldsymbol{F})/(\text{kN}\cdot\text{m})=m_x(\boldsymbol{F}_y)+m_x(\boldsymbol{F}_z)=-0.866\times 3.5+1\times 2.5=-0.531$$

$$m_y(\boldsymbol{F})/(\text{kN}\cdot\text{m})=m_y(\boldsymbol{F}_x)+m_y(\boldsymbol{F}_z)=-1.5\times 3.5+1\times 1.5=-3.75$$

$$m_z(\boldsymbol{F})/(\text{kN}\cdot\text{m})=m_z(\boldsymbol{F}_x)+m_z(\boldsymbol{F}_y)=1.5\times 2.5-0.866\times 1.5=2.451$$

11.3 空间任意力系

各力不汇交于一点而是任意分布的空间力系称为空间任意力系。首先研究这种力系的简化与平衡条件的建立,进而讨论平衡条件的具体应用。

11.3.1 空间力系向任一点简化及平衡方程的建立

设有一空间任意力系$\boldsymbol{F}_1,\boldsymbol{F}_2,\cdots,\boldsymbol{F}_n$分别作用于物体上的$A_1,A_2,\cdots,A_n$点(如图11.10(a)所示),任选一简化中心$O$点,建立空间直角坐标系,将各力平移至$O$点,得汇交于$O$点的一力系$\boldsymbol{F}'_1,\boldsymbol{F}'_2,\cdots,\boldsymbol{F}'_n$与一力偶矩矢系$\boldsymbol{m}_1,\boldsymbol{m}_2,\cdots,\boldsymbol{m}_n$(见图11.10(b)),求汇交力系的矢量和,得一主矢量$\boldsymbol{F}'_\text{R}$,有

$$\boldsymbol{F}'_\text{R}=F'_1+F'_2+\cdots+F'_n=\sum_{i=1}^{n}\boldsymbol{F}_i \tag{11.13}$$

求力偶矩矢的矢量和得一主矩(见图11.10(c)),有

$$\boldsymbol{M}_O=\boldsymbol{m}_1+\boldsymbol{m}_2+\cdots+\boldsymbol{m}_n=\sum\boldsymbol{m}_i \tag{11.14}$$

根据公式(11.3)与(11.4)可得主矢量的大小和方向余弦为

$$\left.\begin{aligned}\boldsymbol{F}'_\text{R}&=\sqrt{\left(\sum F_x\right)^2+\left(\sum F_y\right)^2+\left(\sum F_z\right)^2}\\ \cos\alpha_1&=\frac{\sum F_x}{\boldsymbol{F}'_\text{R}},\cos\beta_1=\frac{\sum F_y}{\boldsymbol{F}'_\text{R}},\cos\gamma_1=\frac{\sum F_z}{\boldsymbol{F}'_\text{R}}\end{aligned}\right\} \tag{11.15}$$

根据公式(11.8)可得主矩$\boldsymbol{M}_0$的大小和方向余弦为

$$M_0=\sqrt{\left(\sum m_x\right)^2+\left(\sum m_y\right)^2+\left(\sum m_z\right)^2}$$

和

$$\cos\alpha_2=\frac{\sum m_x}{M_0},\cos\beta_2=\frac{\sum m_y}{M_0},\cos\gamma_2=\frac{\sum m_z}{M_0}$$

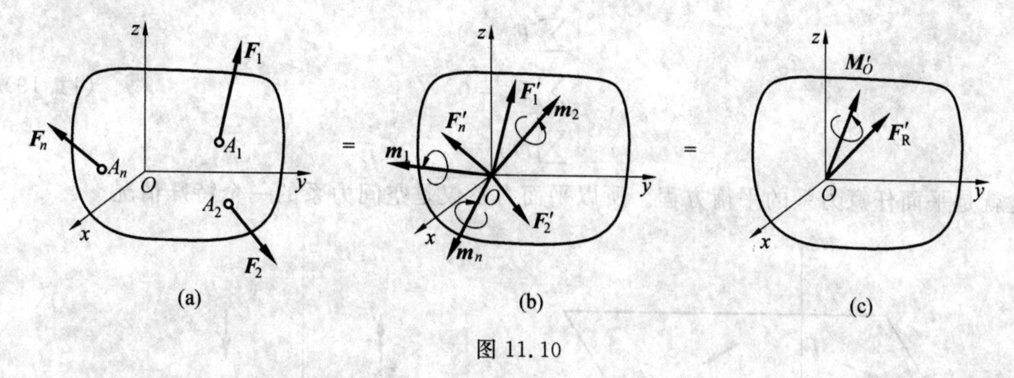

(a)　(b)　(c)

图 11.10

由于简化过程中每一力偶均有一力通过简化中心 O 点，所以根据公式(11.12)，上两式可简化为

$$\left.\begin{aligned}M_O=&\sqrt{\left[\sum m_x(\boldsymbol{F}_i)\right]^2+\left[\sum m_y(\boldsymbol{F}_i)\right]^2+\left[\sum m_z(\boldsymbol{F}_i)\right]^2}=\\&\sqrt{\left(\sum m_x\right)^2+\left(\sum m_y\right)^2+\left(\sum m_z\right)^2}\\&\cos\alpha_2=\frac{\sum m_x}{M_0},\cos\beta_2=\frac{\sum m_y}{M_0},\cos\gamma_2=\frac{\sum m_z}{M_0}\end{aligned}\right\}\tag{11.16}$$

式中，$\sum m_x$、$\sum m_y$、$\sum m_z$ 分别为原力系中各力对相应坐标轴力矩的代数和。

有关简化的进一步讨论此处略去，有兴趣的读者可参考其他教材。需要指出的是，合力矩定理即各分力对某轴之矩的代数和等于合力对该轴之矩成立，证明从略。

主矢量 $\boldsymbol{F}'_{\rm R}=0$ 与主矩 $\boldsymbol{M}_0=0$ 是空间任意力系平衡的充分必要条件。由公式(11.15)得到空间任意力系平衡条件的解析表达式为

$$\left\{\begin{aligned}&\sum F_x=0\\&\sum F_y=0\\&\sum F_z=0\end{aligned}\right.\tag{11.17}$$

$$\left\{\begin{aligned}&\sum m_x=0\\&\sum m_y=0\\&\sum m_z=0\end{aligned}\right.\tag{11.18}$$

前三个为投影方程，后三个为力对轴之矩的方程。实际计算时也可取四个、五个或六个力矩方程，而投影方程只用两个、一个或根本不用。但绝不能用多于三个的投影方程，其中将会出现非独立的方程。由于空间任意力系的独立方程为 6 个，所以只能求解 6 个未知力。

当平衡力系的所有各力如图 11.11 所示，均位于 xOy 平面内时，方程(11.17)中的第三个变为 0=0 恒等式，而方程(11.18)中的前二式均为 0=0 恒等式，考虑到 xOy 平面内各力对 z 轴之矩即为对 O 点之矩，因此平衡条件变为

$$\begin{cases}\sum F_x = 0 \\ \sum F_y = 0 \\ \sum m_O = 0\end{cases} \tag{11.19}$$

这就是平面任意力系的平衡方程。所以平面力系仅是空间力系的一个特殊情况。

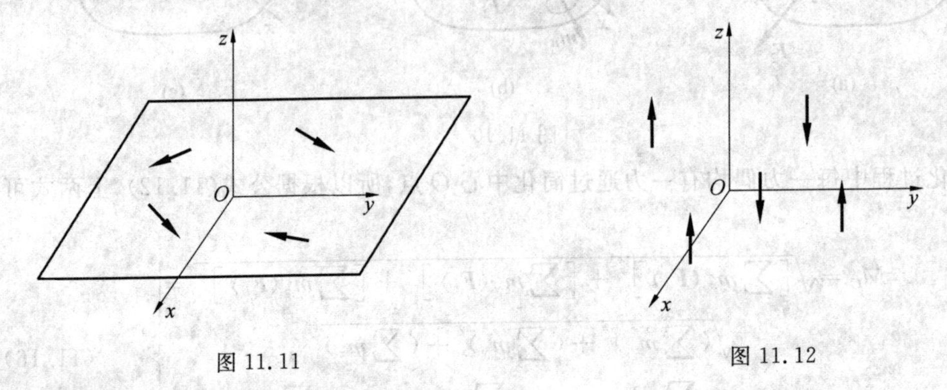

图 11.11　　图 11.12

若平衡力系中所有各力如图 11.12 所示均与 z 轴平行，则方程(11.17) 式与方程(11.18) 式仅剩下

$$\begin{cases}\sum F_z = 0 \\ \sum m_x = 0 \\ \sum m_y = 0\end{cases} \tag{11.20}$$

该方程即为空间平行力系的平衡方程，此时只能独立求解三个未知力。

11.3.2　空间任意力系简化与平衡的应用

空间任意力系的简化结果，一般为一个主矢 $\boldsymbol{R}'$ 和一个主矩矢量 $\boldsymbol{M}_O$，应用这一结论恰好说明空间固定端约束反力的情况。图 11.13(a) 所示为一空间曲梁与墙体完全固结在一起，墙体限制曲梁端部 A 截面的任何移动与转动。自 A 截面截开取曲梁为隔离体(见图 11.13(b))，A 截面上受到墙体约束反力的作用，它们沿 A 截面的分布情况是很复杂的，但总可以归结为一个空间任意力系。按照简化结果，总的支座反力应为两部分，一个是过截面形心但方向和大小均待定的反力，可用沿坐标轴的三个未知分力来代替，即 $\boldsymbol{F}_{Ax}$，$\boldsymbol{F}_{Ay}$，$\boldsymbol{F}_{Az}$(图中的方向为假设)，另一部分是大小和方向均未知的力偶矩矢量，可用沿坐标轴的三个未知力偶矩矢量来代替，即 $\boldsymbol{m}_{Ax}$，$\boldsymbol{m}_{Ay}$，$\boldsymbol{m}_{Az}$(图中方向为假设)，这三个矢量的大小 m_{Ax}，m_{Ay}，m_{Az} 就是分别绕 x，y，z 三轴的力偶矩，再加上三个分力的大小 F_{Ax}，F_{Ay}，F_{Az} 共 6 个未知反力。这就是空间固定端约束反力的情况，如果力系平衡，则 6 个方程恰好解 6 个未知量。

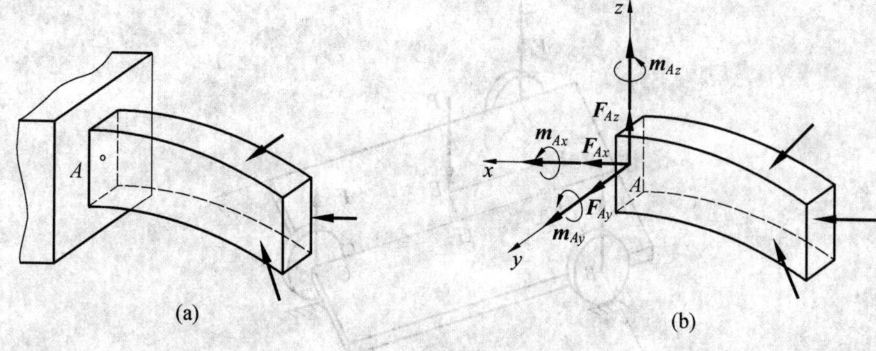

图 11.13

【例 11.4】　试计算图 11.14 所示悬臂刚架 A 端的约束反力，C 点所受力与 x 方向平行，D 点所受力与 y 方向平行。

解：此题虽然是平面刚架，但所受荷载确属于空间力系，仍应按空间力系求解。A 端设约束反力 $\boldsymbol{F}_{Ax}$，$\boldsymbol{F}_{Ay}$，$\boldsymbol{F}_{Az}$ 指向如图示，且设三个力偶矩矢 $\boldsymbol{m}_{Ax}$，$\boldsymbol{m}_{Ay}$，$\boldsymbol{m}_{Az}$ 均为正向，列平衡方程，求解未知量。

取 $\sum F_x=0$，有 $F_{Ax}+5=0$，求得 $F_{Ax}=-5\ \text{kN}$

取 $\sum F_y=0$，有 $F_{Ay}+4=0$，求得 $F_{Ay}=-4\ \text{kN}$

取 $\sum F_z=0$，有 $F_{Az}-2\times4=0$，求得 $F_{Az}=8\ \text{kN}$

取 $\sum m_x=0$，有 $m_{Ax}-4\times4-2\times4\times2=0$，求得 $m_{Ax}=32\ \text{kN}\cdot\text{m}$

取 $\sum m_y=0$，有 $m_{Ay}+5\times6=0$，求得 $m_{Ay}=-30\ \text{kN}\cdot\text{m}$

取 $\sum m_z=0$，有 $m_{Az}-5\times4=0$，求得 $m_{Az}=20\ \text{kN}\cdot\text{m}$

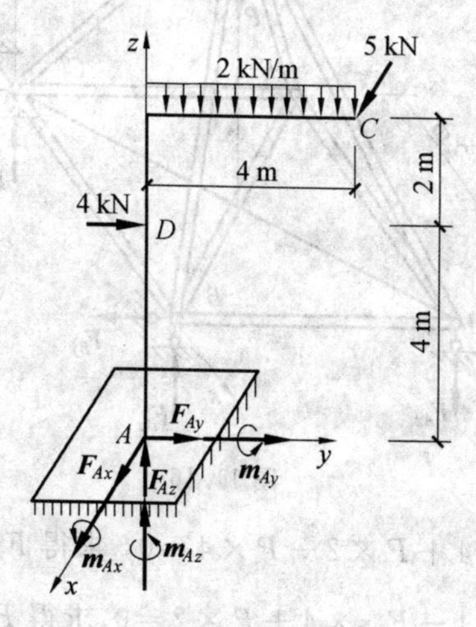

图 11.14

【例 11.5】　三轮车如图 11.15 所示，已知 $AD=BD=0.5\ \text{m}$，$CD=1.5\ \text{m}$，载重 $P=3\ \text{kN}$ 作用在 E 点，且 $EF=0.5\ \text{m}$，$DF=0.1\ \text{m}$，试求 A、B、C 三轮所受的压力。不计轮子与地面的摩擦。

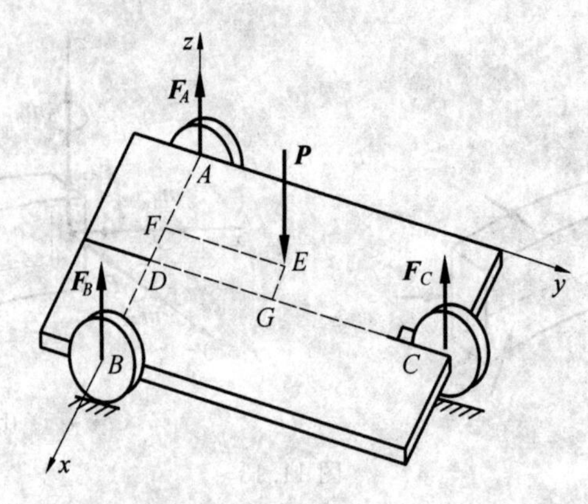

图 11.15

解:设 A、B、C 三轮的反力均铅垂向上,与 $\boldsymbol{P}$ 力形成一空间平行力系,利用式(11.20),取 $\sum m_x=0$,有 $F_C\times1.5-P\times0.5=0$,解得 $F_C=1\ \text{kN}$

取 $\sum m_y=0$, 有 $P\times0.4-F_C\times0.5-F_B\times1=0$,解得 $F_B=0.7\ \text{kN}$

取 $\sum F_z=0$,有 $F_A+F_B+F_C-P=0$,解得 $F_A=1.3\ \text{kN}$

【例 11.6】 图 11.16 所示为一正四棱锥体的空间桁架结构,与地面用六根链杆相连,求在图示外力作用下的支座反力。

解:求支座反力时,为尽可能避免解联立方程,在选取力矩轴时,应尽可能多通过支座链杆或与链杆平行,根据图上所建坐标系。

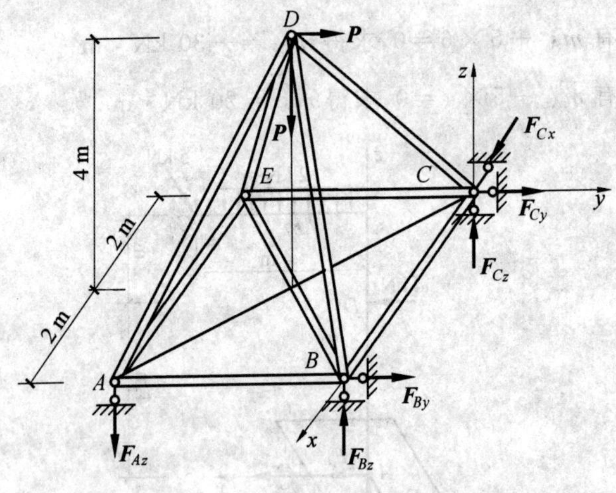

图 11.16

取 $\sum m_x=0$,有 $F_{Az}\times4+P\times2-P\times4=0$, 求得 $F_{Az}=0.5P$

取 $\sum m_y=0$,有 $F_{Az}\times4-F_{Bz}\times4+P\times2=0$,求得 $F_{Bz}=P$

取 $\sum m_z=0$,有 $F_{By}\times4+P\times2=0$,求得 $F_{By}=-0.5P(\leftarrow)$

取 $\sum F_x=0$,求得 $F_{Cx}=0$

取 $\sum F_y = 0$，有 $F_{Cy} + P - 0.5P = 0$，求得 $F_{Cy} = -0.5P(\leftarrow)$

取 $\sum F_z = 0$，有 $F_{Cz} - P + P - 0.5P = 0$，求得 $F_{Cz} = 0.5P$

求得各支座反力后，本题尚可根据空间汇交力系求解桁架各杆内力，此处从略。

【例 11.7】　圆轴 CG 位于 A、B 轴承内（见图 11.17），其上装有 C、D、E、G 四个轮子，C、D、E 轮直径 $d = 300$ mm，G 轮直径 $d = 600$ mm，轮间距离如图所示，C、D、E 三轮所受荷载均铅垂向下，大小如图示，轮 G 边缘与过轴线的水平面交点处受齿轮压力 $\boldsymbol{F}$ 作用，$\boldsymbol{F}$ 位于铅垂面内与 z 方向夹角 $\alpha = 20°$，当轴做匀速转动时受力应处于平衡状态，试计算齿轮压力 $\boldsymbol{F}$ 与 A、B 轴承反力。

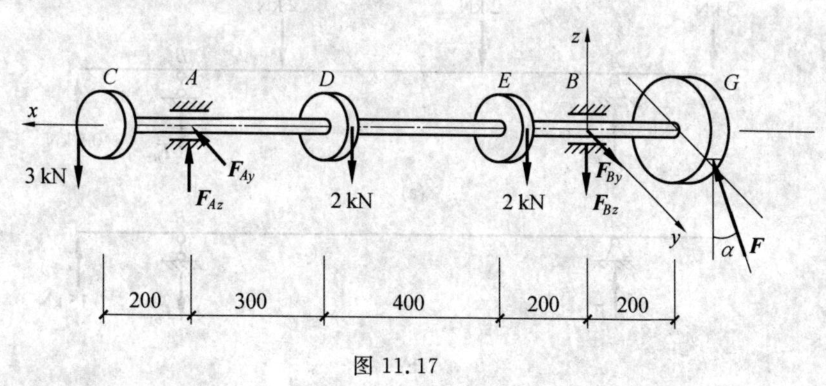

图 11.17

解：整个轴沿 x 方向无荷载作用，也无约束反力，A、B 两轴承只有如图所示的反力作用，方向均为假设。先确定齿轮压力 $\boldsymbol{F}$。

取 $\sum m_x = 0$，有 $F \cdot \cos\alpha \times 300 + 3 \times 150 - 2 \times 150 - 2 \times 150 = 0$，将 $\alpha = 20°$ 代入，求得 $F = 0.532$ kN。进一步求支座反力。

取 $\sum m_z = 0$，有 $F \cdot \sin\alpha \times 200 - F_{Ay} \times 900 = 0$

求出

$$F_{Ay} = 0.04 \text{ kN}$$

取 $\sum m_y = 0$，有 $F \cdot \cos\alpha \times 200 + 2 \times 200 + 2 \times 600 + 3 \times 1100 - F_{Az} \times 900 = 0$

解得

$$F_{Az} = 5.55 \text{ kN}$$

取 $\sum F_z = 0$，有 $F_{Az} - 3 - 2 - F_{Bz} + F \times \cos\alpha = 0$

求得

$$F_{Bz} = -0.95 \text{ kN}(\uparrow)$$

取 $\sum F_y = 0$，有 $F_{By} - F_{Ay} - F \cdot \sin\alpha = 0$

得

$$F_{By} = 0.22 \text{ kN}$$

11.4　扭矩图及空间内力素的计算

11.4.1　扭转及扭矩图

例题 11.7 通过空间平衡条件确定了圆轴所受的外力及支座反力，如果进一步要研究圆轴所受的内力,可以利用力的平移定理,将轮上的外力平移到轴线上,但同时要加上各力对 x 轴的力偶矩。为了便于内力分析,现将该空间力系分别分解到铅垂平面(图11.18(a))、水平平面(图 11.18(b))和绕 x 轴旋转(图 11.18(c))上来。图 11.18(a) 与图11.18(b) 受力均属于伸出梁受横力弯曲,两梁的弯矩图与剪力图均可很快作出(此处从略)。图 11.18(c) 所示是我们尚且还未讨论的内容,这时轴所受到的力偶作用是位于和轴线相垂直的平面内、对轴而言并不产生弯曲而产生扭转的作用。由于外力偶的大小、转向和作用位置不同,对轴各段产生的扭转效果也不一样,因此须建立一新的内力素——扭矩的概念。

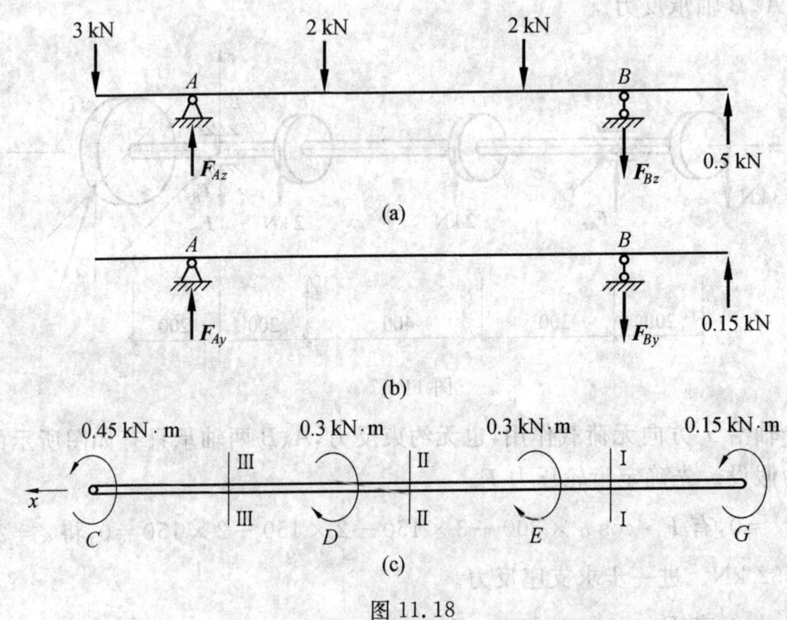

图 11.18

将图 11.18(c) 所示受扭圆轴用截面法假想截开,以 Ⅱ－Ⅱ 截面为例,将轴分为左右两部分,如图 11.19 所示,研究左部平衡,由 $\sum m_x=0$ 可知 Ⅱ－Ⅱ 截面上必有一扭矩 T_{II} 产生,T_{II} 转向是假设的,有

$$0.45-0.3-T_{\text{II}}=0,\text{ 得 } T_{\text{II}}=0.15\ \text{kN}\cdot\text{m}$$

如取右部平衡,Ⅱ－Ⅱ 截面上 T'_{II} 必满足 $T'_{\text{II}}-0.3+0.15=0$,得 $T'_{\text{II}}=0.15\ \text{kN}\cdot\text{m}$

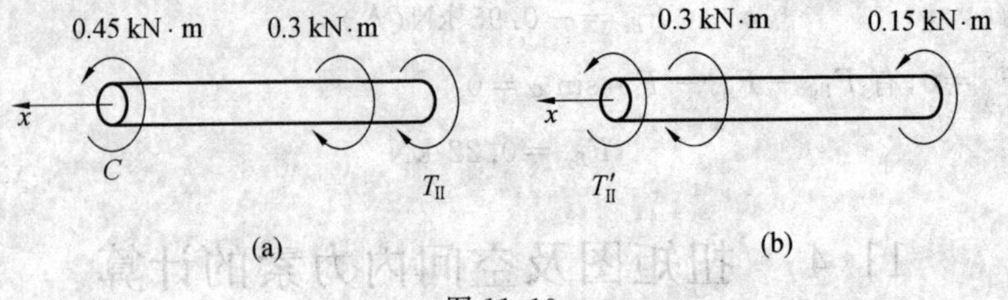

图 11.19

$T_{\text{II}}=T'_{\text{II}}$ 说明所求结果正确,因为此两力偶矩恰好为作用与反作用力偶矩。在规定扭矩正负号时,为使左右统一并区别出不同受扭方向,以截面上扭矩的转向按右手螺旋法则,指向截面外法线者为正,反之为负。按此规定,本题 Ⅱ－Ⅱ 截面扭矩 $T_{\text{II}}=$

0.15 kN·m(左右均为此结果)。为避免列平衡方程,扭矩计算法则为截面一侧外力偶矩的代数和,外力偶的符号以所在一侧的外端截面为准,仍按上述右手螺旋法则判定。按此计算法则,本题Ⅰ－Ⅰ截面扭矩应为(右侧)$T_{\mathrm{I}}=-0.15$ kN·m。Ⅲ－Ⅲ截面扭矩为(左侧)$T_{\mathrm{III}}=0.45$ kN·m。和弯矩图相似,也可通过绘扭矩图而将构件受扭的情况呈现出来。具体作法是,取平行轴线的直线(称为基线)为截面位置坐标,与基线垂直的坐标表示截面扭矩值,正的扭矩画在基线上方,负的扭矩画在基线下方,并标上正、负号。按照这种规定,图11.18(c)所示圆轴的扭矩图绘于图11.20中。

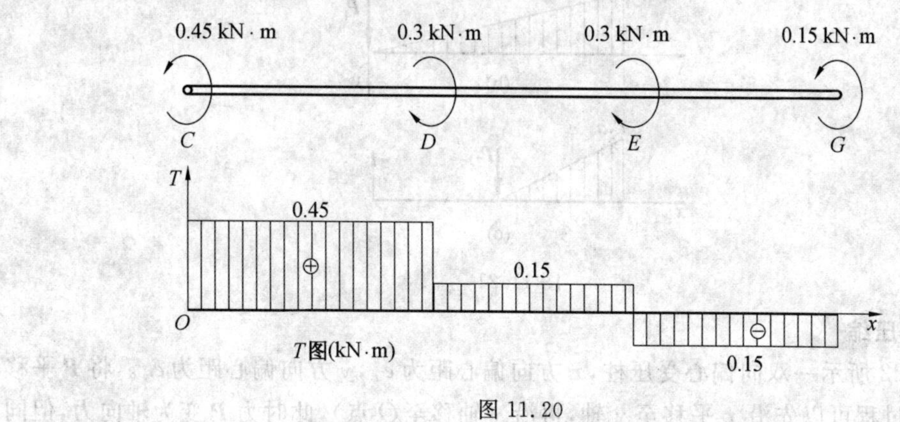

图11.20

在结束扭矩图的叙述时,我们给出计算外力偶矩的公式,因为实际进行圆轴扭转设计的外力偶矩是由轮所传递的功率和转速所控制的,当传递的功率P以千瓦计,转速以每分钟的转数n计,则所传递的力偶矩m为

$$m=9\ 550\ \frac{P}{n}(\mathrm{N\cdot m}) \tag{11.21}$$

11.4.2　空间内力素的计算

我们已经了解和掌握了约束反力的确定方法以及静定结构内力的分析与求解方法。在内力分析中,桁架的内力是以轴向拉力或轴向压力的形式出现的,梁中内力如果是横力弯曲,则以弯矩和剪力的形式出现,刚架、三铰拱等结构,一般三者均出现,即弯矩、剪力和轴力同时存在。但当结构受力以空间形式出现后,内力素在原有基础上又增加了扭矩这一因素。因此就最一般意义讲,结构与构件中应有四种内力素,即轴力、剪力、弯矩与扭矩。正是由于这四种内力素的存在将使结构构件发生相应的四种基本变形形式,即拉、压变形;剪切变形;弯曲变形和扭转变形。

随着结构形式的变化,以及受力方式的不同,结构构件中可以产生四种内力的某一种和某几种,甚至四种全有。下面给出建筑工程中一些常见的组合变形形式,并对其内力进行确定。

1.双向弯曲

图11.21所示悬臂梁在$\boldsymbol{P}_1$与$\boldsymbol{P}_2$作用下将发生在xOy与xOz两平面内的弯曲,称为双向弯曲或斜弯曲。其两面内的弯矩图分别绘于图11.21(b)、(c)内。这种弯曲形式在屋架檩条中经常出现。这种结构中也有剪力出现,但相对弯矩而言一般处于次要地位。

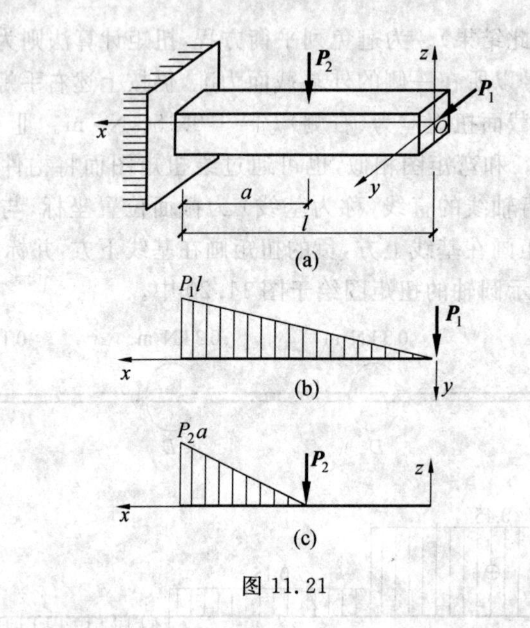

图 11.21

2. 偏心压缩

图 11.22 所示一双向偏心受压柱，x 方向偏心距为 e_x，y 方向偏心距为 e_y。将 $\boldsymbol{P}$ 平移至 O 点(其过程可以先沿 x 平移至 y 轴，再沿 y 轴移至 O 点)，此时力 $\boldsymbol{P}$ 变为轴向力，但同时有两力偶产生，其中 $m_y = P \cdot e_x$，$m_x = P \cdot e_y$，这两力偶分别在 xOz 与 yOz 面内使柱产生弯曲变形。因此该柱为双向弯曲与压缩组合。其轴力图与两个弯矩图分别示于图 11.22(c)、(d)、(e) 中。房屋中的角柱以及基础经常出现这种受力状态，单向偏心受压在工业厂房牛腿柱中是普遍存在的。

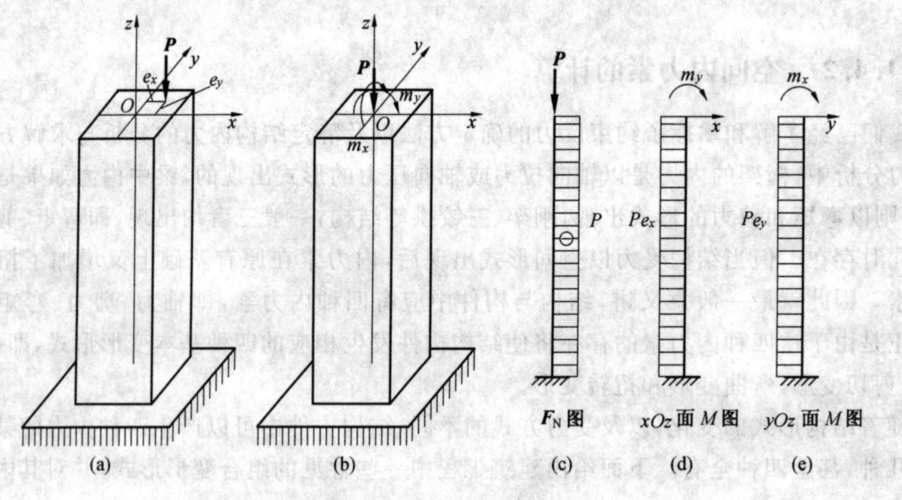

图 11.22

3. 弯扭组合

图 11.23(a) 所示一悬臂刚架受到自由端 $\boldsymbol{P}_z$ 与 $\boldsymbol{P}_y$ 的作用，OB 杆的受力显然为双向弯曲，此处不再讨论。研究 AB 杆受力时，可将两力均平移到 B 点，平移后的 $\boldsymbol{P}_z$，将使 AB 杆在铅垂面内产生弯曲变形，其弯矩图如图 11.23(c) 所示；平移后的力偶矩 $m_{AB} = P_z \cdot a$，

对 AB 杆将产生扭转效应，扭矩图绘于图 11.23(b) 中；平移后的 $\boldsymbol{P}_y$ 对 AB 杆产生压力，其轴力图绘于图 11.23(e) 中；而平移后的力偶矩 $P_y \cdot a$ 将使 AB 杆在水平面内弯曲，其弯矩图绘于图 11.23(d) 中。严格讲 AB 杆还要受到剪力作用，所以 AB 杆是四种基本变形都要产生的构件，而且弯曲还是双向的。这种以弯扭组合为主的受力情况在房屋的雨篷梁和某些边梁中经常出现。

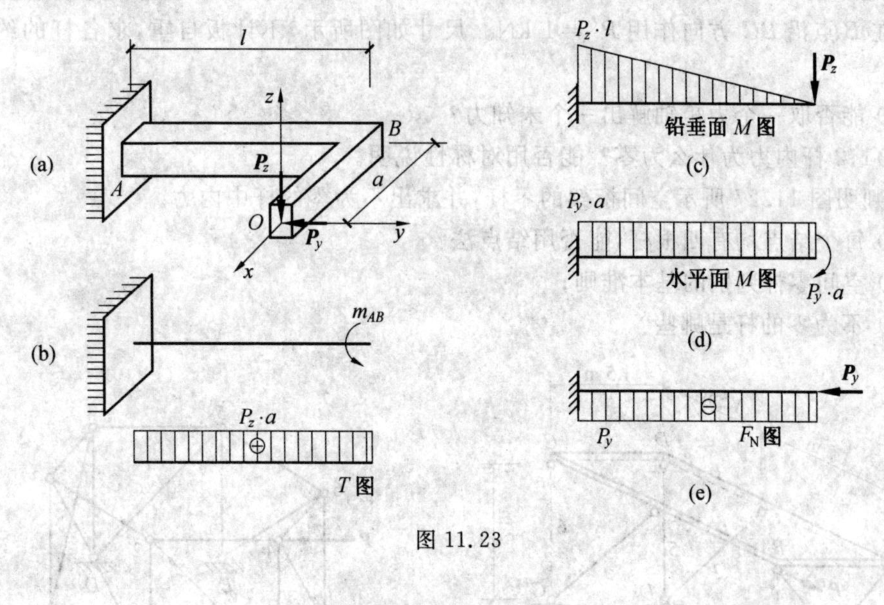

图 11.23

习题课选题指导

1. 图 11.24 所示一简单起重装置，已知起吊重 $G=10$ kN，试求钢丝绳拉力 $\boldsymbol{T}_1$ 与 $\boldsymbol{T}_2$ 和杆 AO 的支承力 $\boldsymbol{F}_{\mathrm{N}}$。

(1) 本题特别注意投影的取法，需先将 $\boldsymbol{T}_1$、$\boldsymbol{T}_2$ 投影到 EBO 面上，再投影到 y、z 方向。

(2) 对称性利用。

(3) 能否一个方程解一个未知力。

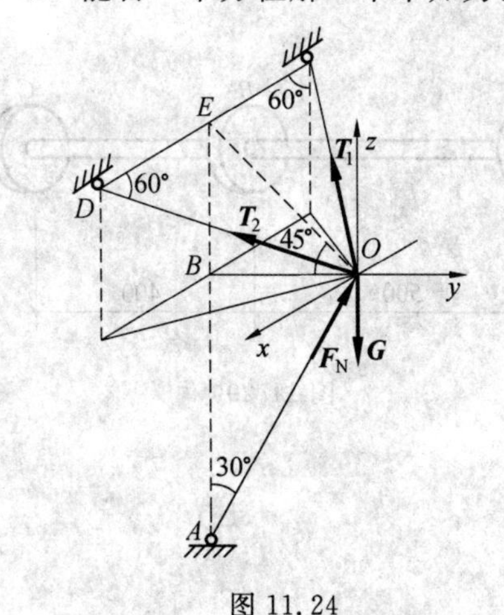

图 11.24

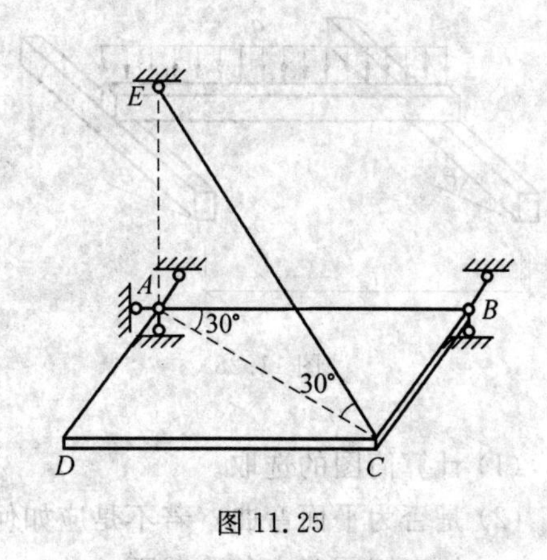

图 11.25

2. 图 11.25 所示一匀质矩形板水平放置，板重为 $\boldsymbol{G}$，用绳索和五根链杆支承，如图所示，试求绳中拉力和各链杆反力。

注意力矩轴的选取以使计算简化，并注意力对轴之矩的计算。

3. 矩形板用六根杆支成如图 11.26 所示的水平位置。在 A 点 DA 方向作用一力 $P=1$ kN；在 B 点沿 BC 方向作用 $P'=1$ kN。尺寸如图所示，不计板自重，求各杆的约束反力。

(1) 能否取一个力矩轴解出一个未知力？

(2)1、2 杆内力为什么为零？能否用对称性说明。

4. 判明图 11.27 所示空间桁架的零杆，并求出不为零的杆中内力。

(1) 每个结点均有四根杆，能否用结点法？

(2) 空间零杆判别的基本准则；

(3) 不为零的杆是哪些？

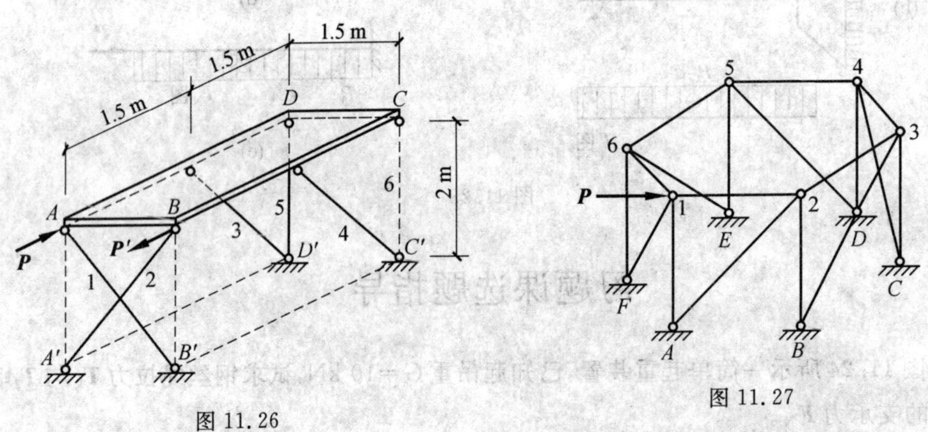

图 11.26　　图 11.27

5. 如图 11.28 所示，屋架上弦坡度为 $\tan\theta$，屋架间距为 l，矩形截面檩条位于屋架上，受铅垂均布荷载 q 作用，此构件将产生何种组合变形，并绘制相应弯矩图。

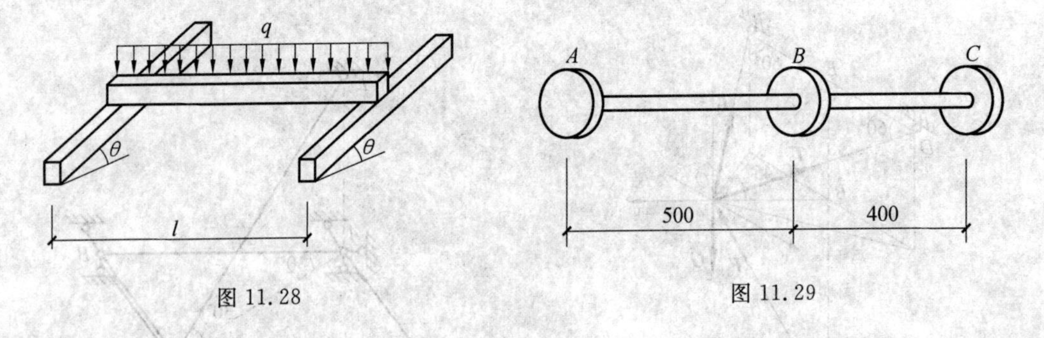

图 11.28　　图 11.29

(1) 计算简图的选取。

(2) 是否为平面弯曲？若不是应如何处理？

(3) 绘弯矩图确定危险截面。

6.已知图 11.29 中所示圆轴上 A 轮为主动轮，传递功率为 10 kW，B 轮传递功率 7 kW，C 轮传递功率 3 kW，轮轴转速为每分钟 1 500 转。

试合理布置轮位，并作出扭矩图。

(1) 确定外力偶矩。

(2) 合理布置与作扭矩图结合。

7.求图 11.30 所示空间悬臂刚架 A 端支座反力。作 AB 杆的弯矩图(不同面内)和扭矩图。说明 CD 与 BC 杆的受力情况。

(1) 利用平衡条件求反力、注意力对轴的矩。

(2) 如何直接研究 AB 杆的受力，取截面的哪一侧？

(3) 剪力图可略去。

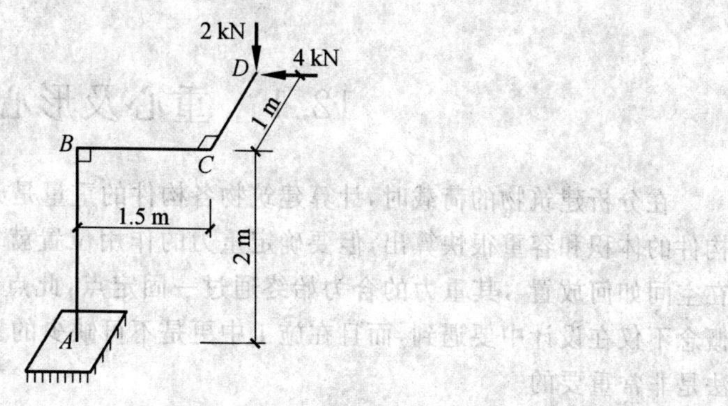

图 11.30

第12章 重心及截面的几何性质

12.1 重心及形心

在分析建筑物的荷载时,计算建筑物各构件的重量是必不可少的,重量的大小可根据构件的体积和容重很快算出,但要确定重力的作用位置就需要重心这一概念。无论物体在空间如何放置,其重力的合力始终通过一固定点,此点即称为物体的重心。重心这一概念不仅在设计中要遇到,而且在施工中更是不可缺少的。所以,掌握确定重心位置的方法是非常重要的。

12.1.1 重心与形心的计算公式

物体重心就是物体重力合力的作用点,按照这种定义,根据合力矩定理就可求出重心在空间坐标系中的位置。将图12.1所示物体分割为 n 个微小部分,其中任一个微小部分的体积设为 ΔV_i,其重力为 ΔG_i,物体总重力为 $G=\sum_{i=1}^{n}\Delta G_i$,总体积为 $V=\sum_{i=1}^{n}\Delta V_i$。设物体重心 C 坐标为 x_C, y_C, z_C,建立对 x 轴和 y 轴的空间合力矩定理,有

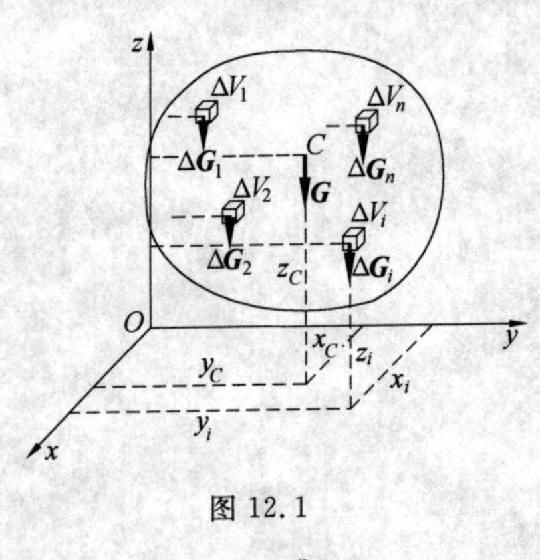

图12.1

$$-G \cdot y_C = -\sum_{i=1}^{n}\Delta G_i \cdot y_i$$

$$-G \cdot x_C = -\sum_{i=1}^{n} \Delta G_i \cdot x_i$$

得到

$$x_C = \frac{\sum_{i=1}^{n} \Delta G_i \cdot x_i}{G}$$

$$y_C = \frac{\sum_{i=1}^{n} \Delta G_i \cdot y_i}{G}$$

为了求得 z_C，可将物体连同坐标系一起绕 x 轴转90°，此时各重力将如虚线所示，对 x 轴再用合力矩定理，有

$$-G z_C = -\sum_{i=1}^{n} \Delta G_i z_i$$

得到

$$z_C = \frac{\sum_{i=1}^{n} \Delta G_i z_i}{G}$$

与前两式合并，得到求物体重心的最一般公式

$$\begin{cases} x_C = \dfrac{\sum_{i=1}^{n} \Delta G_i x_i}{G} \\ y_C = \dfrac{\sum_{i=1}^{n} \Delta G_i y_i}{G} \\ z_C = \dfrac{\sum_{i=1}^{n} \Delta G_i z_i}{G} \end{cases} \tag{12.1}$$

式中 n 为有限个时，公式称为有限形式。

如物体为匀质，其容重 γ 与点无关，将 $\Delta G_i = \Delta V_i \cdot \gamma$ 和 $G = V \cdot \gamma$ 代入式(12.1)，得到

$$\begin{cases} x_C = \dfrac{\sum_{i=1}^{n} \Delta V_i x_i}{V} \\ y_C = \dfrac{\sum_{i=1}^{n} \Delta V_i y_i}{V} \\ z_C = \dfrac{\sum_{i=1}^{n} \Delta V_i z_i}{V} \end{cases} \tag{12.2}$$

此式表明，如物体为匀质，则重心坐标与重力无关，而只与物体的形状有关，因此又可称为形心。这里需要指出的是，公式中的 x_i，y_i，z_i 如果是 ΔV_i 的准确形心，则公式(12.2)

所求物体形心坐标 x_C,y_C,z_C 即为准确值,但如果前者仅是近似值,则后者也就是近似值。如果令 $\Delta V_i \to 0$ 取极限,则公式(12.2)变为

$$\begin{cases} x_C = \dfrac{\int_v x_i \mathrm{d}V}{V} \\ y_C = \dfrac{\int_v y_i \mathrm{d}V}{V} \\ z_C = \dfrac{\int_v z_i \mathrm{d}V}{V} \end{cases} \tag{12.3}$$

显然此时 x_C,y_C,z_C 应是准确值。

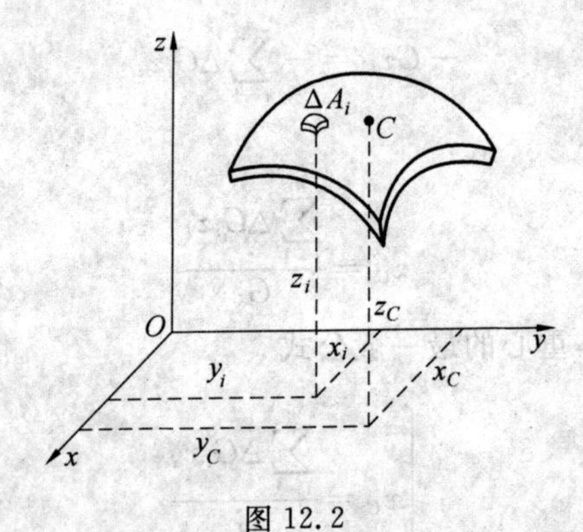

图 12.2

如果物体是匀质等厚薄壳(见图 12.2),则 $\Delta V_i = \Delta A_i t$,$V = A \cdot t$,其中 t 为薄壳厚度,A 为薄壳总表面积,代入公式(12.2)、(12.3)消去 t 后,得到薄壳形心公式

$$\begin{cases} x_C = \dfrac{\sum\limits_{i=1}^{n} \Delta A_i x_i}{A} \\ y_C = \dfrac{\sum\limits_{i=1}^{n} \Delta A_i y_i}{A} \\ z_C = \dfrac{\sum\limits_{i=1}^{n} \Delta A_i z_i}{A} \end{cases} \tag{12.4}$$

$$\begin{cases} x_C = \dfrac{\int_A x \mathrm{d}A}{A} \\ y_C = \dfrac{\int_A y \mathrm{d}A}{A} \\ z_C = \dfrac{\int_A z \mathrm{d}A}{A} \end{cases} \tag{12.5}$$

当薄壳变为平面，且位于 xOy 平面内时，则公式中第三式变为 0=0 的恒等式，此时公式成为

$$\begin{cases} x_C = \dfrac{\sum\limits_{i=1}^{n} \Delta A_i x_i}{A} \\ y_C = \dfrac{\sum\limits_{i=1}^{n} \Delta A_i y_i}{A} \end{cases} \tag{12.6}$$

$$\begin{cases} x_C = \dfrac{\int_A x \, \mathrm{d}A}{A} \\ y_C = \dfrac{\int_A y \, \mathrm{d}A}{A} \end{cases} \tag{12.7}$$

这两组公式是建筑工程计算中最常遇到的公式，必须熟练掌握。如果物体为匀质等截面细线（见图 12.3），则可类似推出

$$\begin{cases} x_C = \dfrac{\sum\limits_{i=1}^{n} \Delta s_i x_i}{S} \\ y_C = \dfrac{\sum\limits_{i=1}^{n} \Delta s_i y_i}{S} \\ z_C = \dfrac{\sum\limits_{i=1}^{n} \Delta s_i z_i}{S} \end{cases} \tag{12.8}$$

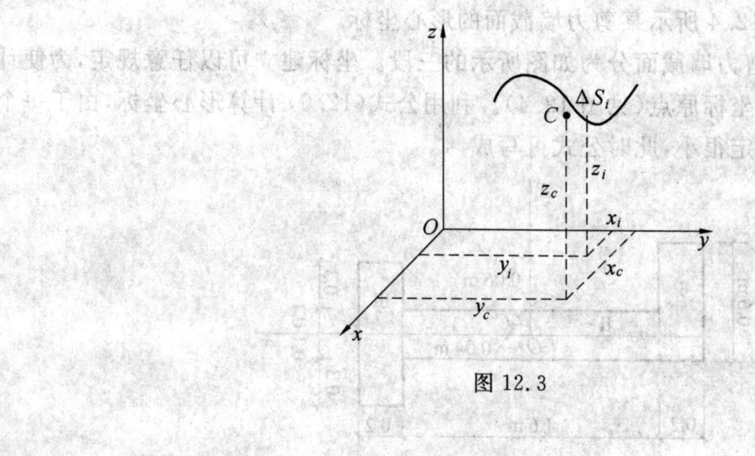

图 12.3

$$\begin{cases} x_C = \dfrac{\int_S x\,\mathrm{d}s}{S} \\ y_C = \dfrac{\int_S y\,\mathrm{d}s}{S} \\ z_C = \dfrac{\int_S z\,\mathrm{d}s}{S} \end{cases} \tag{12.9}$$

式中 S 为细长线总长度。

12.1.2 简单形状匀质物体的形心

建筑工程中常见的几何形体很多是由简单形状组合而成，因此确定简单形状匀质物体的形心是非常重要的。

对于具有对称面的物体和具有对称轴的平面，以及具有对称中心的图形，形心一定位于对称面、对称轴或对称中心上。建筑工程中最常遇到的图形是圆形、方形、矩形和三角形，这些图形的形心是众所周知的。此外尚有抛物线或圆弧线组成的图形，其形心可通过积分求得。其他简单图形形心坐标公式可查有关设计手册。

12.1.3 复合形状匀质物体的形心

由几个简单形状组合而成的复合形状匀质物体，其形心的确定可采用有限形式的求形心坐标的公式，这时每一个简单形状的物体其体积、面积或长度并不一定要很小，但它自身形心的坐标 x_i，y_i，z_i 必须是准确已知的。这种将复合图形分为有限个简单图形求形心的方法称为分割法。对于含有洞口的复合平面图形，仍可采用分割法，但其洞口部分的面积应视为负值。此法称为负面积法。

【例 12.1】 求图 12.4 所示某剪力墙截面的形心坐标。

解：采用分割法将剪力墙截面分为如图所示的三段。坐标建立可以任意规定，为使计算简化，取 Ⅱ 段形心为坐标原点(见图 12.4)。利用公式(12.6) 计算形心坐标，由于每个简单图形的面积并不一定很小，此时公式可写成

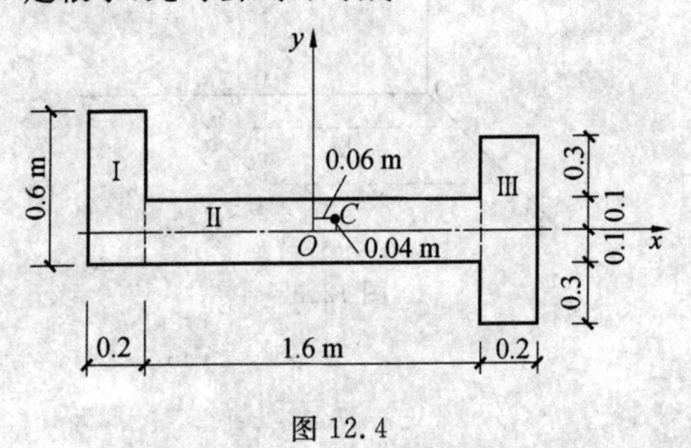

图 12.4

$$
\begin{cases}
x_C = \dfrac{\sum\limits_{i=1}^{n} A_i \cdot x_i}{A} \\
y_C = \dfrac{\sum\limits_{i=1}^{n} A_i \cdot y_i}{A}
\end{cases} \tag{12.10}
$$

本题

$$A_{\mathrm{I}}/\mathrm{m}^2 = 0.6 \times 0.2 = 0.12, x_{\mathrm{I}} = -0.9\ \mathrm{m}, y_{\mathrm{I}} = 0.2\ \mathrm{m}$$

$$A_{\mathrm{II}}/\mathrm{m}^2 = 1.6 \times 0.2 = 0.32, x_{\mathrm{II}} = 0, y_{\mathrm{II}} = 0$$

$$A_{\mathrm{III}}/\mathrm{m}^2 = 0.8 \times 0.2 = 0.16, x_{\mathrm{III}} = 0.9\mathrm{m}, y_{\mathrm{III}} = 0$$

代入式(12.10) 得到

$$x_C/\mathrm{m} = \frac{0.12 \times (-0.9) + 0.32 \times 0 + 0.16 \times 0.9}{0.12 + 0.32 + 0.16} = 0.06$$

$$y_C/\mathrm{m} = \frac{0.12 \times 0.2 + 0.32 \times 0 + 0.16 \times 0}{0.12 + 0.32 + 0.16} = 0.04$$

【例 12.2】 计算图 12.5 所示地下通道截面的形心坐标 y_C。

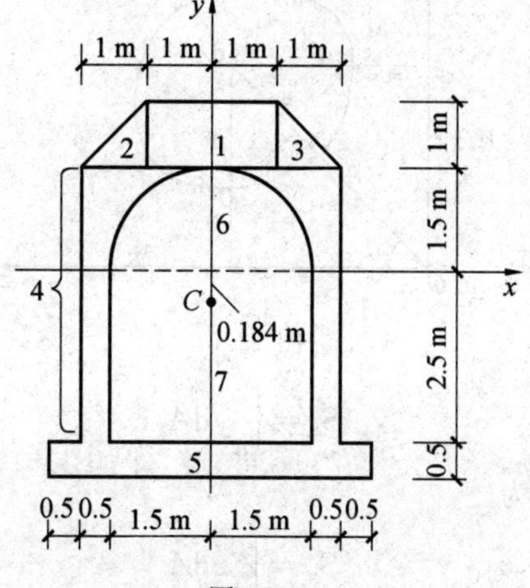

图 12.5

解:建立如图 12.5 所示的坐标系,由于截面相对 y 轴对称,故 $x_C=0$,只求 y_C。采用负面积法,将截面分为 7 块,其中第 4 块为 $4 \times 4\ \mathrm{m}^2$ 的实心块,第 6、第 7 块为空心。

下面给出各块面积和形心坐标

$$A_1/\mathrm{m}^2 = 2 \times 1 = 2, y_1 = 2\ \mathrm{m}$$

$$A_2/\mathrm{m}^2 = \frac{1}{2} \times 1 \times 1 = 0.5, y_2/\mathrm{m} = 1.5 + \frac{1}{3} = 1.83$$

$$A_3 = 0.5\ \mathrm{m}^2, y_3 = 1.83\ \mathrm{m}$$

$$A_4/\mathrm{m}^2 = 4 \times 4 = 16, y_4 = -0.5\ \mathrm{m}$$

$$A_5/\mathrm{m}^2 = 5 \times 0.5 = 2.5, y_5 = -2.75\ \mathrm{m}$$

$$A_6/\mathrm{m}^2 = -\frac{1}{2}\pi 1.5^2 = -3.53, y_6/\mathrm{m} = \frac{4R}{3\pi} = \frac{4 \times 1.5}{3\pi} = 0.64$$

$$A_7/\mathrm{m}^2 = -3\times 2.5 = -7.5,\ y_7 = -1.25\ \mathrm{m}$$

代入公式(12.10),求得

$$\begin{aligned} y_C/\mathrm{m} = [&2\times 2 + 0.5\times 1.83 + 0.5\times 1.83 + 16\times(-0.5) \\ &+ 2.5\times(-2.75) + (-3.53)\times 0.64 \\ &+ (-7.5)\times(-1.25)]/(2 + 0.5 + 0.5 + 16 \\ &+ 2.5 - 3.53 - 7.5) = -0.184 \end{aligned}$$

12.2 截面的几何性质

12.2.1 静矩(面积矩)

自截面上坐标为(y,z)点处取如图12.6所示的面积元素$\mathrm{d}A$,作$\mathrm{d}A$与y的乘积,并沿整个截面积分,表达式$\int_A y\mathrm{d}A$定义为截面对z轴的静矩,以S_z表示,即有

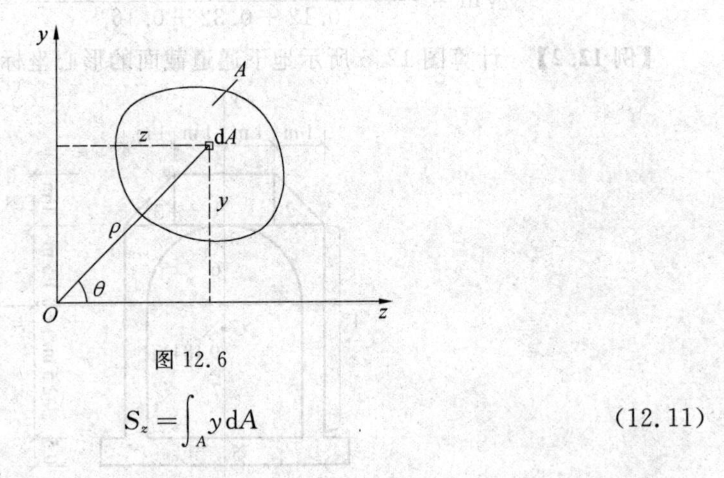

图12.6

$$S_z = \int_A y\mathrm{d}A \tag{12.11}$$

同理有截面对y轴的静矩为

$$S_y = \int_A z\mathrm{d}A \tag{12.12}$$

由于静矩中的元素是面积元素与到某轴距离的乘积,有时又称面积矩,或称一次矩(指坐标的一次函数),静矩的单位为长度的立方。

参考形心公式(12.7)和式(12.10),可将静矩写为

$$\begin{cases} S_z = A\cdot y_C = \sum\limits_{i=1}^{n} A_i y_i \\ S_y = A\cdot z_C = \sum\limits_{i=1}^{n} A_i z_i \end{cases} \tag{12.13}$$

同时也可将形心公式写为

$$\begin{cases} y_C = \dfrac{S_z}{A} \\ z_C = \dfrac{S_y}{A} \end{cases} \tag{12.14}$$

由于上两式中 y_C 表示截面图形形心到 z 轴的距离，因此若 z 轴通过该截面形心，则 y_C 必为零，因此 $S_{z_C}=0$。

【例 12.3】 求如图 12.7 所示工字形截面带阴影部分面积对 z 轴的静矩。

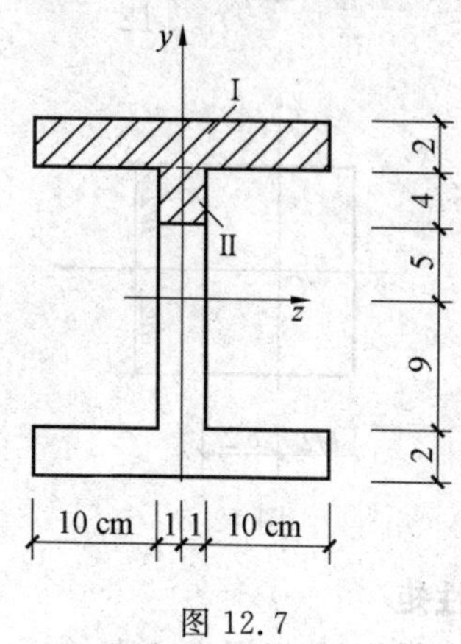

图 12.7

解：利用公式(12.13)第一式，将所求部分划分为 Ⅰ 和 Ⅱ 两部分，有

$$A_1/\text{cm}^2 = 22\times 2 = 44,\ y_1 = 10\ \text{cm}$$

$$A_2/\text{cm}^2 = 2\times 4 = 8,\ y_2 = 7\ \text{cm}$$

代入公式，得

$$S_z/\text{m}^3 = 44\times 10\times 10^{-6} + 8\times 7\times 10^{-6} = 496\times 10^{-6}$$

12.2.2　惯性矩

自截面上坐标为(y,z)点处取如图 12.6 所示的面积元素 $\mathrm{d}A$，作 $\mathrm{d}A$ 与 y^2 的乘积，并沿整个截面积分，表达式$\int_A y^2\mathrm{d}A$ 定义为该截面对 z 轴的惯性矩，以 I_z 表示，即有

$$I_z = \int_A y^2\mathrm{d}A \tag{12.15}$$

同理有截面对 y 轴的惯性矩为

$$I_y = \int_A z^2\mathrm{d}A \tag{12.16}$$

惯性矩的定义来自力对轴的矩，因此必须强调对哪一轴的惯性矩，而且对 z 轴的要乘 y^2，对 y 轴的要乘 z^2。由于 y^2 与 $\mathrm{d}A$ 均为正值，故 I_z 或 I_y 均为正值，不能为零(除非没有面积)，更不能为负，这点与静矩是不同的。惯性矩的单位为长度的四次方。

下面计算最简单图形对特定轴的惯性矩，其结果应作为基本公式掌握。

1. 矩形截面对形心轴的惯性矩

如图 12.8 所示，矩形截面高为 h，宽为 b。根据定义有

$$I_{z_C}=\int_A y^2\mathrm{d}A=\int_A y^2\mathrm{d}z\mathrm{d}y=\int_{-\frac{b}{2}}^{\frac{b}{2}}\mathrm{d}z\int_{-\frac{h}{2}}^{\frac{h}{2}}y^2\mathrm{d}z=\frac{bh^3}{12} \tag{12.17}$$

同理有

$$I_{y_C}=\frac{hb^3}{12} \tag{12.18}$$

当截面为正方形,且边长为 a 时,有

$$I_{z_C}=I_{y_C}=\frac{a^4}{12} \tag{12.19}$$

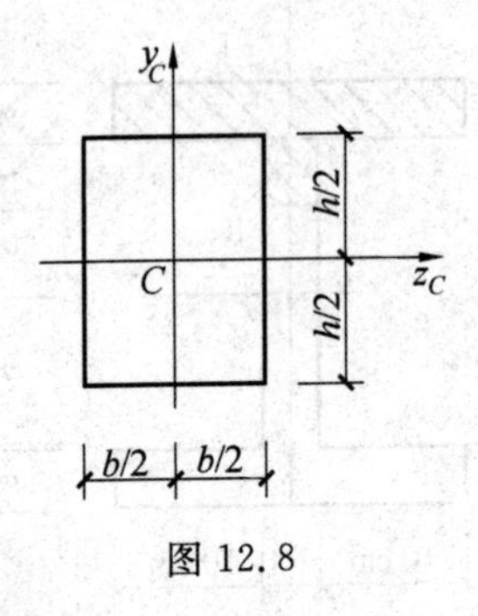

图 12.8

2. 圆形截面对形心轴的惯性矩

如图 12.9 所示,圆形截面直径为 d,根据定义有

$$I_{z_C}=\int_A y^2\mathrm{d}A=\iint_A(\rho\sin\theta)^2\rho\mathrm{d}\theta\mathrm{d}\rho=\int_0^{\frac{d}{2}}\rho^3\mathrm{d}\rho\int_0^{2\pi}(\sin\theta)^2\mathrm{d}\theta=\frac{\pi d^4}{64} \tag{12.20}$$

由于是圆形,所以有

$$I_{y_C}=I_{z_C}=\frac{\pi d^4}{64}$$

根据对称原理,结合惯性矩定义,半圆截面(如图 12.10(a))对 z 轴的惯性矩应为

$$I_z=\frac{\pi d^4}{128}$$

而 1/4 圆(图 12.10(b))面积对 z 轴的惯性矩应为

$$I_z=\frac{\pi d^4}{256}$$

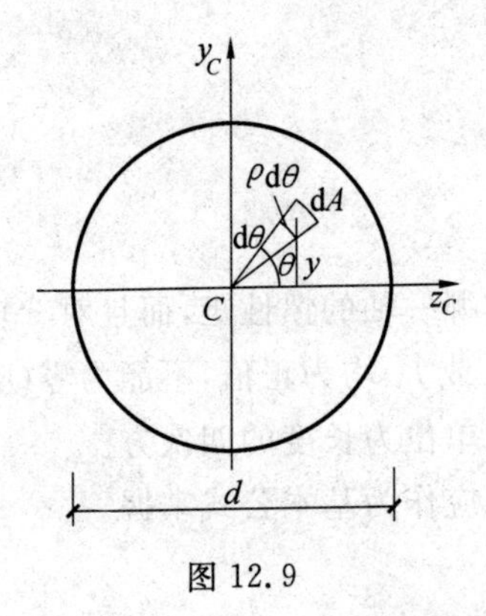

图 12.9

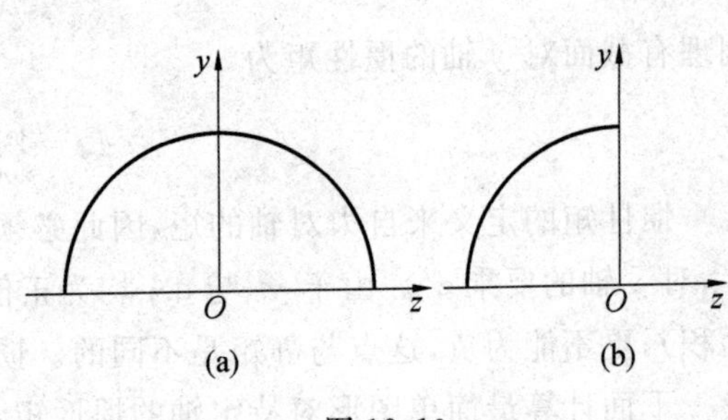

图 12.10

静矩可以表示成面积与某一距离(形心坐标)的乘积,惯性矩在有些情况下也可类似表示成面积与某距离平方的乘积,即写成

$$\begin{cases} I_y = i_y^2 A \\ I_z = i_z^2 A \end{cases} \tag{12.21}$$

式中 i_y 与 i_z 分别称为截面对 y 轴和 z 轴的惯性半径或回转半径,其单位为长度。当惯性矩为已知时,惯性半径为

$$\begin{cases} i_y = \sqrt{\dfrac{I_y}{A}} \\ i_z = \sqrt{\dfrac{I_z}{A}} \end{cases} \tag{12.22}$$

以圆截面为例,将 $I_y = I_z = \frac{\pi d^4}{64}$ 及 $A = \frac{\pi d^2}{4}$ 代入式(12.22)得

$$i_z = i_y = \sqrt{\frac{\pi d^4/64}{\pi d^2/4}} = \frac{d}{4} = \frac{r}{2} \tag{12.23}$$

12.2.3　惯性积

自截面上坐标为(y,z)点处取如图 12.6 所示的面积元素 $\mathrm{d}A$,作 $\mathrm{d}A$ 与 y 和 z 轴的乘积,并沿整截面积分,表达式$\int_A yz\,\mathrm{d}A$ 定义为该截面对 y 和 z 的惯性积,以 I_{yz} 表示,即有

$$I_{yz} = \int_A yz\,\mathrm{d}A \tag{12.24}$$

惯性积由于被积函数是 y,z 的一次函数,故其值可为正、为负或为零,单位仍为长度的四次方。

当惯性积所对坐标轴中有一个是截面的对称轴时,则惯性积一定为零,因为有一对称轴时(例如 y 为对称轴),则如图 12.11 所示对称轴右侧有任一面积元素 $\mathrm{d}A$ 时,则左侧必有同样的 $\mathrm{d}A$,且两个 $\mathrm{d}A$ 具有相同的 y 坐标和符号相反的 z 坐标,两者惯性积的代数和显然为零,将此结果推广到全部截面,必有 $I_{yz}=0$。

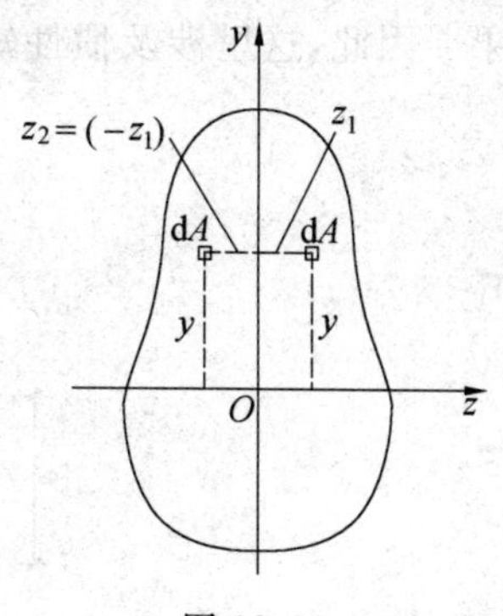

图 12.11

【例 12.4】　求图 12.12 所示矩形面积对 y、z 轴的惯性积。

解:由定义有

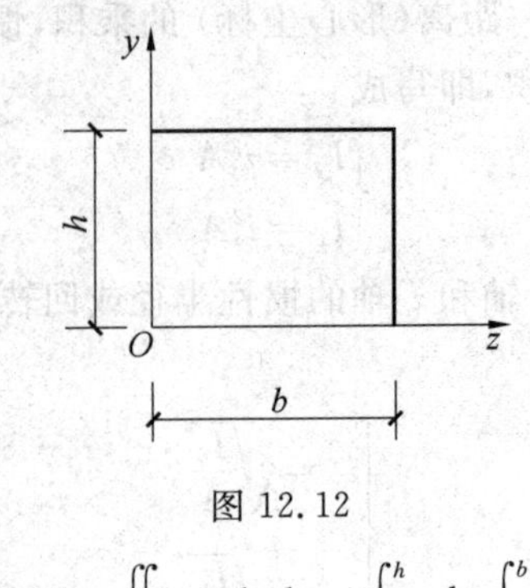

图 12.12

$$I_{yz}=\int_A yz\,dA=\iint_A yz\,dz\,dy=\int_0^h y\,dy\int_0^b z\,dz=\frac{h^2b^2}{4}$$

12.2.4 极惯性矩

自截面上坐标为(ρ,θ)点处取如图 12.6 所示的面积元素，作 dA 与 ρ^2 的乘积，并沿整个截面积分，表达式$\int_A\rho^2\,dA$ 定义为该截面对坐标原点的极惯性矩，以 I_p 表示，即有

$$I_p=\int_A\rho^2\,dA \tag{12.25}$$

由于 $\rho^2=y^2+z^2$，代入上式，有

$$I_p=\int_A(y^2+z^2)\,dA=\int_A y^2\,dA+\int_A z^2\,dA=I_z+I_y \tag{12.26}$$

这表明两垂直轴惯性矩之和等于对原点的极惯性矩，它提供了用轴惯性矩计算极惯性矩的公式。例如，已知圆截面 $I_z=I_y=\dfrac{\pi d^4}{64}$，由式(12.26)得圆截面对形心的极惯性矩 $I_p=\dfrac{\pi d^4}{32}$。

12.2.5 惯性矩和惯性积的平行移轴公式，组合截面的惯性矩和惯性积

为了求得图 12.13 所示工字形截面对 z 轴的惯性矩，可将工字形截面分为两个翼缘Ⅰ、Ⅲ和腹板Ⅱ三个部分，Ⅱ对 z 轴的惯性矩可由基本公式(12.17)给出，Ⅰ、Ⅲ部分分别对自己的形心轴 z_1 与 z_2 的惯性矩也可用公式(12.17)求出，但必须将其结果由 z_1 或 z_2 轴平移至 z 轴，才能得出最后结果。因此，这里涉及惯性矩的平移关系，同样在惯性积的问题上也需要考虑平移关系。

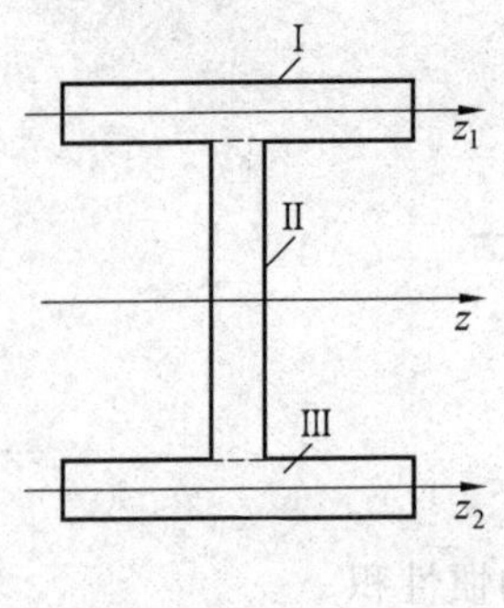

图 12.13

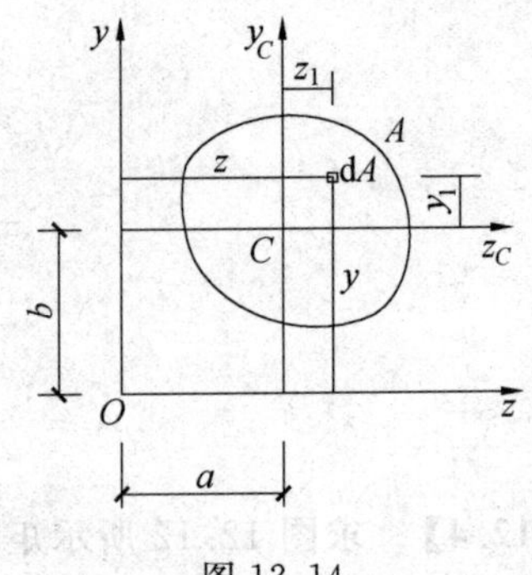

图 12.14

根据惯性矩和惯性积的定义，图 12.14 中截面图形对 z 轴的惯性矩和惯性积分别为

$$\begin{cases} I_z = \int_A y^2 \mathrm{d}A \\ I_y = \int_A z^2 \mathrm{d}A \\ I_{yz} = \int_A zy \mathrm{d}A \end{cases}$$

而对形心轴 z_C 与 y_C 的惯性矩和惯性积分别为

$$\begin{cases} I_{z_C} = \int_A y_i^2 \mathrm{d}A \\ I_{y_C} = \int_A z_i^2 \mathrm{d}A \\ I_{y_C z_C} = \int_A z_i y_i \mathrm{d}A \end{cases}$$

由于 $z = z_1 + a, y = y_1 + b$，故有

$$I_y = \int_A (z_1 + a)^2 \mathrm{d}A = \int_A z_1^2 \mathrm{d}A + 2a\int_A z_1 \mathrm{d}A + a^2 \int_A \mathrm{d}A$$

$$I_z = \int_A (y_1 + b)^2 \mathrm{d}A = \int_A y_1^2 \mathrm{d}A + 2b\int_A y_1 \mathrm{d}A + b^2 \int_A \mathrm{d}A$$

$$I_{yz} = \int_A (z_1 + a)(y_1 + b) \mathrm{d}A = \int_A z_1 y_1 \mathrm{d}A + a\int_A y_1 \mathrm{d}A + b\int_A z_1 \mathrm{d}A + ab\int_A \mathrm{d}A$$

考虑到对过形心轴的静矩为零的结果，则上列各式成为

$$\begin{cases} I_y = I_{y_C} + a^2 A \\ I_z = I_{z_C} + b^2 A \\ I_{yz} = I_{y_C z_C} + abA \end{cases} \tag{12.27}$$

此结果即为平行移轴公式，但需要强调的是，y_C 与 z_C 轴必须是截面的形心轴，否则静矩不能为零。另外 a 与 b 的符号对惯性矩移轴无关，因为是以 a^2 和 b^2 形式出现的。但在惯性积移轴时 (a,b) 表示的是 C 点的坐标，因此有正负之别。

【例 12.5】 计算图 12.15 所示 T 形截面对形心轴 y_0 与 z_0 的惯性矩。

解：将图形分割为 A_1 与 A_2 两部分，由于 y_0 轴又是 A_1 与 A_2 的形心轴，根据矩形截面对形心轴惯性矩的公式(12.17)，有

$$I_{y_0}/\mathrm{m}^4 = \frac{12 \times 50^3}{12} \times 10^{-8} + \frac{58 \times 25^3}{12} \times 10^{-8} = 200\ 521 \times 10^{-8}$$

为了求得 I_{z_0}，首先要确定形心 C 的 y_C 坐标，根据公式(12.14)，有

$$y_C/\mathrm{cm} = \frac{S_z}{A} = \frac{12 \times 50 \times 64 + 25 \times 58 \times 29}{12 \times 50 + 25 \times 58} = 39.2$$

z_1 与 z_0 之间的距离为 64 cm − 39.2 cm = 24.8 cm；z_0 与 z_2 间的距离为 39.2 cm − 29 cm = 10.2 cm

根据平行移轴公式(12.27)的第二式，有

$$I_{z_0}/\mathrm{m}^4=\left(\frac{50\times 12^3}{12}+50\times 12\times 24.8^2+\frac{25\times 58^3}{12}+25\times 58\times 10.2^2\right)\times 10^{-8}$$
$$=933\ 565\times 10^{-8}$$

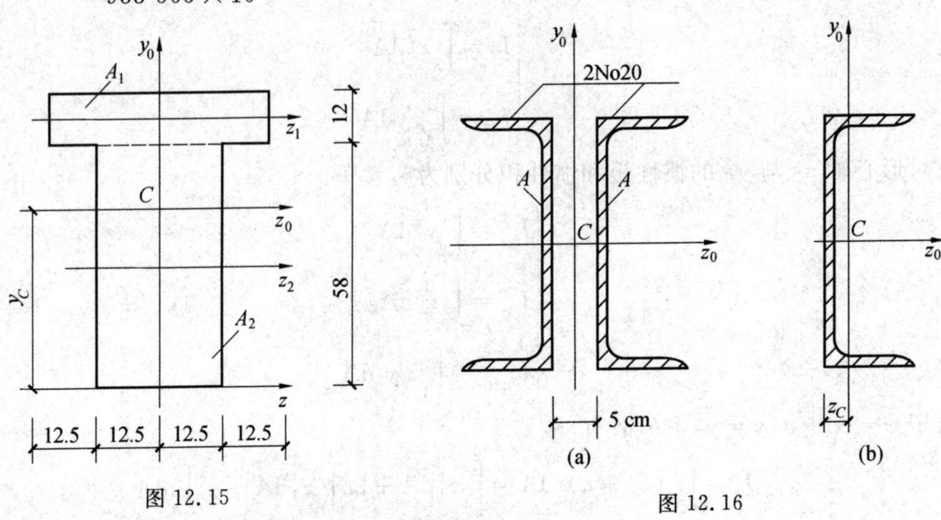

图 12.15

图 12.16

【例 12.6】 求图 12.16(a) 所示槽钢组合截面对形心轴 y_0 和 z_0 的惯性矩。

解:由型钢表中查出 No20 单肢槽钢的有关几何性质如下(图 12.16(b))

$$A=32.83\ \mathrm{cm}^2, I_{z_0}=1\ 910\ \mathrm{cm}^4, I_y=143.6\ \mathrm{cm}^4, z_C=1.95\ \mathrm{cm}$$

组合槽钢截面对 z_0 轴的惯性矩为

$$I_{z_0}/\mathrm{m}^4=2\times 1\ 910\times 10^{-8}=3\ 820\times 10^{-8}$$

利用移轴公式,并考虑对称性,有

$$I_{y_0}/\mathrm{m}^4=2\times[143.6+(2.5+1.95)^2\times 32.83]\times 10^{-8}$$
$$=1\ 587\times 10^{-8}$$

【例 12.7】 利用移轴公式计算图 12.17 所示矩形截面对 y,z 轴的惯性积。

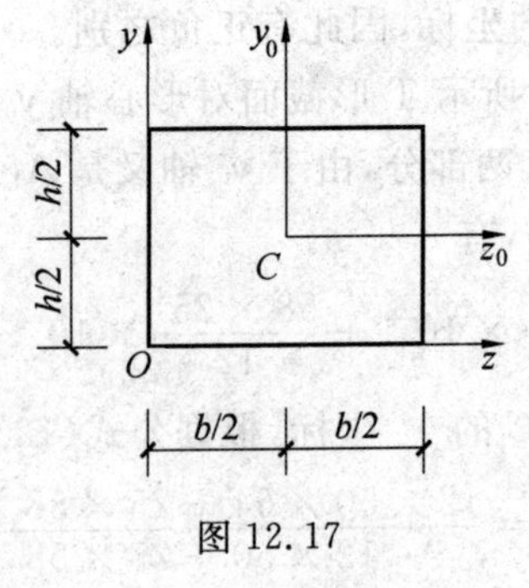

图 12.17

解:由于矩形截面的形心轴 y_0 与 z_0 均为对称轴,故有 $I_{y_0z_0}=0$ 利用移轴公式(11.27)中第三式,有

$$I_{yz}=I_{y_0z_0}+\frac{h}{2}\cdot\frac{b}{2}\cdot hb=\frac{b^2h^2}{4}$$

此结果与例 12.4 积分结果相同。

*12.2.6　惯性矩和惯性积的转轴公式,截面的主惯性轴和主惯性矩

截面对不同轴将要产生不同的惯性矩,当轴绕某点 O(见图 12.18)转动时惯性矩肯定会发生变化,何时会出现最大惯性矩,何时又会出现最小惯性矩,这是我们所关心的,因为惯性矩与构件抗弯曲变形能力是直接有关的。为此先推导转轴的一般公式。设图 12.18 所示截面对过 O 点(任一点)两轴 y,z 的惯性矩与惯性积为已知,即 I_y,I_z,I_{yz}。坐标系 yOz 逆时针旋转任一角度 α,建立一新坐标系 y_1Oz_1,根据转轴的坐标变换有

$$z_1 = z\cos\alpha + y\sin\alpha$$

$$y_1 = y\cos\alpha - z\sin\alpha$$

于是有

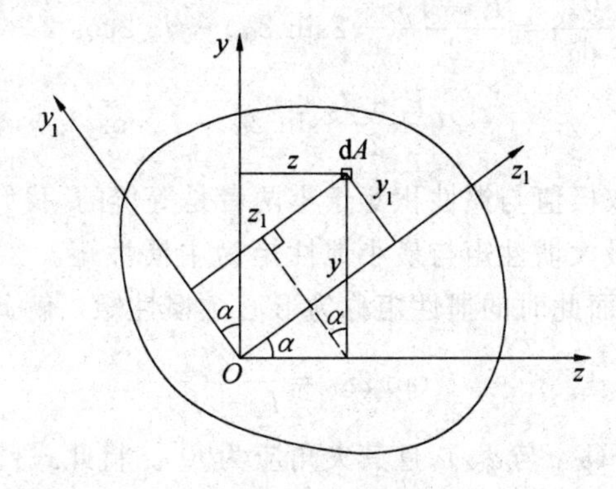

图 12.18

$$I_{z_1} = \int_A y_1^2 \mathrm{d}A = \int_A (y\cos\alpha - z\sin\alpha)^2 \mathrm{d}A$$

$$I_{y_1} = \int_A z_1^2 \mathrm{d}A = \int_A (z\cos\alpha + y\sin\alpha)^2 \mathrm{d}A$$

$$I_{z_1y_1} = \int_A z_1 y_1 \mathrm{d}A = \int_A (z\cos\alpha + y\sin\alpha)(y\cos\alpha - z\sin\alpha)\mathrm{d}A$$

将上述各被积函数展开,并注意到

$$\int_A y^2 \mathrm{d}A = I_z,\quad \int_A z^2 \mathrm{d}A = I_y,\quad \int_A zy\,\mathrm{d}A = I_{zy}$$

可以得到

$$I_{z_1} = I_z\cos^2\alpha + I_y\sin^2\alpha - I_{zy}\sin 2\alpha$$

$$I_{y_1} = I_z\sin^2\alpha + I_y\cos^2\alpha + I_{zy}\sin 2\alpha$$

$$I_{z_1y_1} = I_{zy}\cos 2\alpha + \frac{I_z - I_y}{2}\sin 2\alpha$$

再利用三角函数公式

$$\cos^2\alpha = \frac{1}{2}(1+\cos 2\alpha),\ \sin^2\alpha = \frac{1}{2}(1-\cos 2\alpha)$$

最后得到

$$\begin{cases} I_{z_1}=\dfrac{I_z+I_y}{2}+\dfrac{I_z-I_y}{2}\cos 2\alpha-I_{yz}\sin 2\alpha \\ I_{y_1}=\dfrac{I_z+I_y}{2}-\dfrac{I_z-I_y}{2}\cos 2\alpha+I_{yz}\sin 2\alpha \\ I_{z_1y_1}=\dfrac{I_z-I_y}{2}\sin 2\alpha+I_{zy}\cos 2\alpha \end{cases} \tag{12.28}$$

将前两式相加,有 $I_{z_1}+I_{y_1}=I_z+I_y$ 这表明,两相互垂直轴的惯性矩之和与转角无关,为定值。从数学上考虑,当对某一轴的惯性矩为最大值时,则与其垂直轴的惯性矩必为最小值。为了求得产生最大惯性矩与最小惯性矩所对之轴的位置及其相应惯性矩,可将 I_{z_1}(或 I_{y_1})对 α 求导,并令其为零,有

$$\frac{\mathrm{d}I_{z_1}}{\mathrm{d}\alpha}=\frac{I_z-I_y}{2}(-2\sin 2\alpha)-I_{zy}2\cos 2\alpha=$$

$$-2\left(\frac{I_z-I_y}{2}\sin 2\alpha+I_{zy}\cos 2\alpha\right)=-2I_{y_1z_1}=0$$

这一结论表明,惯性矩取极值与惯性积等于零两者是等价的,我们约定此时所对的两个相互垂直的轴为主轴,其最大惯性矩与最小惯性矩为主惯性矩。当这样两轴的交点过截面形心时,称为形心主轴,而此时的惯性矩称为形心主惯性矩。解此方程可得主轴位置

$$\tan 2\alpha_0=\frac{-2I_{zy}}{I_z-I_y} \tag{12.29}$$

满足此式的 α_0 应有两个(α_{01} 与 α_{02}),且其夹角应为90°。将此式代回式(12.28)的第一式,经整理可得最大与最小惯性矩为

$$I_{\substack{\max\\ \min}}=\frac{I_z+I_y}{2}\pm\sqrt{\left(\frac{I_z-I_y}{2}\right)^2+I_{zy}^2} \tag{12.30}$$

此处提示,α_{01} 与 α_{02} 哪个轴对应最大惯性矩,哪个对应最小惯性矩?可按如下公式给出

$$\begin{cases} \sin 2\alpha_{01}=\dfrac{-I_{zy}}{\sqrt{\left(\dfrac{I_z-I_y}{2}\right)^2+I_{zy}^2}}\rightarrow I_{\max} \\ \sin 2\alpha_{02}=\dfrac{I_{zy}}{\sqrt{\left(\dfrac{I_z-I_y}{2}\right)^2+I_{zy}^2}}\rightarrow I_{\min} \end{cases} \tag{12.31}$$

根据主轴的双重定义,若截面图形对过某点的两个相互垂直轴的惯性积为零,则此两轴必为主轴。惯性积为零这个条件对含有一个对称轴的截面是肯定满足的,所以对称轴一定是主轴,与它相垂直的轴也一定是主轴。由于形心一定位于对称轴上,故对称轴又是形心主轴,通过形心又与此对称轴垂直的是另一个形心主轴。图 12.19(c) 中矩形截面的两个形心主轴为 y_0 和 z_0;图 12.19(d) 中等边角钢的两个形心主轴,显然是 y_0 和 z_0;12.19(e) 中槽钢同样为 y_0 与 z_0;图 12.19(f) 中 Z 形钢形心在对称中心 C,但两个形心主轴的位置需要计算确定。图 12.19(a) 中圆形由于任何一个通过圆心的轴均为对称轴,故圆形有无穷多形心主轴。正方形的两个对称轴肯定是形心主轴,但过形心的任意轴 z_u(如图 12.19(b) 所示)也是形心主轴,因为正方形过形心的最大惯性矩与最小惯性矩是相等的,所以对过形心的任一 z_u 轴惯性矩也必然相等,故这样的每一根轴都是形心主

轴。实际上所有正多边形都存在无穷多个过形心的主轴。

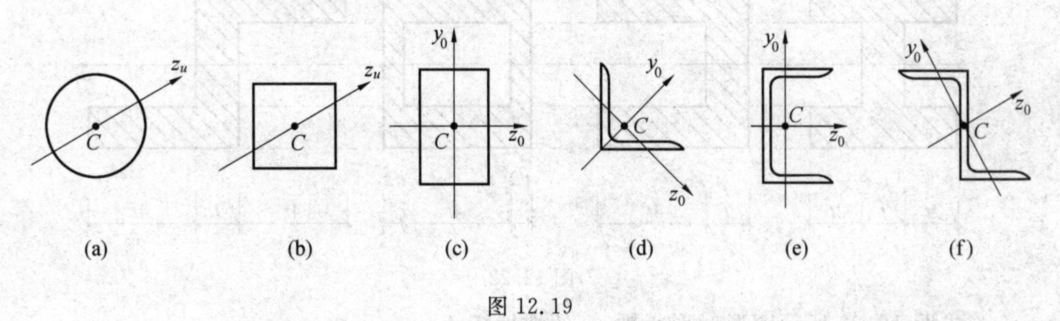

图 12.19

习题课选题指导

1. 图 12.20 中 C_1 点坐标已知，不用积分求 C_2 坐标。

做此题要利用矩形截面形心坐标。

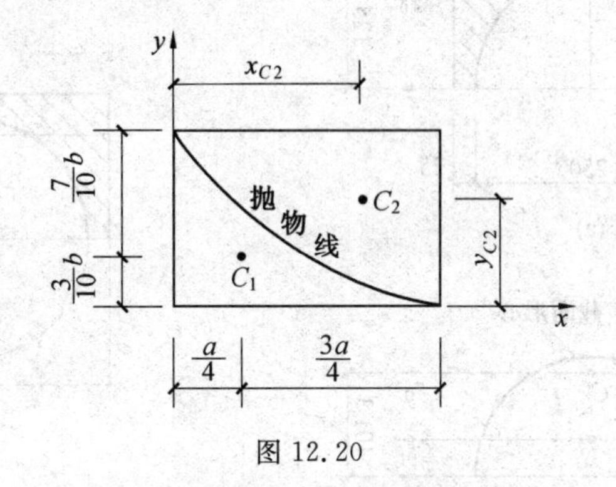

图 12.20

2. 图 12.21 所示图形的形心若用图解法应如何做？为什么？

做此题要考虑平行力合力位置的特点。

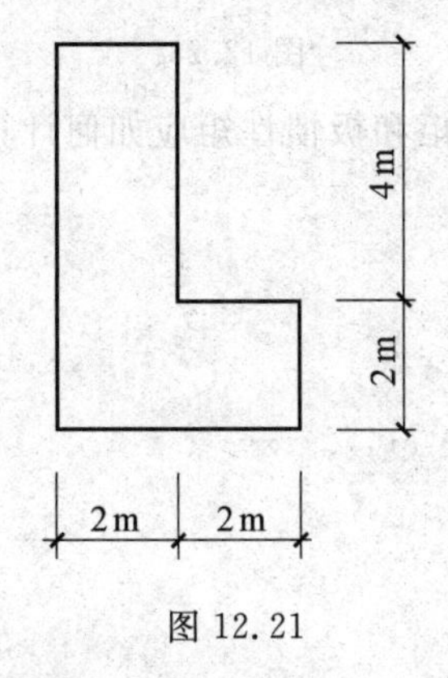

图 12.21

3. 图 12.22 所示四种截面图形对 z 轴的惯性矩是否相等？为什么？

可从惯性矩定义出发，也可从组合截面惯性矩计算入手。

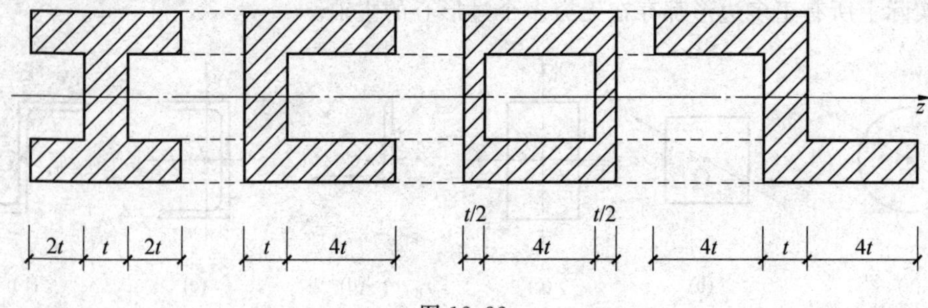

图 12.22

4.求图 12.23 所示图形对形心轴 z_0 的惯性矩 I_{z_0}。

形心坐标已给出,重点讨论解法。能否只移轴一次即可求出?注意移轴公式中必有一个轴通过形心。

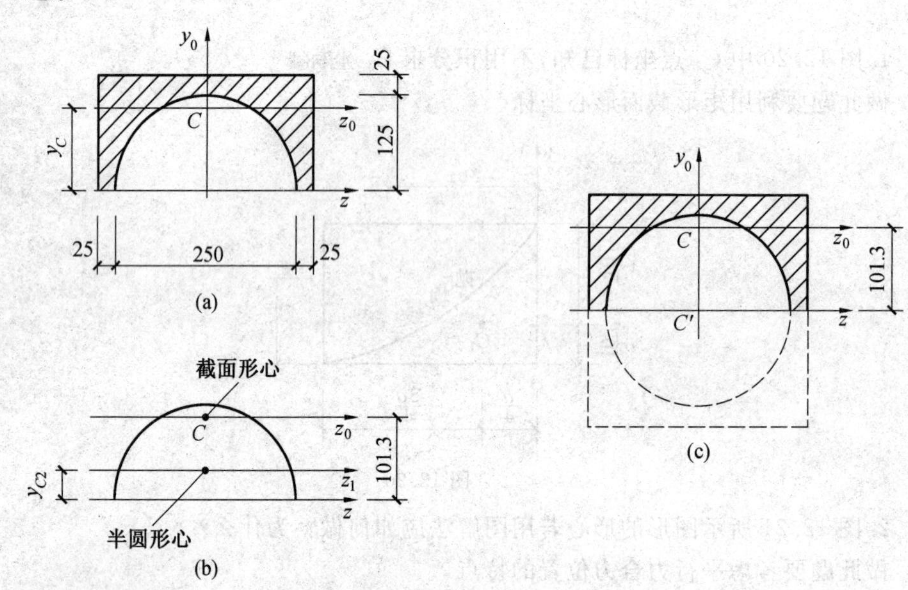

图 12.23

5.圆环形对过形心轴的惯性矩和极惯性矩应如何计算?

参考文献

[1]邹昭文,程光均,等.理论力学(建筑力学第一分册)[M].4版.北京:高等教育出版社,2006.

[2]干光瑜,秦惠民.材料力学(建筑力学第二分册)[M].4版.北京:高等教育出版社,2006.

[3] 李家宝.结构力学(建筑力学第三分册)[M].4版.北京:高等教育出版社,2006.

[4]卢存恕,周周,范国庆.建筑力学(上册)[M].长春:吉林大学出版社,1996.

[5]卢存恕,吴富英,常伏德.建筑力学(下册)[M].长春:吉林大学出版社,1996.

[6]哈尔滨工业大学理论力学教研室.理论力学[M].7版.北京:高等教育出版社,2009.

[7]孙训方,方孝淑,等.材料力学[M].5版.北京:高等教育出版社,2009.

[8]李廉锟.结构力学[M].5版.北京:高等教育出版社,2010.

[9]彭俊生,罗永坤,等.结构力学指导型习题册[M].成都:西南交通大学出版社,2001.